陈启刚 陈槐 钟强 李丹勋 王兴奎 著

高频粒子图像测速系统原理与实践

清华大学出版社

北京

内 容 简 介

高频粒子图像测速是一种采样频率高于流动有效频率 2 倍的全场、无干扰瞬态流场测量技术，是材料技术、激光技术、光学成像技术、数字图像处理技术及计算机技术交叉融合的产物。本书综合介绍了高频粒子图像测速系统的基本原理、硬件组成、主要算法及实际应用。首先回顾了粒子图像测速技术的发展历程，然后以研发一套高频粒子图像测速系统为主线，总结了示踪粒子、光源及光路、相机及镜头、光学成像及数字图像等基础知识，介绍了图像前处理、粒子图像分析及流场后处理的常用方法和算法实现，最后通过明渠紊流、方腔流和黏性底层三个典型应用实例，展示了高频粒子图像测速系统的应用实践。

本书可供流体力学、水利工程、船舶与海洋工程、宇航航空科学与技术、土木工程、环境科学与工程、交通运输工程、动力工程及工程热物理等专业科技人员及高等学校相关专业师生参考。

图书在版编目（CIP）数据

高频粒子图像测速系统原理与实践/陈启刚等著. —北京：清华大学出版社，2017（2024.8 重印）
ISBN 978-7-302-47803-4

Ⅰ．①高…　Ⅱ．①陈…　Ⅲ．①流速－计量－数字图像处理　Ⅳ．①TB937-39

中国版本图书馆 CIP 数据核字（2017）第 170608 号

责任编辑：张占奎　刘远星
封面设计：常雪影
责任校对：王淑云
责任印制：沈　露

出版发行：清华大学出版社
　　　　　网　　　　址：https://www.tup.com.cn，https://www.wqxuetang.com
　　　　　地　　　　址：北京清华大学学研大厦 A 座　　　　　　邮　　编：100084
　　　　　社　总　机：010-83470000　　　　　　　　　　　　　邮　　购：010-62786544
　　　　　投稿与读者服务：010-62776969，c-service@tup.tsinghua.edu.cn
　　　　　质量反馈：010-62772015，zhiliang@tup.tsinghua.edu.cn
印　装　者：三河市龙大印装有限公司
经　　销：全国新华书店
开　　本：185mm×260mm　　印　张：14.75　　彩　插：4　　字　　数：295 千字
版　　次：2017 年 9 月第 1 版　　　　　　　　　　　　　　印　　次：2024 年 8 月第 2 次印刷
定　　价：98.00 元

产品编号：070689-02

Foreword 前言

随着社会经济的快速发展,人们对水动力学、空气动力学等流体力学相关学科的依赖程度越来越高。从代表国家综合制造实力的航天器、飞机、高铁、潜艇、船舶等先进制造业,到反映国家综合建造水平的水利枢纽、特大桥梁、摩天大楼等传统建造业,均要求对标的物所处的流动环境有越来越精细的定量认识。目前,准确获得流动定量信息的途径,主要为高精度数值模拟和实验测量。因此,开展流动测量技术的研究,对于促进流体力学学科发展,服务"中国制造2025""一带一路"等国家发展战略均具有重大意义。

粒子图像测速(particle image velocimetry,PIV)是20世纪80年代逐步发展起来的一种现代流动测量技术,它充分利用了现代材料技术、激光技术、数字成像技术、计算机技术和图像分析技术的最新发展成果,可以在不接触待测流体的条件下,精确地测得平面内的二维或三维瞬态流场。近年来,激光技术和高速摄像技术的快速发展,进一步推动PIV朝着高频、高分辨率、立体化测量方向发展,显著推动了紊流统计理论和相干结构理论的研究与应用。

本书作者所在课题组从20世纪末开始从事PIV技术的研究工作。在国家自然科学基金仪器专项基金等一批国家级科研项目的资助下,经过近20年的持续攻关,在高频PIV技术的研发和应用方面取得了较为丰硕的成果,得到了国内外同行的认可。本书是对长期实践中积累的基本理论、技术经验及应用实践的阶段性总结,是一部系统介绍高频PIV知识的中文学术著作。与国际上现有的PIV专著相比,本书更强调PIV技术的实用性。全书以研发和使用一套高频PIV系统为主线,首先阐述PIV系统的硬件构成及有关理论,然后基于粒子图像基本知识,从图像前处理、粒子图像分析和流场后处理三个方面介绍PIV常用处理方法和算法实现,最后以明渠紊流、方腔流和黏性底层三个典型应用为例,展示了高频PIV系统优异的性能和广阔的应用前景。

全书分为7章。第1章绪论,由陈启刚、钟强编写;第2章PIV硬件系统,由陈启刚、钟强、王兴奎编写;第3章粒子图像,由陈启刚、李丹勋编写;第4章粒子图像分析,由陈启刚、陈槐编写;第5章流场后处理,由陈启刚、钟强、陈槐、王兴奎编写;第6章高频PIV系统实践,由陈槐、陈启刚编写;第7章超高分辨率高频PIV系统,由钟强、王兴奎编写。全书由陈启刚、李丹勋统稿。

由于作者的知识水平、实践范围及认识程度有限,书中难免存在不妥之处,恳请读者批评指正。

作者

2017 年 1 月

Contents 目 录

第1章 绪 论

1.1 引言

  水是生命之源,水流是自然界最常见的流动形态,与人类的生产和生活密切相关。例如,海洋中的洋流促进了地球高低纬度地区的能量交换,是地球表面热环境的主要调节者;河道中的水流侵蚀和搬运地表岩土矿物,是地形地貌的主要塑造者,而大江大河也是现代社会重要的交通动脉;管道中的水流输送人类生产和生活所需的大部分水,是维系现代社会的"心血管系统"。

  同其他物理现象的研究历程一样,人类对水流的研究经历从定性描述到定量刻画的过程,其主要转折点是 Euler 方程和 Navier-Stokes 方程的提出。Euler 方程又称理想流体运动方程,由瑞士力学家 L. Euler(1707—1783 年)于 1757 年提出,由于该方程未考虑真实流体的黏性,法国力学家 C. L. Navier(1785—1836 年)对其进行了推广,考虑了分子间的作用力,建立了只含有一个黏性常数的流体平衡和运动方程;1845 年,英国力学家 G. G. Stokes (1819—1903 年)从连续系统的模型出发,改进了 C. L. Navier 提出的流体力学运动方程,得到有两个黏性常数的黏性流体运动方程,即 Navier-Stokes 方程(以下简称 N-S 方程)。

  一般情况下,水的可压缩性可以忽略,其对应的 N-S 方程为

$$\nabla \cdot \boldsymbol{U} = 0$$
$$\frac{\partial \boldsymbol{U}}{\partial t} + (\boldsymbol{U} \cdot \nabla)\boldsymbol{U} = \boldsymbol{f} - \frac{1}{\rho} \nabla p + \nu \nabla^2 \boldsymbol{U} \tag{1.1}$$

式中,$\boldsymbol{U} = (U, V, W)$ 为瞬态流速矢量;$\boldsymbol{f}$ 为体积力矢量;p 为热力学压强;ρ 为密度;$\nu = \mu/\rho$ 为运动黏性系数;$\nabla = \frac{\partial}{\partial x}\boldsymbol{i} + \frac{\partial}{\partial y}\boldsymbol{j} + \frac{\partial}{\partial z}\boldsymbol{k}$ 为哈密尔顿算子;$\nabla^2 = \frac{\partial^2}{\partial x^2} + \frac{\partial^2}{\partial y^2} + \frac{\partial^2}{\partial z^2}$ 为拉普拉斯

| Euler | Navier | Stokes |

图 1.1　流体力学大师

算子。

　　N-S 方程的结构形式表明,流速是水流运动的基本变量,在已知水体内各点流速矢量的基础上,即可求得压力、剪切应力、涡量等所有与水流运动状态有关的未知变量。但是,N-S 方程尽管结构比较简单,但却是典型的非线性偏微分方程,无法通过数学手段解析求解,因此,实验测量和数值计算是目前获得水流流速的主要途径。

　　在实验流体力学漫长的发展长河中,为了获得水流的运动速度,研究者相继制造了多种流速测量仪器。这些仪器诞生的年代各不相同,也各自具有不同的原理、特点和主要应用领域,大多数仍然在科研、教学和工程领域被广泛使用。

　　毕托管又称皮托管、测速管或风速管,是已知最早且至今仍被广泛使用的流速测量仪器,源于法国工程师 Henri Pitot 于 1732 年公开发表在《巴黎科学院院报》上的关于测压管的文章。法国科学家 Henry Darcy 于 1845 年对测压管进行了改进,使其成为一种专门的流速测量仪器。毕托管通常由静压探头和总压探头两部分组成,测速原理为

$$u = \sqrt{\frac{2(p_\mathrm{t} - p_\mathrm{s})}{\rho}} \tag{1.2}$$

式中,p_t 为总压强;p_s 为静压强。在使用毕托管时,需要已知测量点的流动方向,此外,测压探头通常比水流紊动尺度大,因此,毕托管主要用于水流平均流速的测量。根据测速原理可知,毕托管主要是由两根空心细管组成,一根为总压管,另一根为静压管。测量流速时使总压管下端出口方向正对水流流速方向,静压管下端出口方向与流速垂直。根据结构形式的不同,可以将毕托管分为 L形和 S形两类,图 1.2 示意了一种典型的 L形毕托管。

图 1.2　L形毕托管

　　热线/热膜风速仪(HFWA)出现于 20 世纪初,主要包括金属细丝组成的热线探头或金属薄膜组成的热膜探头。金属细丝或薄膜中通过加热电流保持温度恒定,当探头周围的流

速发生变化时,细丝或薄膜的换热量就随之改变,从而产生电信号的变化,通过校准过程,测量电信号的变化量就可以得到实际流场的速度大小。由于热线探头中的细丝极易折断,在高超声速流动中多使用热膜探头(韦青燕,张天宏,2012;Huang et al.,1993b)。此外,由于水流中含有的杂质容易损坏热膜或热丝探头,HWFA 主要应用于气流测量。现代制造和电子技术的发展,不仅显著减小了 HWFA 探头的尺寸,还极大提高了探头响应频率,使得 HWFA 具有较高的响应频率和空间分辨率,可满足紊流测量的要求,但使用 HWFA 时需要将探头置于待测点,会对流场产生干扰。此外,HWFA 一次仅能对单点或几个测点展开测量。手持式热线风速仪如图 1.3 所示。

激光多普勒测速仪(LDV)是伴随着激光技术的兴起而产生的一种高精度流速测量技术。自 1960 年美国加利福尼亚州休斯实验室的科学家梅曼宣布获得人类历史上第一束激光起,实验流体力学迎来了快速发展阶段:1964 年,Yeh 和 Cummins(1964)发现利用流体中细微圆球散射的 He-Ne 激光束的多普勒效应可以实现流速测量,标志着 LDV 技术的开端;1965 年,美国布朗工程公司研制出第一台 LDV 设备(Foreman et al.,1965)。LDV 的基本原理为:将一束单色、相干、准直激光束经分光镜一分为二,两束光经透镜系统聚焦后相交于各自的束腰处形成测量体,当水流中的细微颗粒穿过待测体时,颗粒表面的反射光会发生多普勒频移,利用光电探测器测量探测反射光的拍频,即可获得待测体中细微颗粒的速度,由于细微颗粒跟随水流运动,认为其速度等于待测体处的水流流速(沈熊,2004)。根据激光发射探头与接收探头是否一体,可将 LDV 分为一体式和分体式两类,图 1.4 展示了一种一体式 LDV。由于是激光测量,对于流场没有干扰,测速范围宽,而且由于多普勒频率与速度是线性关系,和该点的温度、压力没有关系,因此,LDV 是目前世界上速度测量精度最高的仪器。

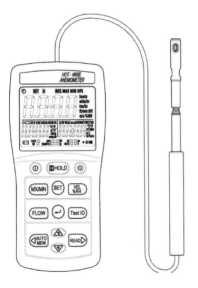

图 1.3　手持式热线风速仪

图 1.4　一体式激光多普勒测速仪

声学多普勒流速仪(ADV)是一种专门用于水流的流速测量仪器。第一款商用 ADV 由美国 SonTek 公司于 1994 年左右研制成功(Lohrmann et al.，1995)，此后，许多研究者将其用于野外和室内水流的实验研究。ADV 的量测探头主要由一个发射探头和多个分布在发射探头周围的接收探头组成，发射探头发射的声束与接收探头接收的声束相交区域为测量体，测量体距发射探头顶端的距离一般为 5cm 或 10cm(肖洋 等，2002)。ADV 的工作原理为：发射探头发出两个时间滞后分离的声音脉冲，当脉冲通过测量体时，被随水体流动的细微颗粒反射，反射声波被接收探头接收，通过信号处理获得反射声波频率改变量，即可计算并重构出测量体处的三维速度分量。尽管 ADV 已成为一种普遍应用的流速测量仪器，许多研究表明，其输出信号包含水流紊动、剪切、多普勒噪声、信号混叠、仪器振动、壁面等的影响，因而需要经过复杂的后处理技术才可得到较为准确的流速分量(Chanson et al.，2008)；此外，受声波波长的影响，ADV 测量体通常较大，使得脉动流速测量精度较低(Dombroski and Crimaldi，2007)。图 1.5 示意了SonTek 公司生产的一种声学多普勒流速仪。

图 1.5　声学多普勒流速仪

HWFA、LDV、ADV 等单点流速测量技术显著推动了流体力学的发展，特别是为研究紊流统计理论提供了坚实的实验基础。但是，根据单点流速无法计算流场中的瞬时速度梯度，因而无法求得水流作用于固体边界的瞬时作用力等关键变量。此外，至 Kline 等(1967)在紊流边界层中发现高、低速条带结构以来，紊流中存在相干结构(拟序结构)的基本事实已被普遍认可，对相干结构的研究也被认为是推动紊流研究进展的主要途径之一(Adrian，2007)。根据 Robinson(1991)提出的定义，相干结构是指紊流中存在的一种三维流动区域，在这个区域内至少有一个基本流动变量(如速度、密度、温度等)与自身或其他变量在大于当地最小时间或空间尺度的范围内存在明显相关关系。显然，利用单点测量技术难以从流动中提取具有空间延展特征的相干结构(连祺祥，2006)。

为了克服单点测量技术的不足，早期的研究大量使用流动可视化技术(Falco，1977；Head and Bandyopadhyay，1981)，这种技术通过在流体中非均匀地施放气泡、染色液或烟雾等示踪物质来区别不同的流动结构，为定性认识相干结构提供了大量实验依据。随着计算机技术的快速发展，利用数值计算方法直接求解 N-S 方程在 20 世纪 80 年代末成为现实(Kim et al.，1987)，利用直接数值模拟(DNS)提供的大范围、高分辨率、高精度三维流场数据，不仅可以准确计算出所有紊流统计参数作为实验数据的补充(Abe et al.，2001；Hoyas and Jiménez，2006)，更为定性描述和定量研究相干结构提供了最理想的数据基础(Schlatter and Örlü，2010)。但是，受制于计算机技术和数值计算方法的发展，短期内还无法将 DNS 技术应用于大尺度、高雷诺数、复杂边界紊流的研究（Wallace，2009）。因此，开展高精度多点测量实验将是推动紊流基本理论研究的重要手段，而研发比单点测量技术更为先进的流速测量技术以满足相干结构的研究需求则显得尤为必要。具体而言，相干结构的特征对流速测量技术的测量能力提出了两点新的要求：一是要具有以足够空间分辨率同步测量流场中多个测点的二维或三维流速的能力，二是要具有以足够高的时间分辨率跟踪流动结构的动态演变的能力。

1.2 PIV 基本原理

粒子图像测速（particle image velocimetry，PIV）技术是一种可以无干扰地测量流体中瞬时速度场的测量技术，与单点测量仪器相比，PIV 可以同时测得二维平面或三维立体空间内多个测点的二维或三维流速矢量，是目前实验流体力学领域应用最为广泛的流速测量技术（Westerweel et al.，2013）。图 1.6 示意了一种利用 PIV 在雷诺数 $Re=15800$ 的明渠紊流中实测的二维瞬时流场，为便于观察，已使用 $y=0.4\mathrm{cm}$ 处的平均流速对瞬时流场进行伽利略分解。图中流速矢量之间的间隔为 0.4mm，流场中可明显观察到涡、喷射等典型的相干结构，充分显示了 PIV 所具有的多点、全场、高分辨率测量能力。除平面二维流场外，目前最新的 PIV 系统已可同时测量平面或立体空间内各点的三维速度分量。

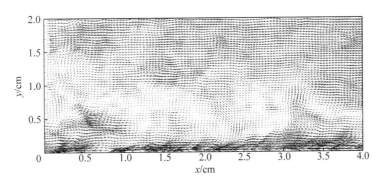

图 1.6 明渠紊流 PIV 实测二维流场

如图 1.7 所示，PIV 测量流体速度的基本原理和步骤是：在待测流体中施放跟随性较好的示踪粒子，将待测区域内的示踪粒子用强度均匀的片光照亮；使用高速相机以固定姿态和时间间隔 Δt 连续两次对被照亮的示踪粒子进行曝光，曝光后的图像分别记录在两张图片中；将图片划分为细小的判读窗口，通过对两张图片中相同位置的判读窗口进行互相关运算得到窗口内粒子的平均位移 Δx，并根据已知的时间间隔 Δt 求得速度 $u=\Delta x/\Delta t$，该速度即为判读窗口所覆盖的流体微团的运动速度。

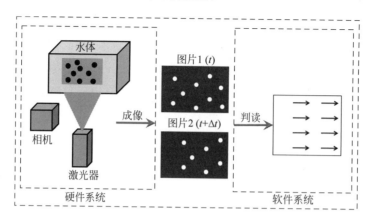

图 1.7 PIV 的基本原理

就其基本原理,PIV 起源于固体力学领域用于测量变形和位移等的激光散斑测速技术(LSV),最早由 Barker 和 Fourney(1977)等用于测量管道中层流的运动速度。在现代实验流体力学领域,PIV 和 LSV 是两种具有不同适用范围的流速测量技术,为定量区分,Adrian(1984)定义流体中示踪粒子的源密度为

$$N_S = C\Delta z_\circ \frac{\pi d_\tau^2}{4M_\circ^2} \tag{1.3}$$

式中,C 为单位体积流体中示踪粒子的个数;$\Delta z_\circ$ 为片光厚度;d_τ 为粒子图像的直径;$M_\circ$ 为成像放大倍率。Adrian(1984)的分析表明,LSV 适用于示踪粒子的源密度远大于 1 的流动,为了满足这一条件,需要在待测流体中施放大量示踪粒子,这不仅会降低流体的透光性,也会改变流体的密度和黏性等物理特性;同时,粒子散斑图案容易因垂直于测量平面的运动而发生变形,导致前后两次曝光的图案不能准确匹配,不适合用于具有明显三维特征的实际流动。因此,尽管 LSV 在分析方法、硬件组成和测量精度等方面与 PIV 基本一致,但近年来在流体力学领域的应用已鲜有报道(许联锋 等,2003)。

另一种与 PIV 类似的流速测量方法是粒子示踪测速(PTV)技术。尽管原理与 PIV 类似,但 PTV 源于流体力学中应用较早的流动可视化技术(Adrian,1991),最早利用 PTV 定量测量流体运动速度的研究报道可以追溯至 1917 年。PTV 使用与 PIV 相同的方法记录粒子图像,但需要通过对单个粒子图像进行识别和匹配以获得粒子的位移(李丹勋 等,2012),因而仅适用于粒子图像分布较稀疏的情况,若定义粒子图像密度为

$$N_I = \frac{CA_I\Delta z_\circ}{M_\circ^2} \tag{1.4}$$

式中,A_I 为判读窗口的面积,则 PTV 适用于粒子图像密度远小于 1 的流动。

上述几种典型粒子图像如图 1.8 所示。

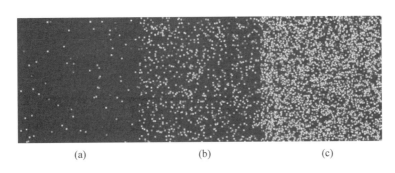

图 1.8　几种典型粒子图像

(a) PTV 图像；(b) PIV 图像；(c) LSV 图像

1.3　PIV 发展历程

　　根据 PIV 的基本原理,大致可以将 PIV 测量过程分为两个步骤:第一是粒子图像的获取,第二是根据粒子图像计算流速。与之相对应,一套完整的 PIV 系统通常由硬件设备和分析方法两部分组成(魏润杰和申功炘,2002)。以下将以平面二维 PIV 系统为例分别对这两部分内容的研究历程和发展现状进行简要总结。

1.3.1　光源系统

　　PIV 的基本原理本质上要求使用强脉冲光源,且脉冲光应满足以下两点要求:一是脉冲的持续时间 δt 足够短,以避免粒子在曝光过程中出现拖尾;二是连续两次脉冲之间的时间间隔 Δt 可调,以提高 PIV 的动态测量范围(Adrian,1991)。激光是 PIV 系统最常用的光源,根据工作方式的不同可分为连续激光和脉冲激光,其中,脉冲激光可用于低速至超声速流动的测量,而连续激光主要用于低速流动。为了使连续激光具有脉冲光源的特征,PIV 系统使用的连续激光器主要有三种工作模式:一是利用斩波器将连续光束等间隔截断为脉冲光束,再将其扩展为片光(Gray et al.,1991);二是将连续光束循环扫过测量区域(Rockwell et al.,1993);三是将连续光束直接扩展为片光(王龙 等,2008)。脉冲激光器方面,Nd:YAG(钇铝石榴石晶体)激光器和 Nd:YLF(掺钕氟化锂钇晶体)激光器是综合性能最满足 PIV 需求的两类激光器。其中,Nd:YAG 激光器的脉冲能量可达 100 mJ 量级,脉冲频率一般为 10 Hz;而 Nd:YLF 激光器的脉冲能量一般为 1~10 mJ,但频率可达 10

kHz。尽管目前的调 Q 技术可以让脉冲激光器以高达 100 kHz 的重复频率工作,但脉冲时间间隔仍无法满足高速测量的需求,因此,PIV 应用中通常将两个脉冲激光器组合成双脉冲系统,通过分别控制两个激光器的发光时间,理论上可以实现任意长短的脉冲间隔。

为了将激光光束转换为厚度适中的片光,PIV 系统需要配备专门的光路系统。根据实现方式的不同,PIV 光路可分为扫描光路和扩展光路两种类型。扫描光路主要由振镜或旋转多面镜组成,可以将激光线束循环扫过测量区域,以形成等效脉冲片光,主要用于以连续激光器为光源的低速 PIV 系统。扩展光路主要由柱面透镜和球面透镜组成,其中柱面透镜的作用是将光束扩展为片光,球面透镜则是将片光压缩至设计厚度(Prasad,2000)。

1.3.2　成像系统

相机是 PIV 系统拍摄粒子图像的工具。早期 PIV 系统主要使用胶片相机,其主要特点是分辨率高,例如,300 线每毫米的标准 35 mm 底片的等效分辨率约为 $10\,500\times7\,500$ 像素(Adrian,1991)。由于帧频极低,胶片相机通常将两次或多次曝光的粒子图像记录在同一张底片上,再通过复杂的化学处理程序得到粒子图像,粒子图像的分析还需要借助光学和机械设备(金上海 等,2005)。至 20 世纪 90 年代初,电荷耦合元件(CCD)相机开始被应用于 PIV 系统,但这一时期的 CCD 相机分辨率较低,只能用于对分辨率要求较低的测量(Willert and Gharib,1991)。但是,相机工业的快速发展很快就使得将高分辨率 CCD 相机应用于 PIV 测量成为现实(Lourenco et al.,1994)。Lourenco 等的研究充分彰显了高分辨率 CCD 相机在 PIV 领域的巨大应用前景,但同时也暴露出将常规 CCD 相机直接应用于 PIV 系统时存在的不足,成为推动柯达公司研发 PIV 专用 CCD 相机的动力(Adrian,2005)。PIV 专用 CCD 相机又称顺序扫描线间转移相机,其特点是在保持约 30 Hz 帧频的条件下,在第一帧曝光后可以迅速开始第二帧曝光。在双脉冲激光器和跨帧照明技术的配合下,顺序扫描线间转移 CCD 相机能以极短的时间间隔对粒子图像进行连续两次曝光,并将曝光图像分别记录在两帧图片中,有效避免了常规 CCD 相机存在的动态速度范围小和速度方向二义性等问题(Lai et al.,1998)。

1.3.3　分析方法

粒子图像分析方法的发展是与图像记录模式密切相关的。在早期的胶片相机时代,粒子图像采用单帧双曝光或单帧多曝光模式记录,图像分析方法主要沿用 LSV 中采用的杨氏条纹法和图像自相关方法(Keane and Adrian，1992)，这些方法的共同缺点是需要借助判读光束和存在速度方向的二义性问题。随着计算机技术和数字成像技术的发展，数字 PIV 系统的雏形在 20 世纪 90 年代初被多个研究团队相继报道，其中 Willert 和 Gharib(1991)搭建的系统以 CCD 相机为成像设备，粒子图像采用双帧-单曝光模式记录，通过对连续两张图像进行基于快速傅里叶变换的互相关运算计算粒子位移。尽管 Willert 等提出的数字 PIV 系统受相机帧频的限制只能应用于低速流动，但有效克服了传统 PIV 系统图像判读效率低、速度方向二义性等问题，为 PIV 的发展确立了新方向。随着跨帧技术和顺序扫描线间转移 CCD 相机在 PIV 测量中的应用，硬件设备对 PIV 的制约已不再显著，提高互相关算法的精度、分辨率和动态范围成为了 PIV 研究的主要方向。为此，研究者先后提出了整像素窗口平移(Keane and Adrian，1992)、亚像素窗口平移(Jambunathan et al.，1995)、图像变形(Huang et al.，1993b)和多重网格迭代(Scarano and Riethmuller，1999)等多种高级算法及其混合算法。2005 年召开的第三次 PIV challenge 会议的成果表明，现有的 PIV 算法已基本趋于完善(Stanislas et al.，2008)。

粒子图像分析的另一个重要环节是错误矢量的检测和替换。PIV 计算结果中出现错误矢量的直接原因是判读窗口内随机相关峰值超过了位移相关峰值，根本原因是判读窗口内匹配粒子数偏少或图像信噪比较低(Prasad，2000)。尽管可以通过遵循一定的实验操作准则提高判读窗口的信噪比(Keane and Adrian，1990)，但错误矢量仍无法完全避免。常用的错误矢量检测方法可分为基于单次判读结果的方法和基于多次判读结果的方法两类，基于单次判读结果的方法包括相关系数幅值法(Huang et al.，1993a)和峰值可测度法(Lourenco et al.，1994)，基于多次判读结果的方法主要包括归一化中值法(Westerweel and Scarano，2005)、神经网络法(Grant and Pan，1995)和本征正交分解法(高琪和王洪平，2013)等，其中，归一化中值法适应性好、剔错效率高，是目前使用最广泛的方法。为了保持 PIV 数据的完整性，被识别的错误矢量需要由其他矢量进行替换，替换矢量既可以根据相关系数场中除主峰以外的其他峰值的位置进行确定，也可以由被替换矢量周围的正确矢量通过线性或非线性插值得到。

1.3.4　标准配置

随着激光、数字成像和计算机技术以及 PIV 算法的快速发展，PIV 已成为实验流体力学领域一种标准的流场测量方法，PIV 系统也成为许多专业测量设备厂商的标准产品。如图 1.9 所示，一套标准商业二维 PIV 系统的硬件主要由一台双脉冲 Nd:YAG 激光器、一套由柱面透镜和球面透镜组成的片光光路系统、一台分辨率约为 $2\,000 \times 2\,000$ 像素的顺序扫描线间转移 CCD 相机、一台时间同步器和一台控制计算机组成。在软件方面,基于判读窗口互相关的多重网格迭代图像变形算法是大多数标准 PIV 产品使用的粒子图像分析方法。在综合性能方面,若以空间分辨率、精度和动态速度范围作为衡量指标,性能良好的二维 PIV 系统的动态速度范围可以达到 $100\sim200$(在同一帧流场中,最大流速与最小流速的比值),测量精度介于满量程的 $1\%\sim2\%$,空间分辨率约为 1 mm 量级。

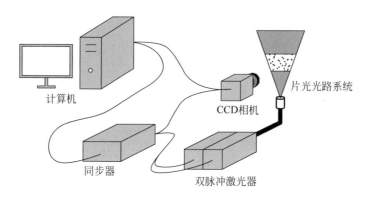

图 1.9　商业化 PIV 系统示意图

1.4　PIV 发展趋势

　　根据 Hinsch(1995)建议的分类方法,任意一种流动测量技术均可以标记为 (k, l, m) 的形式,其中,$k = 1, 2, 3$ 表示可以测量的流速分量数;$l = 0, 1, 2, 3$ 表示可以测量的空间维度;$m = 0, 1$ 表示是否可以随时间进行连续测量。根据这种分类方法,标准的二维 PIV 系统属于 $(2, 2, 0)$ 类型,只能间歇地测量二维平面内各测点的两个速度分量,其中,间歇测量的主要原因是 CCD 相机的帧频较低,在双帧-单曝光模式下只能以不超过 15 Hz 的频率对流动进行采样,采样频率远低于素流等复杂流动的频率带宽。从流动的最小时空尺度(如 Kolmogorov 尺度)视角分析,现实中的大多数流动均具有明显的三维时变特征,因此,PIV 技术发展的方向应当是连续测量三维立体空间内的三维速度场(申功炘 等,2007;张伟等,2007),即达到 $(3, 3, 1)$ 的标准。

　　应该注意的是,在过去的 30 年时间里,二维 PIV 系统为素流相干结构的研究做出了无可替代的贡献,例如,目前被广泛认可的壁面素流发夹涡群模型就是在大量二维 PIV 实验结果的基础上提出并完善的(Adrian et al.,2000b)。尽管三维化是 PIV 的发展方向,但二维 PIV 所提供的信息还远未被全部挖掘,同时,它在可操作性、价格和精度等方面的优势短期内也无法为三维立体 PIV 系统所匹敌,因此,二维 PIV 系统在较长时期内仍然会是 PIV

领域的主力军。

1.4.1 三维粒子图像测速技术

自 PIV 技术被提出以来,三维 PIV 就一直是重要的研究方向。目前,研究者已提出体视粒子图像测速(SPIV)、多平面粒子图像测速(MPPIV)、扫描平面粒子图像测速(SPPIV)、全息粒子图像测速(HPIV)和层析粒子图像测速(TPIV)等多种实现途径。

SPIV 利用两个相机分别从不同的视角测量平面内各测点的面内速度分量,再利用双目视觉原理重构出第三个速度分量,属于平面三维 PIV 系统。SPIV 是 PIV 向三维立体化方向发展的重要过渡形式,已被大量应用于紊流相干结构的研究(Ganapathisubramani et al.,2006;Hambleton et al.,2006;Hutchins et al.,2005)。目前,SPIV 技术已趋于成熟,TSI 和 Dantec 等 PIV 生产商均已提供完整的 SPIV 系统出售,但是,与面内速度分量相比,SPIV 系统测得的第三个速度分量的精度仍较低。

MPPIV 和 SPPIV 是在 SPIV 技术基础上发展起来的三维 PIV 技术。其中,MPPIV 的基本原理是利用极化激光同时照亮相互平行的两个平面,每个平面内的三维流场分别由一套 SPIV 系统进行测量(Kähler and Kompenhans,2000)。与 MPPIV 同时使用两套 SPIV 不同,SPPIV 系统使用复杂的光路系统将激光片光依次步进扫过待测空间,并用一套高频 SPIV 测量片光照亮的每个平面的三维流场(Brücker,1996;Hori and Sakakibara,2004),由于不能同步测量不同平面的三维流速场,SPPIV 只适用于低速流动。MPPIV 和 SPPIV 的出现使得同时得到速度梯度张量的九个分量成为可能,为定量研究相干结构特别是涡结构提供了实测数据(Ganapathisubramani et al.,2005);但是,MPPIV 和 SPPIV 仅能测量三维空间内若干离散平面上的三维流速场,在垂直于测量平面方向的有效信息量和空间分辨率均较低。

HPIV 是最早实用化的三维立体 PIV 技术,例如,Barnhart 等(1994)早在 1994 年就利用 HPIV 技术在管道流中测得了体积为 24.5 mm×24.5 mm×60 mm 的立方体内多达 448 362 个均匀网格上的三维流速矢量。HPIV 利用全息摄影技术记录测量空间内示踪粒子的三维位置信息,通过全息图像再现和图像分析得到测量空间内的三维流速场。根据记录和再现光路结构的不同,HPIV 使用的粒子成像系统可分为离轴全息系统和同轴全息系统(Hinsch,2002;Meng et al.,2004)。离轴全息系统主要以全息胶片为图像记录介质,图像质量好、分辨率高,但光路结构复杂,图像记录、处理和分析过程需要借助化学和光学等非数字技术,是早期 HPIV 系统主要采用的模式。同轴全息系统光路结构简单,易于实现图像记录、再现和分析过程的数字化,是 HPIV 粒子成像系统的主要发展方向(Katz and

Sheng，2010）。

TPIV 是最新发展起来的基于常规摄影技术的三维立体 PIV 技术,它使用多个相机(一般为 4 个)从不同的角度同步记录测量空间内示踪粒子的二维图像,据此重构出整个测量空间内所有粒子的三维位置和灰度信息,再通过对前后两次曝光得到的三维判读单元进行互相关运算得到三维速度场(Elsinga et al.，2006)。为了从平面图像中重构出粒子的三维位置信息,需要保证二维粒子图像相互不重叠,这可以通过降低示踪粒子密度或减小测量空间厚度的方法得以实现。由于示踪粒子密度的减小会显著降低测量分辨率,而减小测量空间的厚度能显著降低对照明光源的强度要求,因此,TPIV 的测量空间通常为偏平的长方体形状,目前已被报道的测量空间的最大尺寸为 100 mm×100 mm×20 mm(Scarano and Poelma，2009)。

1.4.2　高频粒子图像测速技术

高频 PIV 是指能以极高的频率在相对较长的时间内对流动进行连续采样,从而分辨出流动结构的时间演化过程的 PIV 系统,也被称为电影式 PIV、动态 PIV、高速 PIV 或时间分辨 PIV(Westerweel et al.，2013)。与常规 PIV 相比,实现高频 PIV 的难度在于要求光源同时具有足够的强度和重复频率,相机同时具有足够的帧频和分辨率,以保证在实现高频采样能力的同时,不显著降低空间分辨率、精度和速度动态范围等性能。

早期的高频 PIV 系统主要以胶片相机为成像设备,具体可分为分幅相机和鼓轮相机两类。使用分幅相机的高频 PIV 系统主要以连续激光器为光源,通过光束循环扫描的方式形成脉冲片光,例如,Lin 和 Rockwell(1994)使用分幅相机和连续激光器实现了采样频率为 65 Hz 的高频 PIV 系统,对低雷诺数圆柱绕流中涡随时间的演化特征进行了研究;Oakley 等(1996)使用分幅相机和连续激光器实现了采样频率为 30 Hz 的时间分辨 PIV,对高雷诺数自由剪切紊流进行了研究。分幅相机继承了胶片相机高分辨率的特征,但帧频一般低于 100 Hz,只能用于低速流动的测量或者仅能分辨高速流动中的低频脉动结构。与分幅相机相比,鼓轮相机更适合用于实现高频 PIV 系统。Vogel 和 Lauterborn(1988)以鼓轮相机为成像设备,氩离子连续激光器为光源,在声光偏转器的配合下实现了频率高达 10 kHz 的高频 PIV 系统;Honoré 等(2000)利用鼓轮相机与铜蒸气激光器实现了采样频率高达 11.25 kHz 的高频 PIV 系统,并对燃烧室燃料喷嘴附近的高速流动进行了研究;Williams 等(2003)同样基于鼓轮相机与铜蒸气激光器实现了采样频率为 20 kHz 的高频 PIV 系统,并将测量结果用于大涡模拟的率定。鼓轮相机有效解决了高帧频图像采集的问题,但受限于底片的长度,鼓轮相机只能连续记录 100 帧量级的图像(Upatnieks et al.，2002a)。为了同时解决高频和连续多帧记录的问题,Upatnieks 等(2002b)使用旋转棱镜胶片相机和双脉冲 Nd:YAG 激光器实现了能以 4 kHz 的帧频连续采集 8000 帧粒子图像的高频 PIV 系统,在跨帧技术的配合下,该系统可用于研究大多数实验室尺度的紊流的时间演化过程。

基于胶片相机的高频 PIV 系统的时间分辨率满足了大多数应用的需求,但存在图像采集非数字化,相机机械振动引起的图像模糊和图像配准问题,降低了系统的易用性和测量精度。进入 21 世纪,CMOS 相机的快速发展极大地推动了高频 PIV 技术的发展,目前,性能良好的商业 CMOS 相机在分辨率为 1024×1024 像素时的帧频可达 5 000 fps(帧每秒)(Westerweel et al.,2013),这种相机不仅解决了胶片相机所固有的缺陷,也拥有 CCD 相机无法具有的高帧频特征,是数字高频 PIV 系统的理想选择(Hain and Kähler,2007)。但是,早期的 CMOS 相机的一大缺陷是灵敏度较低,而脉冲激光器的脉冲能量在高重复频率下均较低,因此,光源成为决定高频 PIV 系统综合性能的主要因素。由于铜蒸气脉冲激光器价格昂贵,目前的高频 PIV 系统使用的光源主要有 Nd:YAG 脉冲激光器(Hain et al.,2008)和 Nd:YLF 脉冲激光器(Hori et al.,2004)。

近年来,随着 CMOS 相机感光性能的不断提升,许多研究者尝试将中等功率的连续激光器作为高频 PIV 的光源,并使用扩束光路形成片光,以同时满足测量中、低速流动的需求(Di Sante et al.,2008)。与使用高重复频率脉冲激光器的 PIV 系统相比,使用连续激光器的高频 PIV 系统需要由相机的电子快门控制曝光,且粒子需要经过相对较长的曝光时间(100 μs 量级)才能形成亮度适中的图像。由于曝光时间较长,使用连续激光器的高频 PIV 系统在测量高速流动时容易产生粒子拖尾现象(Adrian,2005);此外,由于连续激光器在实验过程中处于连续工作状态,而输出的光能只在相机快门开启后才被使用,导致光能使用率较低。但是,基于连续激光器的 PIV 系统在安全性、经济性和可操作性方面均具有明显优势;在合理设置曝光时间等实验参数的基础上,实验精度与基于高重复频率脉冲激光器的 PIV 系统一致,因而是高频 PIV 技术的重要发展方向。

1.5 PIV 国际交流与合作

作为一种新兴的流速测量技术,从 1984 年提出至今的 30 多年时间里,PIV 技术取得了长足的进步。这一方面源于激光、相机、计算机等领域所取得的快速发展;另一方面则得益于充分的国际交流与合作。目前,PIV 技术的国际交流,除了依靠不同课题组之间的小范围交流讨论外,还有许多供全球交流的国际平台,主要包括国际学术刊物、学术会议等。

学术刊物方面，除少量早期的 PIV 论文刊载 *Applied Optics* 等光学类国际期刊外，大多数涉及 PIV 技术的学术论文均刊载在 *Experiments in Fluids* 以及 *Measurement Science and Technology* 两本国际刊物上。

关于 PIV 技术的学术会议主要分为两类：一是流体力学领域的权威国际会议，如 International Conference on Fluid Mechanics、International Conference on Experimental Fluid Mechanics、Annual Meeting of the APS Division of Fluid Dynamics、AIAA Fluid Dynamics Conference and Exhibit、International Symposium on Turbulence and Shear Flow Phenomena(TSFP)；二是实验技术领域的专门国际会议，如 International Symposium on Particle Image Velocimetry、International Symposia on Applications of Laser Techniques to Fluid Mechanics、International Symposium on Flow Visualization。

除学术刊物和国际会议形式的交流外，PIV 研究领域还组织了专门的技术交流平台——国际 PIV 挑战赛(International PIV Challenge)。通过邀请全球 PIV 开发者和应用者对组委会提供的 PIV 专门算例进行计算，根据各参加单位提供的计算结果，系统评估 PIV 算法的发展现状，以指明 PIV 算法的发展方向。截至目前，国际 PIV 挑战赛已于 2001 年、2003 年、2005 年、2014 年举办了四次，各次比赛算例均可通过网站 www. pivchallenge. org 免费下载，各次挑战赛的详细结果均以学术论文的形式公开发表。

第2章　PIV硬件系统

2.1　示踪粒子

示踪粒子是开展 PIV 实验所需的基本耗材。PIV 系统通过拍摄被激光照亮的示踪粒子的图像,记录水流瞬时运动特征,因此,良好的跟随性和散光性是 PIV 示踪粒子需要满足的两个基本条件。

2.1.1　跟随性

跟随性是指示踪粒子跟随待测水流运动的能力,表现为粒子运动速度 v_p 对当地水流运动速度 u 的逼近。由于自然界中的水流大多处于紊流状态,以下主要分析粒子在紊流中的运动。图 2.1 示意了示踪粒子在典型紊流中的运动,由流体力学知识可知,紊流中存在许多不同尺度的相干结构,从平均意义上讲,紊动能总是从最大尺度的涡旋传递至最小尺度的涡旋,最终被黏性耗散为热量,其中,最小涡旋的大小为 Kolmogorov 尺度(Jimenez,2013)。已有实验研究成果表明,在自然界的大多数紊动水流中,Kolmogorov 尺度对应的物理尺寸为 $30\sim50~\mu m$(Marusic and Adrian,

图 2.1　粒子在紊流中的运动示意

2013),因此,PIV 示踪粒子的粒径应尽量小于 $30~\mu m$,否则将无法跟随紊流中小尺度涡结构的运动。

除了粒子本身的属性外,粒子对流体的跟随性还与流体本身的物理属性和运动状态有关。为了研究粒子跟随性,应首先掌握粒子在水体中运动的控制方程。从宏观上讲,示踪粒子的运动必然满足牛顿第二定律,但关于流场中三维运动粒子的具体受力类型及表达形式,学术界却还未完全达成一致,现有研究主要基于描述低雷诺数流动中非旋转粒子运动的 Maxey-Riley 方程进行改进(Maxey and Riley, 1983)。在非恒定、非均匀流动中,改进的 Maxey-Riley 方程可表示为

$$m_{\mathrm{p}} \frac{\mathrm{d} \boldsymbol{U}_{\mathrm{p}}}{\mathrm{d} t} = \boldsymbol{F}_{\mathrm{G}} + \boldsymbol{F}_{\mathrm{D}} + \boldsymbol{F}_{\mathrm{L}} + \boldsymbol{F}_{\mathrm{B}} + \boldsymbol{F}_{\mathrm{A}} + \boldsymbol{F}_{\mathrm{F}} \tag{2.1}$$

式(2.1)中,$\boldsymbol{F}_{\mathrm{G}}$ 为粒子所受的水下重力,计算公式为

$$\boldsymbol{F}_{\mathrm{G}} = \frac{1}{6} \pi d_{\mathrm{p}}^3 (\rho_{\mathrm{f}} - \rho_{\mathrm{g}}) g \tag{2.2}$$

式中,$\boldsymbol{F}_{\mathrm{D}}$ 为水流作用在粒子上的阻力,考虑水流的非恒定性及不同粒子雷诺数条件,根据 Stokes 圆球绕流阻力公式统一表示为

$$\boldsymbol{F}_{\mathrm{D}} = 3 \pi \mu_{\mathrm{f}} d_{\mathrm{p}} \phi (\boldsymbol{U}_{\mathrm{p}} - \boldsymbol{U}_{\mathrm{f}}) \tag{2.3}$$

式中,ϕ 为修正系数。

式(2.1)中,$\boldsymbol{F}_{\mathrm{L}}$ 为垂直于粒子运动方向的升力,可表示为

$$\boldsymbol{F}_{\mathrm{L}} = C_{\mathrm{L}} \frac{1}{6} \pi d_{\mathrm{p}}^3 \rho \left[(\boldsymbol{U}_{\mathrm{p}} - \boldsymbol{U}_{\mathrm{f}}) \times \boldsymbol{\omega}_{\mathrm{f}} \right] \tag{2.4}$$

式(2.1)中,$\boldsymbol{F}_{\mathrm{B}}$ 为 Basset 力,又称历史力,是粒子与流体的相对速度随时间变化时,由于相对运动随时间变化而导致粒子表面附着层发展滞后所产生的非恒定力(由长福 等,2002),可表示为

$$\boldsymbol{F}_{\mathrm{B}} = 3 \pi \mu_{\mathrm{f}} \int_{-\infty}^{t} K(t - \tau) \frac{\mathrm{d}(\boldsymbol{U}_{\mathrm{f}} - \boldsymbol{U}_{\mathrm{p}})}{\mathrm{d} t} \mathrm{d} \tau \tag{2.5}$$

式(2.1)中,$\boldsymbol{F}_{\mathrm{A}}$ 为由于粒子与流体的相对速度随时间变化而产生的附加质量力,可表示为

$$\boldsymbol{F}_{\mathrm{A}} = \frac{m_{\mathrm{p}} \rho_{\mathrm{f}}}{2 \rho_{\mathrm{p}}} \left(\frac{\mathrm{D} \boldsymbol{U}_{\mathrm{f}}}{\mathrm{D} t} - \frac{\mathrm{d} \boldsymbol{U}_{\mathrm{p}}}{\mathrm{d} t} \right) \tag{2.6}$$

式(2.1)中,$\boldsymbol{F}_{\mathrm{F}}$ 为由于粒子周围流体应力变化而产生的净作用力,可表示为

$$\boldsymbol{F}_{\mathrm{F}} = \frac{1}{6} \pi d_{\mathrm{p}}^3 \rho_{\mathrm{f}} (- \nabla p + \mu_{\mathrm{f}} \nabla^2 \boldsymbol{U}_{\mathrm{f}}) \tag{2.7}$$

式中,d 表示粒径;ρ 表示密度;m 表示质量;μ 表示动力黏度;下标 f 和 p 分别表示流体和粒子。

将式(2.2)及式(2.3)代入式(2.1),并合并其他几项作用力,可将粒子运动控制方程简化为

$$\frac{\mathrm{d} \boldsymbol{v}_{\mathrm{p}}}{\mathrm{d} t} = \frac{\boldsymbol{U}(x_{\mathrm{p}}, t) - \boldsymbol{U}_{\mathrm{p}}(t)}{\tau_{\mathrm{p}}} + \boldsymbol{b} \tag{2.8}$$

式中,$\boldsymbol{b}$ 为升力、Basset 力、附加质量力和净作用力之和;x_{p} 为粒子所在的位置;τ_{p} 为粒子

时间常数,表示为

$$\tau_p = \frac{(\rho_p - \rho_f)d_p^2}{18\rho_f v_f \phi} \tag{2.9}$$

当粒子绕流雷诺数极小,粒子绕流阻力可由 Stokes 公式表示时,$\phi = 1$。对于水流中的 PIV 示踪粒子而言,由于其粒径极小,一般情况下均满足 Stokes 条件(王兴奎 等,2002)。

由式(2.8)可知,在静止水体或均匀层流中,粒子与水流之间的相对速度等于粒子沉速,大小可由 Stokes 公式表示:

$$\Delta v = \frac{1}{18} \frac{\rho_s - \rho_f}{\rho_f} \frac{gd_p^2}{v_f} \tag{2.10}$$

显然,为了避免粒子与水流之间产生较大的速度差异,示踪粒子不仅应足够小,其密度还应与水的密度接近。以水流 PIV 实验中常用的空心玻璃微珠为例,其密度 $\rho_p = 1\,100\ \mathrm{kg/m^3}$,平均粒径 $d_p = 10\ \mu\mathrm{m}$,对应的沉降速度为 $6.1 \times 10^{-5}\ \mathrm{m/s}$;在常规水槽实验中,水流速度约为 $5 \times 10^{-1}\ \mathrm{m/s}$ 量级,因此,由粒子沉降引起的测量误差可忽略不计。另一方面,在非恒定、不均匀紊流中,水流脉动和外部作用引起的流动加速度则可能使粒子与水流之间的运动产生较大差异。例如,当水流运动引起的粒子加速度为 $100g$ 时,粒子与水流之间的速度差可达 $5.9 \times 10^{-3}\ \mathrm{m/s}$,在流速为 $5.9 \times 10^{-1}\ \mathrm{m/s}$ 的水流中就会引起 1% 的测量误差。因此,在加速度较大的流动中应特别注意示踪粒子的选择。

除粒子沉降引起的速度滑移外,粒子对于水流振荡的响应程度也会影响滑移误差的大小。设自由流动中的频率为 ω 的正弦形振荡为 $\hat{u}_f(\omega)\mathrm{e}^{\mathrm{i}\omega t}$,粒子响应该振荡后的速度 $\hat{u}_p(\omega)\mathrm{e}^{\mathrm{i}\omega t}$,则粒子振荡振幅与水流振荡幅度之间的关系可表示为

$$\hat{u}_p(\omega) = H_p(\omega)\,\hat{u}_f(\omega) \tag{2.11}$$

式中,$H_p(\omega)$ 称为粒子频率响应函数。Mei(1996)在考虑式(2.1)所列的多种作用力的条件下,对于粒子的频率响应函数进行了系统研究,得出当粒子雷诺数满足 Stokes 条件时 $H_p(\omega)$ 的表达式为

$$H_p(\omega) = \frac{1 + \varepsilon - \mathrm{i}\varepsilon - \dfrac{2}{3}\mathrm{i}\varepsilon^2}{1 + \varepsilon - \mathrm{i}\varepsilon - \dfrac{4}{9}\mathrm{i}\left(\dfrac{1}{2} + \dfrac{\rho_p}{\rho_f}\right)\varepsilon^2} \tag{2.12}$$

其中

$$\varepsilon = \left(\frac{9}{4}\frac{\omega d_p^2}{8v_f}\right)^{1/2} = \left(\frac{9}{4}\frac{\omega\tau_p\rho_f}{\rho_p}\right)^{1/2} \tag{2.13}$$

由式(2.12)可知:当粒子密度与水密度相等时,$|H_p|^2 = 1$,即粒子可以完全响应水流振荡;当粒子密度小于水密度时,粒子会过度响应水流振荡,即作用在粒子上的力使粒子产生的加速度大于当地水体加速度,使 PIV 测量结果的绝对值大于流体实际速度的绝对值,反之,则粒子无法充分响应水流振荡,基于此类示踪粒子得到的 PIV 测量结果的绝对值小

于流体实际速度的绝对值,在 PIV 实验中,为了避免粒子速度与水流速度之间产生过大差异,通常要求其频率响应函数满足如下条件:

$$\frac{1}{2} < |H_p|^2 < 2 \tag{2.14}$$

根据式(2.12)可求得与该范围对应的相对密度条件为

$$0.56 < \frac{\rho_p}{\rho_f} < 1.62 \tag{2.15}$$

在满足上述密度要求的情况下,粒子绝对速度与水流绝对速度之间的相对误差范围为 29.3%~41.4%。显然,根据式(2.12)及式(2.13)可知,当 $\rho_p/\rho_f \to 1$ 或 $d_p \to 0$ 时,均可以保证粒子与水流之间无速度滑移误差。

2.1.2 散光性

散光性是指示踪粒子散射照明光源的能力。由于 PIV 粒子图片的质量(主要指粒子图像与背景之间的对比度)与粒子散射的光强直接相关,而粒子的散射光强与光源强度和粒子散光性均密切相关,因此,PIV 系统可通过提高光源功率和增大示踪粒子散光性两种途径提高 PIV 图片的质量。相比较而言,提高光源功率的做法在效率和经济性两个方面均远逊于提高粒子散光性(Adrian and Westerweel,2010),因此,研究粒子散光性及其影响因素极为重要。

根据米氏散射理论,如图 2.2 所示,当波长为 λ、光强为 I_0 的单色平面光沿 z 轴正方向入射到位于原点的直径为 d_p 的各向同性球形粒子上时,在散射角为 θ 的方向,距原点 r 处的散射强度(王雪艳,2011)为

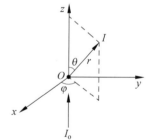

图 2.2 光散射模型示意

$$I = \frac{\lambda^2}{4\pi^2 r^2} I_0 (i_1 \sin^2\varphi + i_2 \cos^2\varphi) \tag{2.16}$$

式中,i_1 称为散射光强度函数的垂直分量;i_2 称为散射光强度函数的水平分量;φ 为入射光振动面与散射面的夹角,散射面为入射光线与反射光线构成的平面。散射光强度函数的两个分量分别为

$$i_1 = S_1(m,\theta,\alpha) \cdot S_1^*(m,\theta,\alpha) \tag{2.17}$$

$$i_2 = S_2(m,\theta,\alpha) \cdot S_2^*(m,\theta,\alpha) \tag{2.18}$$

式中,S_1 为散射光复振幅函数的垂直分量;S_2 为散射光复振幅函数的平行分量;S_1^*、S_2^* 分别为 S_1、S_2 的共轭函数;$m = n_p/n_f$ 为粒子折射率与流体折射率之比;$\alpha = \pi d_p/\lambda$ 为粒子的无

量纲粒径。

式(2.16)~式(2.18)表明,在给定的入射光条件下,粒子的散光性主要取决于粒子粒径 d_p 以及粒子与水流之间的相对折射率 m。已有研究表明,散射光强随粒径和相对折射率的增大而变强。

2.1.3 选择与使用

前面的分析表明,PIV示踪粒子的跟随性和散光性主要取决于粒子与水流的相密度、粒子粒径和折射率三个因素。首先,粒子沉降不仅会引起测量误差,堆积在水槽或风洞底板上的示踪粒子还会在拍摄粒子图片时引起高光溢出现象,妨碍PIV实验的正常开展,因此,示踪粒子的密度应与示踪流体接近。其次,粒子频率响应不足或过大会导致速度滑移误差的产生,为此,应使得示踪粒子的密度应与示踪流体接近,或者粒子的粒径无限小。最后,为了保证粒子图片的成像质量,应选择折射率较大的示踪材料,以保证粒子在有限光强的照射下仍具有良好的散光性。由于粒子跟随性随粒径的增大而变差,而散光性随粒径的增大而变好,因此,在确定示踪粒子的粒径时,应综合考虑跟随性和散光性两方面的要求。与折射率 $n_a=1.0$ 的空气相比,水的折射率较大($n_w=1.33$),因此,在使用相同材料的示踪粒子的情况下,水流示踪粒子的粒径大于气体示踪粒子。

表2.1列举了美国TSI公司和丹麦Dantec公司提供的几种常规水流PIV示踪粒子。可以看出,常用水流示踪粒子为密度 $\rho_p\approx 1\,000$ kg/m³、粒径 $d_p=4\sim30$ μm、折射系数 $n\approx1.5$ 的尼龙、聚酰胺微珠和空心玻璃微珠。

表 2.1 几种常见的水流示踪粒子

名 称	密度/(g/cm³)	平均粒径/μm	折 射 率	生 产 商
尼龙微珠	1.14	4	1.53	TSI
空心玻璃微珠	1.1	10	1.5	TSI
聚酰胺微珠	1.03	5	1.5	Dantec
聚酰胺微珠	1.03	20	1.5	Dantec
空心玻璃微珠	1.1	10	1.52	Dantec

图2.3示意了不同放大倍率条件下拍摄的PIV用空心玻璃微珠。从图2.3(b)所示放大图像可知,示踪粒子的粒径并非完全均匀。因此,在实际选择PIV示踪粒子时,除平均粒径外,还应重视粒径的分布范围,若粒径的均方差偏大,则实际拍摄的粒子图像的粒径主要来源于粗颗粒,由颗粒滑移引起的实际测量误差将显著大于根据平均粒径求得的理论误差。

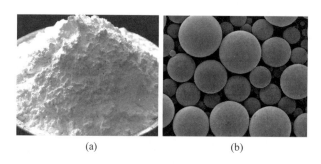

(a)   (b)

图 2.3　不同放大倍率条件下的空心玻璃微珠

从图 2.3(a)可以看到,由于 PIV 示踪粒子粒径极小,自然状态下通常呈粉末状,因此,通常需要先将示踪粒子通过搅拌的方法与少量水充分混合分散,然后再倒入实验水体。在混合示踪粒子时,可能会出现粒子因表面张力而无法与水混合的现象(如粒径 5 μm 的聚酰胺微珠),此时可先在水里添加少量的洗涤剂或表面活性剂,再进行充分搅拌。

在使用示踪粒子时应采取必要的安全防护措施。一方面,实验时应佩戴口罩和手套,防止粒子通过呼吸进入肺部,影响呼吸系统健康;另一方面,在实验完成后,应采用恰当的措施回收水流中释放的示踪粒子,避免残留示踪粒子通过废水引起二次污染。

2.2　光源

PIV 需使用强度均匀的薄片光照亮测量区域,因此,光源应具有较好的准直性,以保证片光厚度在较大区域内基本均匀;同时,PIV 根据粒子图像计算流速矢量,为了保证粒子图片具有较高的对比度,除选用散光性好的示踪粒子外,也要求光源具有较高的能量密度。基于此,激光是 PIV 系统最为理想的光源。

2.2.1　激光

激光是指通过受激辐射而产生和放大的光,具有单色性好、发散度小、亮度高、相干性好等特点(阎吉祥,2006)。图 2.4 示意了激光的形成原理,当激发来源将能量以电场、光子、化学等方式注入到增益介质并为之吸收的话,会导致电子从低能级向高能级跃迁(受激吸收);当自发辐射产生的光子碰到这些因外加能量而跃上高能级的电子时,这些高能级的电子会因受诱导而跃迁到低能级并释放出光子(受激辐射),受激辐射的所有光学特性(频率、相位和前进方向)跟原来的自发辐射一样,这些受激辐射的光子碰到其他因外加能量而跃上高能级的电子时,又会再产生更多同样的光子,最后光的强度越来越大,且所有的光子都有相同的频率、相位和前进方向;这些光子在两面互相平行的反射镜(M 全反射,P 半反射)组成的光学谐振腔内来回反射,使被激发的光多次经过增益介质以得到足够的放大,当放大到可以穿透半反射镜时,激光便从半反射镜发射出去形成光束。激光的形成原理表明,激光器主要由激发来源(泵浦源)、增益介质(工作物质)和谐振腔三个基本要素组成。

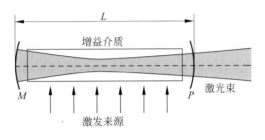

图 2.4　激光形成原理示意

光学谐振腔不仅对激光的形成起重要作用,其几何特性也决定了激光束的特性,通过调节腔的几何参数可直接控制激光的横向分布特征、光斑直径、谐振频率和远场发散角等。电磁场理论表明,在具有一定边界条件的腔内,电磁场只能存在于一系列分立的本征状态之中;相应地,在特定的谐振腔内,光子可能表现为不同的驻波场分布,每种分布称为激光的一种模式。由于普通激光器中谐振腔的尺寸远大于激光波长,因而激光器通常工作于多模状态(阎吉祥,2006)。激光的模式可分为纵模和横模,纵模是指沿谐振腔轴线方向形成的稳定场分布,不同模式之间表现为频率(波长)的不同,横模是指垂直于腔轴的横截面内的稳定场分布,不同模式之间表现为光斑图案的不同,主要决定光束发散角的大小。纵模和横模从不同的侧面反映谐振腔内光场的稳定分布,只有同时运用纵模和横模的概念,才能全面描述激光的模式(阎吉祥,2006)。激光的模式通常用符号 TEM_{mnq} 表示,其中,mn 为横模序数,q 为纵模序数,由于纵模序数较大,通常不写出来。图 2.5 示意了方形谐振腔形成的几种横模光斑图案,其中,基横模光束 TEM_{00} 为对称高斯光斑,具有最小的发散角和最大的能量密度,是稳定谐振腔形成的光束;非稳定谐振腔形成的高阶模式的光斑分块现象明显,使得近场光束容易发射,在 PIV 应用中容易造成片光不均匀等现象。

根据激光工作物质的不同,通常将激光器划分为气体激光器、固体激光器、液体激光器、半导体激光器、光纤激光器等,其中,PIV 系统所使用的激光器主要为固体激光器。掺钕钇铝石榴石晶体(Nd:YAG)激光器是最为重要的固体激光器,其输出波长为 1 064 nm 和532 nm。Nd:YAG 晶体的突出优点是阈值低和具有良好的热学性能,这就使得它适合于连续和高重复频率工作,是室温条件下连续工作的唯一实用的固体物质,在中小功率连续激

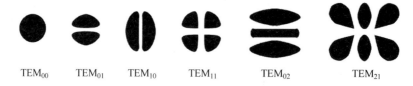

TEM_{00}　　TEM_{01}　　TEM_{10}　　TEM_{11}　　TEM_{02}　　TEM_{21}

图 2.5　方形谐振腔的几种横模光斑图案

光器和脉冲激光器中被大量应用(彭润玲,2008)。近年来,随着高频 PIV 系统的大量研发和应用,掺钕氟钇锂晶体(Nd:YLF)激光器的使用频率逐步提升,该类激光器的输出频率为 1 053 nm 和 527 nm,与 Nd:YAG 激光器相比,Nd:YLF 具有平均功率强、光束质量高和稳定性好等优点。

　　按照工作方式划分,激光器可分为连续激光器和脉冲激光器。连续激光器的工作特点是工作物质的激励和相应的激光输出,可以在一段较长的时间范围内以连续方式持续进行,由于连续运转过程中往往不可避免地产生器件的过热效应,因此多数须采取适当的冷却措施。在 PIV 应用中,连续激光器主要用于高频 PIV 系统的开发。脉冲激光器是指每间隔一定时间才工作一次的激光器,普通脉冲激光器通过脉冲泵浦的形式得以实现,但这种脉冲激光器输出的光脉冲存在弛豫振荡现象,很难获得峰值功率高而脉冲时间短的激光脉冲,因而不适合用作 PIV 系统的光源。与脉冲激光器相比,连续激光器的光束质量更高,因而在激光诱导荧光(LIF)等技术中更适合使用连续激光器。

2.2.2　调 Q 技术

　　PIV 测量时要求相机在极短时间内(微秒或纳秒量级)对示踪粒子清晰成像,因此,输出峰值功率高、脉冲宽度窄的脉冲激光器是 PIV 系统的理想光源。图 2.6 示意了普通脉冲激光器输出的一个脉冲,其波形并非一个平滑的光脉冲,而是由一系列不规则变化的尖峰组成,这种现象称为激光器输出的弛豫振荡。弛豫振荡形成的主要原因是:随着泵浦的作用,激光器达到振荡阈值而形成激光振荡,腔内光子数上升,输出激光;随着激光的发射,高能级光子数被大量消耗,使得反转粒子数密度下降,到低于阈值时,激光发射停止;此时由于泵浦的持续作用,反转粒子密度重新上

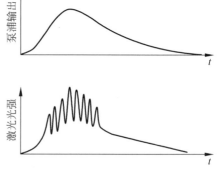

图 2.6　普通脉冲激光器的输出波形

升,到高于阈值时,产生第二个激光脉冲;如此往复,直至泵浦停止。由于每个尖峰脉冲均产生于阈值附近,故脉冲的峰值功率水平不高,且增大泵浦能量也无助于提高峰值功率。显然,产生弛豫振荡现象的普通脉冲激光器不适合用作 PIV 系统的光源。

通过对弛豫振荡现象产生原因的分析可知,普通脉冲激光器峰值功率不能提高的症结是在激光振荡形成过程中器件的阈值始终保持不变,使得每一个尖峰脉冲的产生都在器件阈值附近,工作物质高、低能级之间不能积累大量的反转粒子数。因此,可以设法在泵浦初期将器件的阈值提高,从而抑制激光振荡的产生,使工作物质高能级粒子数得到累积。随着泵浦的继续激励,高能级粒子数积累到最大值。此时突然将器件的阈值调低,使积累在高能级的大量粒子雪崩式地跃迁到低能级,在极短时间内将存储的能量释放出来,获得峰值功率极高而脉宽窄的激光脉冲输出。

定义激光器谐振腔的品质因数为

$$Q = 2\pi\nu_\circ \cdot \frac{\text{腔内存储的激光能量}}{\text{每秒损耗的激光能量}} \tag{2.19}$$

式中,$\nu_\circ$ 为激光的频率。如果腔内储能为 E,光在腔内传播一个单程的能量损耗率为 δ,则光在腔内传播的单程能量损耗为 δE。设谐振腔的长度为 L,腔内工作介质的折射率为 n,光在腔内传播一个单程所需的时间 $t = nL/c$,光在腔内每秒损耗的能量为 $\delta E/t = \delta Ec/nL$。因此,谐振腔的品质因数可表示为

$$Q = \frac{2\pi nL}{\delta\lambda_\circ} \tag{2.20}$$

式中,$\lambda_\circ = c/\nu_\circ$ 为光在真空中的波长。

由激光原理可知,激光振荡的阈值条件即临界反转粒子数密度为

$$\Delta n_{th} = \frac{g}{A_{21}} \cdot \frac{2\pi\nu_\circ}{Q} \tag{2.21}$$

式中,g 为模式数;A_{21} 为自发辐射概率。式(2.21)表明,临界反转粒子数密度与谐振腔的品质因数 Q 成反比,调节谐振腔的振荡阈值,实际上就是改变谐振腔的品质因数。因此,将改变器件阈值获得脉冲的技术称为调 Q 技术。本质上,调 Q 技术就是通过某种方法控制谐振腔的能量损耗,使其随时间按照一定程序变化的技术。

按照能量存储方式的不同,调 Q 激光器可分为工作物质储能调 Q 和谐振腔储能调 Q 两类,以下以工作物质储能调 Q 为例说明巨型脉冲的形成过程。图 2.7 示意了脉冲泵浦的调 Q 过程,在泵浦的大部分时间里,谐振腔内处于高能量损耗状态,器件因阈值高而不能起荡,高能级粒子数累积,至 $t_\circ$ 时刻,高能级粒子数达到最大值。此时,通过调 Q 技术使腔内损耗阶跃下降,器件阈值也相应降低,激光振荡开始建立。因腔内受激辐射的增强极为迅速,光子数密度迅速增大,工作物质中的储能在极短时间内转变为受激辐射场的能量,输出一个峰值功率很高的巨型脉冲,其宽度 δt 一般为 $10\sim20$ ns。

通过对脉冲泵浦进行调 Q,可以输出宽度窄、能量高的巨型脉冲,但相邻脉冲之间的时间间隔受泵浦频率制约,难以满足高频 PIV 对高重复率脉冲激光的需求,为此,可以将调 Q 技术应用于连续泵浦激光器。图 2.8 示意了连续泵浦高重复频率激光器的调 Q 过程。

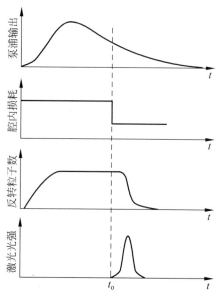

图 2.7　脉冲泵浦的调 Q 过程

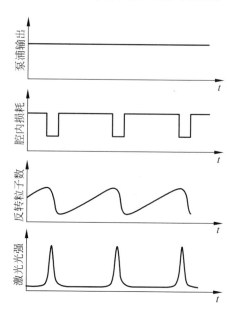

图 2.8　连续泵浦高重复率调 Q 过程

2.2.3　双脉冲激光系统

PIV 技术根据判读窗口内的示踪粒子在时间间隔 Δt 内的位移 Δx 计算当地水流流速,为保证计算精度,拍摄连续两帧粒子图像的时间间隔 Δt 应足够短。一方面,粒子实际运动路程与位移之间的差异随 Δt 的增加而变大;另一方面,粒子在 Δt 时间内的运动距离过大会显著降低判读窗口之间的相似程度,从而影响位移计算结果的准确性。以 50 m/s 的高速水流为例,当相机的成像分辨率设置为 15 像素/mm 的常规分辨率时,粒子在 $\Delta t = 100$ μs 内的位移量为 75 像素,远大于 PIV 计算时常用的判读窗口尺寸(64 像素),即同一判读窗口内的粒子图像在 Δt 前后完全不相似。目前,商用高重复率脉冲激光器的最大脉冲间隔为 100 μs,这显然难以满足高速流动测量的需求,因此,在 PIV 应用的需求下产生了双脉冲激光系统。

双脉冲系统是指由两个相同的脉冲激光器通过光束合并和时间同步技术组成的激光系统,它通过时间同步技术错开两个脉冲激光器的调 Q 时间,使其在极短时间间隔(纳秒)内分别输出一个高能窄脉冲,从而获得时间间隔极短的脉冲激光对,满足高速流动 PIV 测

量的需求。需要指出的是,系统里单个激光器的脉冲(调 Q)频率不受时间同步的影响,
Nd:YAG 激光器的脉冲频率一般为 10～30 Hz,Nd:YLF 激光器的重复频率一般为
1～10 kHz。

　　图 2.9 示意了 Nd:YAG 双脉冲激光系统的基本原理和结构。图左侧的框内为两个独
立的脉冲激光器,其中 1 为装有激光棒的泵浦腔,泵浦腔内一般还有用于激发激光棒的闪光
灯或大功率半导体激光器;2 为全反射镜,3 为半反射镜,2 和 3 构成激光振荡腔;4 为泡克
尔斯盒,是放在可调电场中的一个没有对称中心而有一定取向的单晶体,它可以调制光束
的相位、频率、振幅、偏振态和传播方向,5 为 $\lambda/4$ 相位延迟片,6 为方解石偏振器,4、5、6 构
成 Q 调制开关。在系统运行时,左侧框内的两个激光器分别输出波长为 1 064 nm 的窄脉
冲,其中,上激光束在穿过一个 $\lambda/2$ 相位延迟片 7 后被平面镜 8 反射至介电偏振器 9,从而
与下激光器发出的光束重合。此后,两束光在穿过 $\lambda/4$ 相位延迟片 5 后进入倍频晶体 10,
由不可见光变为波长为 532 nm 的可见光。最后,经两个分色镜 11 的反射后输出激光系统
的腔体。图中在每个反光镜的背后均装有束流收集器 12,主要作用是吸收透过反光镜的残
余光束。Nd:YLF 双脉冲激光系统的基本原理和结构与图 2.9 相似。

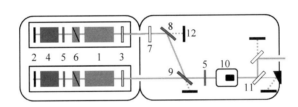

图 2.9　双脉冲激光系统示意图

　　双脉冲激光系统很好地解决了高速流动 PIV 系统的光源问题,但也存在一些固有的缺
陷。首先,如图 2.9 所示,为了将两台激光器的光束进行光路合并,需要在系统内设置复杂
的光路系统,当图中 8、9、11 任意一个镜片因搬动或碰撞而发生轻微偏转时,两个光束之间
就会发生分离,导致在对粒子图像进行曝光时前后被照亮的区域不一致,无法通过相关运
动求得水流流场。其次,由于激光光斑受谐振腔影响极大,任意两台激光器发出的光斑均
不可能完全一致,当两束光的光斑差异较为明显时,导致在对粒子图像进行曝光时前后两
帧图像的亮度不一致,降低相关运算的精度。最后,由于高重复频率双脉冲激光系统属于
科研级激光器,具有技术要求高、市场份额低等特点,目前在国内还没有专门的生产商,这
就使得 PIV 系统在国内的推广应用受制于人。表 2.2 列举了高频 PIV 系统常用的几款高
重复频率双脉冲激光器的基本参数,其中,λ 表示激光的波长,Nd:YLF 激光的波长为
527 nm,Nd:YAG 激光的波长为 532 nm,E_p 表示单个激光脉冲的输出能量,δt 表示单个激
光脉冲的持续时间,f_{max} 表示激光脉冲的最高重复频率。

表 2.2　高重复频率脉冲激光器的主要技术指标

品　牌	型　号	λ/nm	E_p/mJ	$\delta t/ns$	f_{max}/kHz
TSI	D-YAG-HS	532	$\leqslant 14$	160	20
Dantec	DualPower TR	527	$\leqslant 30$	—	10
Litron	LDY304PIV	527	$\leqslant 30$	150	20
Photonics	DM60-527	527	$\leqslant 60$	120	10
Photonics	DM150-532	532	$\leqslant 15$	100	30

2.3　光路

为了将激光应用于 PIV 测量,需要将激光器发出的线光束扩展为厚度适中的片光或体光。早期的一些 PIV 系统通过连续激光束往复扫描的办法获得片光,扫描光路主要由振镜或旋转多面镜组成,可以将激光线束循环扫过测量区域,以形成等效脉冲片光,这种方法主要适用于低速 PIV 系统(Rockwell et al.,1993)。目前,绝大部分 PIV 系统均通过使用透镜的办法对光束进行扩展,为了深入了解透镜的选择和使用原则,需要掌握激光光束的基本特性。

2.3.1　高斯光束

由 2.2.1 节可知,使用稳定谐振腔的激光器所输出的基模光束以高斯光束的形式传播,而高阶模光束在远场也近似符合高斯光束特征。因此,激光光路的设计不能直接沿用几何光学理论,必须使用高斯光束的基本理论。高斯光束与普通光束有很大区别,它的传播方向性很好,同时也会不断地发散,其发散的规律不同于球面波;在传播过程中,它的波面曲率一直在变化,但永远不会变成零(陈家璧和彭润玲,2008)。

如图 2.10 所示,高斯光束的特征参数主要包括束腰半径 ω_0、远场发散角 θ 和瑞利长度 Ra_0,其中束腰半径 ω_0 和远场发散角 θ_0 之间满足关系(Durst and Stevenson,1979)为

$$\theta_0 = \frac{\lambda}{\pi\omega_0} \tag{2.22}$$

瑞利长度 Ra_0 与束腰半径 ω_0 之间满足关系为

$$Ra_0 = \frac{\pi\omega_0^2}{\lambda} \tag{2.23}$$

瑞利长度表示光束的半径从束腰开始增长至 $\sqrt{2}\,\omega_0$ 所需的距离。高斯光束的半径定义为光束截面内光强等于中心最大值的 $1/e^2$ 的等值线的半径,对于给定的高斯光束,距离束腰 z 处的半径 $\omega(z)$ 为

$$\omega^2(z) = \omega_0^2\left[1 + \left(\frac{z}{Ra_0}\right)^2\right] \tag{2.24}$$

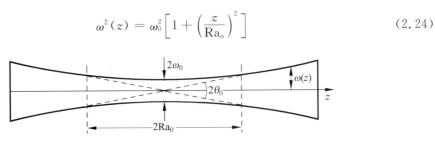

图 2.10 高斯光束特征参数示意图

由式(2.24)及图 2.10 可知,激光光束的直径并非常数,而是随着与束腰距离的增加而扩大,但在束腰前后 $2Ra_0$ 范围内可近似视为准直光束。由式(2.23)可知,激光光束的瑞利长度随束腰的扩大而显著增加,以波长 λ 为 532 nm 绿光激光器为例,当束腰半径 ω_0 为 3 mm 时,准直段长度 $2Ra_0$ 可达 106 m,因此,激光生产商为了提高光束准直性,通常会使用较大的束腰半径。

实际的激光因含有高阶模态而并非理想的高斯光束,因此,光束的束腰和半径与式(2.23)和式(2.24)的计算结果之间存在差异。为了表征实际激光器的光束质量,美国学者 A. E. Siegman 于 20 世纪 90 年代初定义了激光器的 M^2 因子,尽管对于某些特殊的激光器,基于 M^2 因子的评价方法还存在一些问题,但对于绝大多数激光器而言,它能较好地反映光束的质量,因而被广泛采用。M^2 因子定义为实际激光束的光束参数积与理想基模高斯光束的光束参数积之比:

$$M^2 = \frac{\text{实际激光束的束腰半径} \cdot \text{远场发散角}}{\text{基模高斯激光束的束腰半径} \cdot \text{远场发散角}} \tag{2.25}$$

由于基模高斯激光束的远场发散角和束腰半径之间满足式(2.22),M^2 因子也可表示为

$$M^2 = \frac{\pi\omega\theta}{\lambda} \tag{2.26}$$

式中,ω 和 θ 分别为实际激光束的束腰半径和发散角。根据式(2.26),理想基模高斯光束的 M^2 因子等于 1,对于实际激光束,只要其发散角不是很大,就满足 $M^2 > 1$ 的结论,且光束质量越好,M^2 越小。

对于 PIV 使用的激光光束,一方面需要将其扩展为宽度合适的片光以照亮测量区域,另一方面也要求片光厚度应同时兼顾测量分辨率和测量精度的要求。大量实践经验表明,平面 PIV 系统的片光厚度应以 1 mm 左右为宜,这远小于大多数商业化激光器出厂时的光束束腰大小,因此,几乎所有 PIV 光路设计时均需要同时考虑片光的高度和宽度两个指标。为了将激光光束扩展为一定宽度的片光,可通过透镜法和鲍威尔棱镜两种方法(钟强 等,

2013),但片光厚度只能通过透镜法进行调整。与平行几何光不同,一束束腰与透镜距离为 z_0、束腰半径为 ω_0 的激光穿过焦距为 f 的透镜后会形成新的束腰,且新束腰与透镜的距离为

$$z_1 = f + \frac{(z_0 - f)f^2}{(z_0 - f)^2 + \mathrm{Ra}_0^2} \tag{2.27}$$

新束腰半径 ω_1 及瑞利长度 Ra_1 满足如下关系:

$$\frac{\omega_1^2}{\omega_0^2} = \frac{\mathrm{Ra}_1}{\mathrm{Ra}_0} = \frac{f^2}{(z_0 - f)^2 + \mathrm{Ra}_0^2} \tag{2.28}$$

显然,准确计算激光光束穿过透镜后的特征,需要已知激光束的初始束腰位置 z_0 和束腰半径 ω_0。式(2.24)表明,激光光束的直径在自由空间传输时满足双曲线形式的变化规律,因此,可以通过实测光束直径的变化规律,再用拟合的方法确定光束的特征参数。具体方法描述如下。

(1) 如果被测光束存在一个束腰位置,则可以利用面阵探测器、变孔径法等方法在束腰两侧多个位置分别测量激光光束的直径。一般应在至少 10 个不同的位置开展测量,且其中半数测量位置应在距离束腰一倍瑞利长度之内,其他位置应在激光束两倍瑞利长度之外。将测量结果利用双曲线进行拟合:

$$d = \sqrt{A + Bz + Cz^2} \tag{2.29}$$

根据拟合结果,可求得光束的束腰位置 z_0、束腰半径 ω、远场发散角 θ 及瑞利长度 Ra 如下:

$$z_0 = -\frac{B}{2C} \tag{2.30}$$

$$\omega = \frac{1}{4\sqrt{C}}\sqrt{4AC - B^2} \tag{2.31}$$

$$\theta = \sqrt{C} \tag{2.32}$$

$$\mathrm{Ra} = \frac{\pi}{8\lambda}\sqrt{4AC - B^2} \tag{2.33}$$

(2) 如果被测光束不存在一个束腰位置(即束腰位置位于激光器内部),则首先使用一个无像差且焦距为 f 的透镜对被测光束进行变换,使其在透镜之后形成一个人造的束腰,然后按照方法(1)测量变换后的光束参数。所用的光束束腰变换系统如图 2.11 所示。利用式(2.27)和式(2.28)可以得到变换后的光束的束腰半径 ω_1、远场发散角 θ_1、瑞利长度 Ra_1 以及变换后的光束的束腰位置距透镜中心的距离 z_{01},根据这些参数,变换前光束的束腰半径、远场发散角和瑞利长度为

$$\omega = V\omega_1 \tag{2.34}$$

$$\theta = \frac{\theta_1}{V} \tag{2.35}$$

$$\mathrm{Ra} = V^2\mathrm{Ra}_1 \tag{2.36}$$

其中，V 由下式计算：

$$V = \frac{f}{\sqrt{\mathrm{Ra}_1^2 + z_1^2}} \qquad (2.37)$$

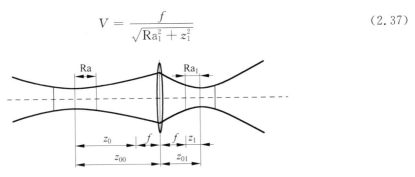

图 2.11 光束束腰变换系统示意图

2.3.2 片光光路

在现有的大多数 PIV 系统中，激光光束主要通过柱面镜扩展为片光。图 2.12 为一种简单但被许多 PIV 系统所使用的片光光路示例，该光路由一个柱面透镜和球面透镜组成，其中柱面透镜的主要作用是将激光光束扩展为扇形片光，球面透镜的主要作用是对激光片光进行聚焦，使其在厚度方向形成一个宽度小于 1 mm 的束腰，以满足 PIV 测量对垂直于测量平面方向的空间分辨率的要求。在图中所示的实例中，柱面透镜的焦距为 20 mm，球面透镜的焦距为 500 mm，若将该光路应用于一种波长 $\lambda = 527$ nm、出光口的光斑直径 $d = 5$ mm、M^2 因子等于 8 的 Nd:YLF 高频脉冲激光器，可以在距离出光口约 630mm 的地方形成一个面积约为 120 mm×200 mm、厚度小于 1 mm 的薄片光。

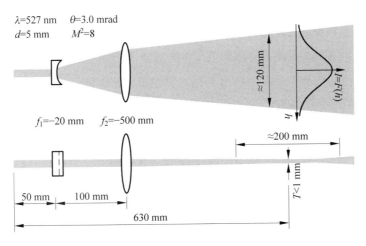

图 2.12 柱面镜及球面镜构成的片光光路

尽管使用极为广泛,但图 2.12 中的 PIV 光路具有两个缺陷:首先,片光沿传播方向呈扇形状扩散,使得单位宽度内的光强沿程逐渐减小,导致测量区域在光束传播方向照明不均匀而引起测量误差(Raffel et al.,1996);此外,高斯光束经柱面透镜扩散后,光强沿宽度方向仍然呈高斯分布,同样会导致测量区域沿片光宽度方向照明不均匀。为了克服片光光强沿宽度方向不均匀的缺陷,钟强等(2013)提出了一种新型片光光路,其主要特点是利用鲍威尔棱镜代替柱面透镜,使得激光片光在宽度方向的亮度基本均匀。

图 2.13 示意了一种基于鲍威尔棱镜的 PIV 片光光路,该光路主要由 3 片柱面镜和一片鲍威尔棱镜组成。其中,最左侧的平凸透镜的主要作用是对激光光束进行聚焦,使其在鲍威尔棱镜处的直径满足进入鲍威尔棱镜的要求;第二个平凹透镜的主要作用是对聚焦后的光束进行适当放大,使光束束腰的位置距出光口更远一些;鲍威尔棱镜的主要作用是将光束扩展为亮度均匀的扇形片光;最后一个平凸透镜的作用是将扇形片光进行聚焦,使其在宽度方向形成扩散角极小的矩形片光,保证片光传播方向的光强基本均匀。该光路不仅解决了图 2.12 所示光路存在的照明不均问题,还实现了片光宽度和厚度调整光路的解耦,以便根据不同的实验要求分别对片光厚度和宽度进行调节。

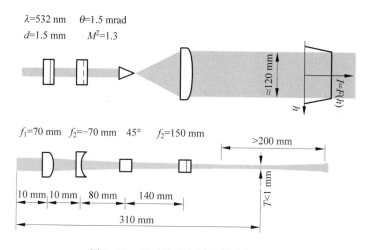

图 2.13 基于鲍威尔棱镜的片光光路

需要指出的是,尽管基于鲍威尔棱镜的片光光路在形成的片光的均匀性方面显著优于基于柱面透镜的光路,但这种光路也有一定的使用局限性。为了获得良好的分光效果,大多数鲍威尔棱镜均要求激光光束的直径小于 1 mm,这就要求在分光前利用透镜对光束进行聚焦,意味着能量的高度集中。对于强度较小的连续激光光束,这不会对光学元件或周围环境产生危害;但对于商用 PIV 系统中常用的高能脉冲激光器,脉冲光束被聚焦后可能造成光学元件的损害,同时,激光能量的高度集中可能诱导空气发生电离、击穿等现象,不仅阻碍激光脉冲本身的传输,也会形成潜在的安全隐患。例如,韩敬华等(2008)在利用脉宽 10 ns 的 He-Ne 脉冲激光器开展实验时,脉冲能量增加至 60 mJ 时就会发生空气被击穿现象。

2.3.3　体光光路

与二维 PIV 和 SPIV 不同，HPIV 和 TPIV 需要使用激光照亮三维立体测量空间，因而需要设计专门的体光光路，将线光束扩展为光柱。Elsinga(2008)对 TPIV 算法的分析表明，在进行粒子图像的三维立体重构时，虚粒子数主要受相机个数、示踪粒子密度以及测量体厚度三个因素影响。为了使得重建图像有较高的信噪比，TPIV 的测量厚度一般设定为测量宽度或长度的 1/4；另一方面，由于激光的强度密度随测量体厚度的增大而减弱，而为了使测量体内的示踪粒子均清晰对焦，又需要减小镜头光圈以增加拍摄景深，这又进一步降低了镜头的进光量。因此，技术原理及硬件条件同时制约了 TPIV 可测空间的厚度，目前，TPIV 测量体的厚度一般为 1～4 cm。

对于 1 cm 左右厚的测量体，其照明光路的设计较为简单。由于大多数 Nd：YAG 激光器的光束直径约为 1 cm 量级，因此，只需使用一个柱面镜将光束扩展为扇形片光即可满足要求。但是，当所需照亮的测量体的厚度较大时，则需使用激光扩束镜。目前，激光扩束镜已成为一种标准的光学配件，其基本原理如图 2.14 所示，主要由一个平凹球面镜和一个平凸球面镜组成。图 2.15 为一种基于扩束镜的体光照明光路，其中，扩束镜的作用是将光束直径扩大至与测量体厚度相同，柱面镜则将扩大后的光束扩展为扇形片光，从而达到照亮三维立体空间的目的。

图 2.14　扩束镜原理示意图　　　　　图 2.15　常规体光光路

与厚度仅约 1 mm 的片光相比，体光的厚度增加了数十倍，相应地，测量体内激光的能量密度则会降低数十倍，在使用相同的成像设备的条件下，这会显著降低粒子图像的质量。为了增加体光的光能密度，一种方法是提高激光的输出功率，但在目前的技术条件下，将脉冲激光的输出功率提高数十倍不仅价格极为昂贵，在技术上也难以实现。为此，在既有激光器和光路的基础上，研究者提出了提高光能利用率的多通光路系统。

图 2.16 示意了 Scarano 和 Poelma(2009)在开展 TPIV 实验时使用的一种体照明光路，该光路在图 2.14 所示的常规光路的基础上增加了一个平面镜和两组刀口滤光片。平面镜布置在激光束传播方向测量区域的后方，其主要作用是反射激光束，使其再次穿过测量区

域,以达到增加测量区域光强的目的。刀口滤光片放置在测量区域的前、后两侧,主要作用是控制测量区域片光的厚度,同时保证反射前、后的光束相互重叠。理想情况下,若激光光束发散角极小,则利用图 2.16 所示的光路可将测量区域的光强增加近两倍,即使在一般情况下,测量区域的光强也可增加 1.5 倍(Scarano,2013)。

在某些实验条件下,图 2.16 所示的光路不能完全解决光强不足的问题,因此,Ghaemi 和 Scarano(2010)提出了一种多通照明光路,如图 2.17 所示,该光路主要由一个凸透镜 $(+f)$ 和一个凹透镜 $(-f)$ 构成的扩束镜和两个相向倾斜放置的平面反射镜 M1、M2 组成,其中,M1 和 M2 与 y 轴的夹角分别为 0 和 ε。扩束镜将激光器发出的原始光束扩大为直径 d 略大于测量体厚度的准直光束,该光束与 x 轴的夹角为 θ,当传播至平面镜 M1 表面后,光束被第一次反射,入射光束与反射光束之间的夹角 $\beta_1 = 2\theta$,之后,反射光返回至 M2 表面。为满足上述要求,光路设计时需注意以下两点:首先,平面反射镜 M2 既不能阻挡光束进入反射区,又必须可以完全反射由 M1 反射回来的光束,因此,在布置平面反射镜时,M2 应相对于 M1 沿 y 轴负方向移动 $l\theta$;其次,为了保证反测量区的光强尽量均匀,入射光束和反射光束之间应至少重叠 50%,为满足该条件,光束直径和传播方向应满足:

$$\theta \approx \frac{2l}{d} \qquad (2.38)$$

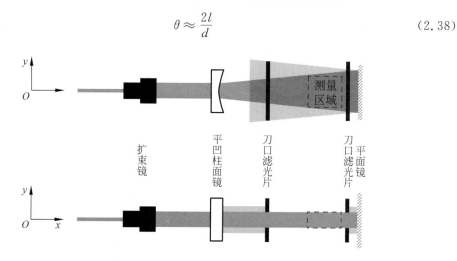

图 2.16 双通体照明光路示意图

当光束从 M1 返回至平面反射镜 M2 表面时,将发生第二次反射,且入射光束与反射光束之间的夹角为 $\beta_2 = 2\theta - 2\varepsilon$,以此类推,在发生第 n 次反射后,入射光束与反射光束之间的夹角变为

$$\beta_n = 2\theta - 2(n-1)\varepsilon \qquad (2.39)$$

式(2.39)表明,入射光束与反射光束之间的夹角随反射次数的增加而减小,并最终由正变负,使得光束逐渐由向 y 轴负方向传播变为向 y 轴正方向传播,最终从平面镜上端传出反射区。根据式(2.39),激光光束从平面镜上端至下端所发生的反射次数为

$$N = \left\lfloor \frac{\theta}{\varepsilon} \right\rfloor - 1 \tag{2.40}$$

相应地,激光能量利用率的提高倍数为

$$G = 1 + \left(N - \frac{N(N+1)}{2}\tau \right) \tag{2.41}$$

式中,τ 为每次反射所引起的能量损失率。在 Ghaemi 和 Scarano(2010)的研究中,光能利用率最大可提高 15.6 倍。

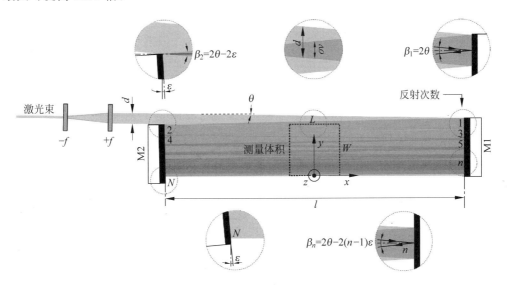

图 2.17 多通体照明光路(Ghaemi and Scarano,2010)

2.3.4 导光设施

如 2.2 节所述,PIV 系统所使用的激光器一般具有功率大和光路结构复杂的特点。大功率激光器为了满足发光和散热要求,一般体积和重量均较大;此外,复杂的光路结构也要求其在使用过程中尽量减少搬动。因此,通常将激光器固定安装在专门的实验平台上,再通过导光设施将激光光束引导至测量断面的附近,最后通过 2.3.2 节或 2.3.3 节所述光路形成片光或体光。常见的导光设施包括光纤和导光臂。

光纤是光导纤维的简称,是一种能够传导光波的介质,通常由玻璃或塑料制成。光纤的典型结构如图 2.18 所示,由纤芯、包层和护套三部分组成。纤芯和包层构成了传光的波导结构,护套起着保护作用。光纤的波导性质由纤芯和包层的折射率分布决定,图 2.19 展示了两种典型的纤芯折射率剖面图,其中图 2.19(a)称为阶跃光纤,图 2.19(b)称为渐变光纤。工程上定义 Δ 为纤芯和包层间的相对折射率差(石顺祥,2000),即

$$\Delta = \frac{1}{2}\left[1 - \left(\frac{n_2}{n_1}\right)^2\right] \tag{2.42}$$

式中，n_1 为纤芯最大折射率；n_2 为包层折射率。当 $\Delta < 0.01$ 时，式(2.42)简化为

$$\Delta \approx \frac{n_1 - n_2}{n_1} \tag{2.43}$$

式(2.43)称为光纤波导的弱导条件。弱导的基本含义是指很小的折射率差就能构成良好的光纤波导结构。

图 2.18   光纤的结构

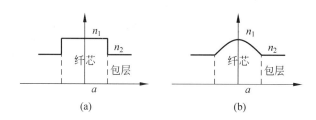

图 2.19   两种典型光纤中的折射率分布

(a) 阶跃光纤；(b) 渐变折射率光纤

对于图 2.19(a)所示的阶跃光纤，由于纤芯折射率均匀分布，激光在其中传播时只在纤芯与包层的分界面发生全反射，光线轨迹为直线。但在阶跃光纤中，与光纤轴成不同倾角的光线通过同样的轴向距离时，光程并不相同。由此又产生了折射率沿截面渐变的光纤，这种光纤可以使得不同光纤穿过相同轴距的光程相同。但是，无论是何种光纤，激光在其中传播过程中均会产生衰减和色散。对 PIV 应用而言，色散使得激光脉冲的宽度变宽，但由于一般情况下的轴向传输距离较短，这种影响通常可以忽略。除色散外，激光在光纤传播过程中还可能发生偏振状态改变，这将影响输出光的品质，因此，在 PIV 系统中应尽量选用具有保偏功能的特殊光纤。

由于激光在光纤中传输时存在色散、偏振状态改变等影响输出品质的特性，在 PIV 系统中进行激光传导时使用更多的是导光臂。如图 2.20 所示，PIV 使用的导光臂一般由基座、转向节、导光管和出光口组成。基座和激光器出口连接；转向节两端对称安装反射镜，用于改变激光传播方向；导光管为中空金属管，连接在转向节之间，形成激光的传输通道；出光口在导光臂末端，与片光系统连接。

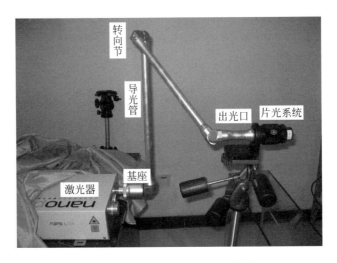

图 2.20　PIV 专用导光臂示意图

2.4　相机

从 20 世纪 90 年代开始,以电荷耦合器件(CCD)和互补金属氧化物半导体(CMOS)为图像传感器的数码相机开始被逐渐应用于 PIV 系统。与传统的胶片相机相比,数码相机无须经过洗片等复杂的处理程序即可获得图像,在计算机的配合下,还可以实现图像的数字化存储和处理,极大地提高了 PIV 系统的测量效率。近年来,相机工业的快速发展使得数码相机的成像分辨率与胶片相机相比不再处于劣势,因此,绝大多数 PIV 系统均使用数码相机作为粒子图像的记录设备。本节将重点介绍 CCD 和 CMOS 两种相机的成像原理、特点及其在 PIV 中的应用。

2.4.1　CCD 相机

CCD 相机是指以 CCD 面阵为图像传感器的相机。CCD 是一种可以将入射光信号转换为电荷输出的电子器件阵列,由贝尔实验室的 Willard S. Boyle 和 George E. Smith 于 1969 年研制成功,由于它具有光电转换、信息存储、延时和将电信号按顺序传送等功能,被广泛用于图像采集及数字化处理等领域。CCD 上密布排列着金属-氧化物-半导体(MOS)电容器(光敏二极管),每个电容器称为一个像素,其几何尺寸一般为 $10~\mu m \times 10~\mu m$ 量级。

按照像素排列方式的不同,可分为线阵与面阵两大类,其中线阵 CCD 应用于影像扫描器及传真机上,而面阵 CCD 主要应用于数码相机、摄影机等影像输入产品。

CCD 的基本结构如图 2.21 所示,它以一块 P 型 Si 为衬底,衬底表面用氧化的方法生成一层厚度极薄的 SiO₂,再在 SiO₂ 表面蒸镀一金属层(多晶硅),经光刻腐蚀成为栅格状金属电极。金属电极及其下方的绝缘层和衬底构成一个 MOS 电容器,即为 CCD 上的一个像素。在金属电极上施加正电压,衬底接地,则位于电极下的衬底表面电势升高,且电势最大值位于电极正下方,整个 MOS 电容器即成为可存储电荷的势阱。当光线照射到 MOS 电容器上时,光子穿过透明电极及绝缘层进入 P 型 Si 衬底,在这里经光电效应形成电子-空穴对,其中,电子存储在金属电极下方的势阱中,成为信号电荷,电荷的数量与入射光的强度及曝光时间成正比。然而,势阱可存储的最大电荷量是有限的,当光电效应产生的电荷数超过势阱存储容量时,多余的电荷将向相邻的势阱转移,产生高光溢出现象(Zhong et al., 2012)。光电转换过程表明,在相同的光照条件下,CCD 上累积电荷的效率与每个 MOS 电容器上感光单元的面积成正比。若定义感光单元的面积与 CCD 面积之比为填充率,大多数 CCD 阵列的填充率均小于 100%。

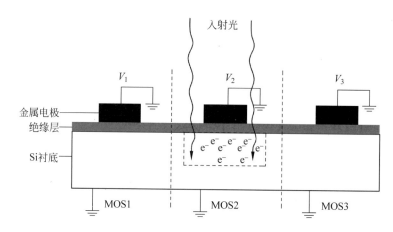

图 2.21　CCD 基本结构及原理

当 CCD 传感器完成光电转换和电荷收集后,需要将电荷进行转移,用于后续读出。电荷转移的本质就是移动存储电荷的势阱,主要通过改变 MOS 电容器上金属电极的电压完成。以图 2.21 中相邻的三个电极为例,假定开始时有一些电荷存储在偏压为 10 V 的 MOS1 中,其他电极的电压均为略大于阈值的 2 V;此时若将 MOS2 的偏压增大为 10 V,则 MOS1 和 MOS2 的势阱将合并在一起,原来在 MOS1 中的电荷将为两个势阱所共有;此后将 MOS1 的偏压降低为 2 V,则电荷将全部转移至 MOS2 中,从而实现了电荷的转移。通常将 CCD 上的电极分为几组,每组为一相,并施加相同的时钟脉冲。光生电荷在 CCD 中转移的终点是输出放大器,输出放大器将电荷信号转换为电压或电流信号,再经数模转换即可存储为计算机可识别的数字图像信号。

根据电荷转移方式的不同,可将面阵 CCD 分为全帧转移 CCD、帧转移 CCD、逐行扫描线间转移 CCD 和隔行扫描线间转移 CCD。由于隔行扫描线间转移 CCD 不适合用于 PIV 系统,以下只对全帧转移 CCD、帧转移 CCD 和逐行扫描线间转移 CCD 的结构、原理及在 PIV 系统中的适用性进行说明。

全帧转移 CCD 是使用最早的 CCD 形式,图 2.22 示意了它的基本结构,其中 P 表示像素,H 表示水平转移寄存器。在完成电荷积累后,阵列各行的电荷依次向下转移一行,而底行电荷则转移至水平寄存器,通过水平寄存器从左往右经输出放大器输入图像采集卡;重复上述过程,直至最顶行的电荷通过水平寄存器输出为止。全帧转移 CCD 的整个面板均由感光单元覆盖,没有额外的电荷存储机构,因此填充率可高达 100%,感光效率极高。此外,由于全帧转移 CCD 结构较为简单,非常适合加工成高分辨率大面板。在

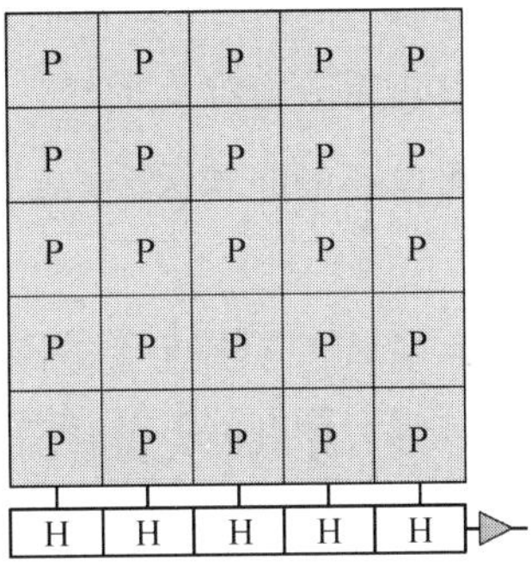

图 2.22 全帧转移 CCD

充分冷却和低速读出条件下,全帧转移 CCD 可输出低噪声、高动态范围的图像。全帧转移 CCD 从 20 世纪 70 年代问世至今,已被大量应用于天文、光学和遥感等科学成像领域。

全帧转移 CCD 也存在一些固有的缺陷。首先,为了获得低噪声、高动态范围的图像,必须使用极低的读出速率。一般情况下,全帧转移 CCD 的读出速率为 30～200 ns/像素,因此,即使分辨率仅 1 万像素的全帧转移 CCD 相机,转移每帧图像信号也需要 30～200 ms 时间,对应的帧频为 5～30 fps,而对于 PIV 常用的分辨率不低于 100 万像素的全帧转移 CCD 相机,其帧频则低于 1 Hz。其次,在电荷转移的过程中,CCD 上的所有像元均处于激活状态。因此,若 CCD 阵列前端未设置机械快门,则在电荷转移期间射入的光线将持续产生电荷信号,由于帧转移时间较长,这些信号将导致图像上形成明显的垂向污损。

由于全帧转移 CCD 相机具有分辨率高和帧频低的双重特点,主要适用于对分辨率要求极高或流速极低的 PIV 实验。对于流速较大的 PIV 实验,只有在使用单帧双曝光拍摄模式的条件下,才可选用全帧转移 CCD 相机。

帧转移 CCD 与全帧转移 CCD 具有相同的像素结构,但在感光区的列方向,还有一片对应的存储区,如图 2.23 所示,图中 M 表示存储单元。当相机完成一次曝光后,感光区收集的电荷先按列向下转移至对应的存储区,每列转移所需的时间约为 1 μs,因此,100 万像素的 CCD 阵列只需 0.5～1 ms 的时间即可完成信号转移。当电荷全部转移至存储区后,感光区即可开始第二次曝光,而存储区内的电荷则按与全帧转移 CCD 完全一致的方式将电荷输出 CCD。帧转移 CCD 的优势体现在既具有全帧转移 CCD 填充率高达 100% 的特点,又能在极短的时间开始第二次曝光。

帧转移 CCD 可以快速开始第二帧图像的曝光,在 PIV 领域具有一定的应用空间。在

1 024×1 024 像素的分辨率条件下,帧转移 CCD 将第一次曝光图像从感光区转移至存储区并开始第二次曝光所需的时间间隔约为 1 ms,因此,若控制激光的脉冲方式,使得第一个脉冲出现在第一次曝光将要结束的时候,而第二个脉冲出现在第二次曝光刚开始,则两次曝光的时间间隔约等于 1 ms。假设待测水流速度为 1.5 m/s,成像分辨率为 10 像素/mm,则粒子图像在两帧图片之间的间隔约为 15 像素,在最大判读窗口尺寸为 64×64 像素的条件下可以获得较为准确的流速。需要指出的是,由于存储区内的图像需要较长的时间才能完全输出,因此,帧转移 CCD 的曝光频率极低(10 fps 量级),只能满足低频 PIV 测量的要求。

逐行扫描线间转移 CCD 的结构如图 2.24 所示,图中 V 表示垂向寄存器。与帧扫描 CCD 相比,逐行扫描线间转移 CCD 将每个像素的存储单元直接设置在像素内部,在这种结构下,第一帧曝光的电荷信号可快速转存至存储区,然后开始第二帧图像的曝光。在第二次曝光的同时,存储区内的电荷信号再按与全帧转移 CCD 类似的方法被转移出去,因此,相机进行两次曝光的时间间隔主要受存储区信号转移时间的影响,通常情况下,逐行扫描线间转移 CCD 相机的帧频也只有 10 fps 量级。由于存储区占据了像素的感光面积,使得 CCD 填充率由 100% 降低至 20% 左右,但是,通过在每个像素的前端设置微型透镜的办法,可以将填充率提高至 60% 左右。

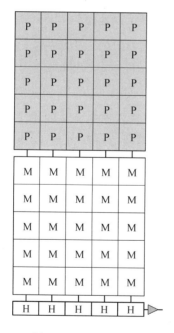

图 2.23　帧转移 CCD

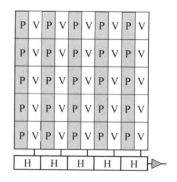

图 2.24　逐行扫描线间转移 CCD

逐行扫描线间转移 CCD 是标准 PIV 系统使用最多的相机。由于第一帧曝光结束至第二帧曝光开始的时间仅需约 1 μs,比帧转移 CCD 所需的 1 ms 提高了约 1 000 倍,因此,利用逐行扫描线间转移 CCD 相机可满足流速高达 1 000 m/s 的水流的 PIV 测量要求。

为了对比上述三种CCD在PIV测量中的适用性和常见使用方法,图2.25示意了各种CCD的曝光时序与激光脉冲时序之间的对应关系。图2.25(a)中,全帧转移CCD长期处于曝光状态,但由于没有快速转移电荷信号的存储区,CCD需要等全部电荷信号被读出后,才能开始第二帧曝光。因此,激光脉冲频率应与相机帧频一致,适用于测量极低速流动。图2.25(b)中,帧转移CCD两次曝光的时间间隔等于电荷信号从感光区转移至存储区的时间,对于100万像素分辨率的CCD,该时间约等于1 ms,因此,通过使用跨帧照明技术,这类CCD可用于中低速流动的测量。图2.25(c)中,逐行扫描线间转移CCD两次曝光的时间等于单个像素内电荷信号从MOS电容器转移至存储单元的时间,其时间小于1 μs,因此,通过使用跨帧照明技术,这类CCD可用于高速流动的测量。需指出的是,在相机配备有机械快门或CCD上存在电子快门的条件下,上述三种CCD相机也可配合连续激光器使用,用于中低速流动的高频测量。

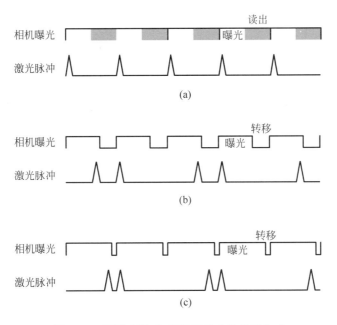

图2.25 不同CCD在PIV系统中的使用方式

(a) 全帧转移CCD；(b) 帧转移CCD；(c) 逐行扫描线间转移CCD

表2.3列举了几款最新的PIV用CCD相机,可以看到,大多数CCD相机的帧频均较低,不适合用于高频PIV系统。为了提高CCD相机的帧频,产生了新的CCD设计架构,其主要思路是将CCD阵列进行分块,每块配备独立的电荷信号存储和转移电路,以实现信号的平行传输和读出,但是,这种处理方式会降低图像的信噪比。为此,适合用于高频PIV系统的CCD相机一般分辨率均较小。例如,德国Allied Vision Technologies公司生产的Pike-032系列相机,其分辨率为640×480像素,满帧帧频为208 Hz,该相机可满足低速水流测量要求。

表 2.3 几种常见的 PIV 用 CCD 相机

品牌及型号	分辨率/像素	像素尺寸/μm×μm	帧频/fps	跨帧时间/ns
TSI 4MP-HS	2 048×2 048	7.4×7.4	32	195
TSI 8MP	3 320×2 496	5.5×5.5	8.5	195
TSI 16MP	4 920×3 288	5.5×5.5	3.1	195
TSI 29MP	6 600×4 400	5.5×5.5	3.6	990
Dantec EO 4M	2 048×2 048	7.4×7.4	24	200
Dantec EO 8M	3 312×2 488	5.5×5.5	21	200
Dantec EO 16M	4 872×3 248	7.4×7.4	4.2	300
Dantec EO 29M	6 576×4 384	5.5×5.5	2.5	300

2.4.2 CMOS 相机

CMOS 图像传感器于 1967 年诞生于美国航空航天局的喷气推进实验室,早于 CCD 图像传感器,早期的 CMOS 由于尺寸较大且性能较差而未被广泛应用。20 世纪 90 年代以后,随着大规模集成电路技术的不断进步、有源 CMOS 像素等技术的出现使得 CMOS 图像传感器的性能得到明显提升,CMOS 相机也在诸多领域得到大量应用。

有源 CMOS 图像传感器上单个像素主要由光电二极管、复位管、放大器和行选择管组成,如图 2.26 所示。其中,光电二极管与 CCD 中的 MOS 电容器具有相似的结构,用于实现光电信号的转换,复位管控制电荷累积时间,放大器将电荷信号转换为电压信号,行选择管将像素与列总线连接,实现电压信号的输出。与 CCD 上的像素相比,CMOS 上的每个像素独立完成光电转换、放大和转移,避免了高光溢出等现象的发生。

图 2.27 示意了 CMOS 图像传感器的基本结构,主要由像素阵列、行驱动器、列驱动器、模数转换器等组成。其中,行、列驱动器可控制需要输出信号的行和列,从而达到控制存储区域大小(ROI),进而改变相机帧频的目的。由于 CMOS 图像传感器上的各个像素相互独立,易于实现将整个图片的信号通过多个通道进行同步输出;同时,单个 CMOS 像素也比 CCD 像素的读出速度快 2~4 倍;因此,相同分辨率的 CMOS 相机往往具有比 CCD 相机高数百倍的帧频。当采用 ROI 拍摄模式时,CMOS 相机的帧频可进一步提高。因此,CMOS 相机极适合于高频 PIV 系统。由于帧频极高,使得 CMOS 相机的数据输出量极大,常规计算机或图像采集卡均无法提供相匹配的 I/O 速率,因此,CMOS 相机往往配备独立的存储卡。表 2.4 列举了几款可用于搭建高频 PIV 系统的高性能 CMOS 相机的基本参数。

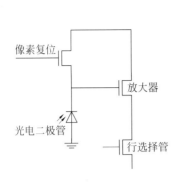

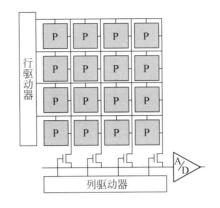

图 2.26 有源 CMOS 像素示意图   图 2.27 CMOS 图像传感器示意图

表 2.4 几款高性能 CMOS 相机

生 产 商	型 号	像 素 规 格	像素尺寸/μm	全幅帧频/fps
Dantec	SpeedSense 641	2 560×1 600	10	1 450
Dantec	SpeedSense 641	1 280×800	20	7 530
TSI	PowerView HS3000	1 024×1 024	17	3 000
PCO	Dimax HS1	1 000×1 000	11	7 039
PCO	Dimax HS4	2 000×2 000	11	2 277
Photron	FastCam SA-X2	1 024×1 024	20	12 500
Photron	FastCam SA6	1 920×1 440	10	1 125
IDT	Y7-S3	1 920×1 080	7.24	12 300
IDT	Y4-S3	1 024×1 024	13.68	7 000
IDT	NX5-S2	2 560×1 920	7	730
IDT	NX3-S3	1 280×1 024	10.85	2 500

2.4.3 CCD 与 CMOS 相机对比

如前所述,CMOS 相机在帧频方面相对于 CCD 相机具有极大的优势,因而是高频 PIV 系统的理想选择。本节将从感光度、噪声、动态范围及能耗等方面对二者进行对比。

1. 感光度

感光度是指入射光投射到像素感光区域后,在像素上进行光电转换能力的大小,一般用量子效率和填充因子的乘积来表示。量子效率是指光入射到像素感光区域后,被势阱所收集的光生电荷数与入射光子数之比；填充因子则是指光电二极管（MOS 电容器）的光敏面积在像素中所占的面积比例（李天琦，2013）。CMOS 相机的感光单元由多个晶体管和一个感光二极管构成，光敏区域的比例较小，因而填充因子较小。在相同的像素尺寸下，CCD 相机的感光度高于 CMOS 相机（石东新 等，2010）。

2. 噪声

CCD 相机的特色在于充分保持信号在传输时不失真，每个像素的电荷信号统计集合至单一的放大器进行处理，可以保持图像的完整性。CMOS 相机的每个像素配备独立的放大器，信号被直接放大并转换成数字信号。由于不同放大器的性能不可能完全一致，因此，CMOS 相机上各像素的信号很难达到被同步放大的效果，对比单个放大器的 CCD 相机，CMOS 相机的图像噪声较大。此外，由于 CMOS 相机像素内集成了放大器、寻址电路等光电元件，使得相邻像素的光、电、磁干扰较为严重，这也会使得 CMOS 相机的图像信号易受噪声的干扰。

3. 动态范围

相机的动态范围是指最大非饱和信号与最小可测信号之比（李天琦，2013）。受感光区尺寸、积分时间和噪声的限制，CMOS 图像传感器的动态范围低于 CCD 的动态范围。在可比的环境下，CCD 相机的动态范围比 CMOS 高约 2 倍。

4. 能耗

CMOS 图像传感器在能耗方面比 CCD 更具优势。CCD 图像传感器要求足够高的电压形成势阱，以防止电荷溢出，此外，CCD 图像传感器需要不同的电压和高频时钟信号来保证合适的操作和良好的电荷转换率，这些都导致其能耗很高。相反，CMOS 传感器的图像采集是感光二极管产生的电荷直接由晶体管放大输出，采用单一的低电压驱动即可。整体而言，CMOS 相机的耗电量仅为 CCD 的 $1/8 \sim 1/10$。

2.5 镜头

镜头是相机的眼睛，相机的成像特征与镜头的性能密切相关，本节将介绍镜头的基本工作原理和 PIV 系统中最为关心的镜头参数。

2.5.1　镜头与透镜

在光学分析中,透镜一般指由两个同轴旋转曲面构成的透明体,根据形状和折光特性可分为凸透镜和凹透镜。凸透镜中心厚、边缘薄,在空气中可使入射的平行光会聚;凹透镜中心薄、边缘厚,在空气中可使入射的平行光发散。镜头是指由各种透镜组成的透镜组,可以将外界的景物会聚成清晰的图像,因此,通常将透镜简化为一个凸透镜进行分析。

在一般的摄影工作中,景物与图像之间的距离远大于镜头本身的长度,可以将透镜简化为一个薄透镜,即忽略镜头内所有透镜的间距和厚度,将它们简化为一个具有聚光能力的平面。但在PIV系统的成像过程中,由于成像放大倍率较大,通常将镜头简化为具有一定厚度的凸透镜。图2.28示意了镜头成像时涉及的有关特征点和特征面:主轴又称主光轴,是组成镜头的各个透镜的公共对称轴;主平面是一对与主轴垂直的特征平面,射入某一个主平面的光线会以同样的高度从另一个主平面射出;主点是主平面与主轴的交点,两个主点之间的距离称为主点间隔;物(像)方焦点是指像(物)方平行于主轴的光线通过镜头后会聚于主轴上的一端;物(方)焦距是指物方焦点与物(像)方主点之间的距离;物(像)与物(像)方主点之间的距离为物(像)距(钱元凯,2003)。必须注意,由于镜头设计,特别是变焦距镜头中广泛采用了望远镜结构,物方焦距与像方焦距是不一定相等的。我们平时说的照相机镜头的焦距是指像方焦距。

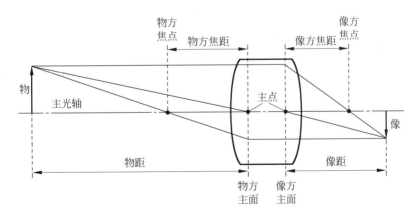

图2.28　镜头的特征点与特征面

2.5.2　镜头的光圈

光圈(光阑)是指在镜头中对通过镜头的光束进行限制的装置。如图 2.29 所示,现代镜头的光圈一般由 6～8 片叶片组成,通过转动镜头上的光圈环可以改变光圈孔径的大小。从镜头前端与后端所见到的光圈孔径大小通常是不同的,从镜头前端看到的光圈是实际光圈被镜头前面各组镜片所成的像,称为入瞳。能够进入镜头的平行于主轴的光束的直径是由入瞳的孔径确定的,这个直径称为镜头的有效孔径。通过镜头的光线形成一个光锥会聚到焦点上,镜头的通光能力由光锥的锥顶角决定,而锥顶角的大小又由镜头的有效孔径与镜头焦距的比值确定。因此,定义镜头的有效孔径与焦距之比为相对孔径,它反映了镜头的通光能力(钱元凯,2003)。

图 2.29　镜头的光圈

相对孔径以比例或分数的形式表达,既难以书写又不方便使用,因此更常用相对孔径的倒数表示镜头的通光能力,称为光圈数 $F^{\#}$。我国国家标准要求光圈数用"f/"表示。为了便于控制和调整曝光量,多数镜头都可以分级调整镜头的孔径,使得相邻量级光圈的孔径相差 1.414 倍,从而形成一个光圈的系列。目前,PIV 系统所使用的镜头的光圈数为 1.4、2.0、2.8、4.0、5.6 等,光圈数越大,通光能力越弱,最小光圈数为 1.0。表 2.5 列举了镜头常用标准光圈的光圈数与相对通光量,可见镜头的通光能力与光圈数的平方成反比,即光圈数每增大一级,镜头的通光能力降低一半。

表 2.5　镜头常用光圈数分档明细表

光圈数 $F^{\#}$	1.0	1.4	2.0	2.8	4	5.6	8	11	16
相对通光量	256	128	64	32	16	8	4	2	1

为了控制成像过程的进光量,大多数单反镜头的光圈大小均可调。早期大多数单反镜头上均配有手动调节镜头光圈大小的光圈环,使用在 PIV 专用相机上较为便利。近年来,随着单反相机自动调节能力的大幅提升,为了提高摄影效率,减轻对镜头使用者的专门知识要求,大多数镜头均由手动光圈改为自动光圈。对于这类镜头,可以在使用前通过单反相机将其光圈置于全开状态。

2.5.3　镜头的像差

一个理想的镜头,可以将视场范围内物平面上的每一个物点,都在像平面上相应的位置形成一个清晰的像点。但实际的镜头并不能在像平面上各处都形成理想的像,镜头所形成的实际影像与理想影像之间的差异称为像差(钱元凯,2003),具体可分为单色像差和色差两类。单色像差是指单一颜色的色光通过镜头后形成的像差;色差是指当物方发出的是多种颜色的混合光时,从物方某点发出的任何一小束光线经过镜头后都不再会聚于相同像点的现象。在 PIV 应用中,物方光线主要为激光及其散射光,单色性较好,因而色差现象不明显,因此,以下仅介绍几种典型的单色像差。

1. 球差

定义平行于透镜光轴或与光轴夹角较小的光线称为近轴光线。当近轴光线通过球面透镜时,经过透镜中心的光线与经过透镜边缘的光线不能相交于一点,这种现象是由于透镜的表面是球面而造成的,因而称为球差(钱元凯,2003)。如图 2.30 所示,球差使一个明锐的光点变成模糊的光斑。减小镜头球差的主要方法是使用非球面镜片,目前,非球面镜片的制作工艺已较为普及,大多数中高端镜头均有使用。由于球差是近轴光线特有的像差,主要出现在画面的中心。一般而言,镜头的焦距越长、光圈数越小,球差越严重,通过收缩光圈可以有效改善图像质量。

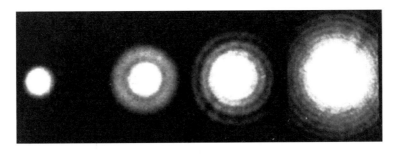

图 2.30　几种不同球差的点光源图像

2. 彗差

定义与透镜光轴夹角较大的斜射成像光线为远轴光线。远轴光线经过镜头时也无法会聚为一点,经常形成一个拖着长尾的彗星状光斑(图 2.31),这种像差称为彗差。彗差是远轴光线特有的像差,多产生于短焦镜头的画面边缘。彗差是一种非常顽固的像差,难以彻底消除,但缩小光圈可以较好地减少彗差。彗差的出现显著改变了 PIV 图片中粒子图像的形状,使得两个判断窗口之间的相关系数峰形不再呈高斯分布,显著降低三点高斯插值等亚像素插值方法的精度。

图 2.31　彗差光斑示意图

3. 像散

当一束很细的光线经过镜头后,会在位于光轴方向不同位置的平面上聚焦为两条微小的焦线,一条沿从画面中心指向边缘的半径方向,称为径向焦线,另一条沿以画面中心为圆心的圆周方向,称为切向焦线。真正聚焦的像点在两条焦线的中间,呈现为一个模糊的光斑。由于两条焦线彼此分离,这种像差称为像散,它使得画面边缘在径向和切向具有不同的清晰度。常用像散曲线表示镜头像散的特性,如图 2.32 所示,像散曲线的纵坐标表示像点与画面中心的距离,横坐标表示径向焦线或切向焦线与理想焦点间的距离。在径向焦线上,从画面中心沿半径方向的线条最清晰,而在切向焦线上,与画面中心成同心圆方向的线条最清晰。像散是远轴光线特有的像差,也是最顽固的像差,不仅难以消除,而且与光圈基本无关。因此,像散经常是评价镜头像质时重点关注的单色像差。

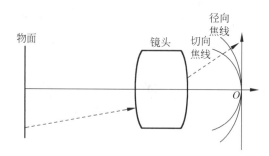

图 2.32　像散曲线示意图

4. 像面弯曲

对垂直于光轴的物平面成像时,像面成为一个弯曲的曲面,称为像面弯曲。存在像面弯曲的镜头成像时,画面中部与周围不可能同时调准焦点。通常我们将径向焦线和切向焦线之间的较细小的中间光斑组成的面称为像面,因此,像面弯曲与像散通常共同存在,像面弯曲不仅伴随着中心与边缘不同的清晰度,还常见到像场中同一位置径向与切向分辨率差异明显。

5. 畸变

直线的影像变为曲线称为畸变。如图 2.33 所示,按照直线弯曲的方向,畸变可分为枕形畸变(又称正畸变)和桶形畸变(又称负畸变)。畸变通常伴随着影像尺寸的变化:枕形畸变的实际影像比理论值更大,桶形畸变的实际影像小于理想影像。畸变通常是由于镜头光学结构与光圈位置不对称引起的,此外,光圈在镜头中的位置也会影响畸变的特性与大小。在一幅图像的中心,畸变为零,而距画面中心越远,畸变越大;但通过画面中心的直线没有畸变。畸变与光圈的大小无关,通常使用非球面透镜可以有效改善畸变。

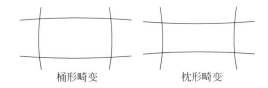

桶形畸变　　　　　枕形畸变

图 2.33　畸变示意图

表 2.6 总结了镜头各类像差的分布、特征及消除方法。分析表明,收缩光圈可以有效地改善球差、彗差。因此,只要条件许可,使用中小通光孔径的镜头可以获得较好的像质,尤其是对于长焦镜头,更能收到较为明显的效果。视场角较小的近轴光线仅受球差的影响,收缩光圈又能明显改善,因此,光圈的大小对画面中部的画质影响更显著。对不同的镜头而言,焦距越长,球差越严重,因此,广角镜头的视场中心成像一般都优于长焦镜头,而长焦镜头收缩光圈后可明显改善画质。影响视场边缘的远轴光线受彗差、像散、像面弯曲及畸变的影响,但像散不受光圈控制,畸变与光圈无关,因此,广角镜头画面边缘的画质会显著劣化,而长焦镜头比较容易在全画幅得到基本一致的画质。

表 2.6　像差的分布、特征及消除方法(引自钱元凯,2003)

像差名称	分布区		对画质的影响	减小像差的手段					
	近轴光线	远轴光线		缩小光圈	复合透镜	优化光圈位置	特殊光学材料	非球面透镜	优化镜头结构
球差	●	○	画面中心呈弱焦状,无最清晰点,改变光圈焦点漂移	●	◎		◎	●	◎
彗差		●	远轴光线呈彗星状光斑,画面四周呈弱焦状,无最清晰点	◎	◎	◎	◎		◎

续表

像差名称	分布区		对画质的影响	减小像差的手段					
	近轴光线	远轴光线		缩小光圈	复合透镜	优化光圈位置	特殊光学材料	非球面透镜	优化镜头结构
像散		●	画面四周径向和切向线条不能同时清晰对焦	○	◎	◎	◎		◎
像面弯曲		●	画面中心与边缘不能同时清晰对焦	○		◎	◎		◎
畸变		●	影像变形,远离中心的直线变成曲线,方形变成枕形或桶形		◎	○		●	●

注:●表示极有限或极相关;◎表示有效或相关;○表示一般有效或弱相关。

2.5.4　镜头的景深

当镜头对物点对焦时,通过镜头的成像光线像一个光锥会聚在图像传感器上,当锥顶与图像传感器重合时调焦成功,像点在理论上呈现为一个清晰的光点。当物点的位置在镜头焦点之前或之后时,像点就会变模糊为一个小圆斑,称为弥散斑。当物点偏离焦点不远时,弥散圆足够小,仍然可近似看作是一个点,从而保证了影像的清晰度。如图 2.34 所示,定义被摄物体偏离焦点后,物体仍能保持清晰影像的范围为景深,其中,焦点之前和之后能保持清晰的范围分别称为前景深和后景深。镜头的景深与光圈、焦距等多个因素有关,在中近距离摄影时,若拍摄距离远大于镜头焦距,景深可由下式近似计算

$$\Delta L = \frac{2F^{\sharp}cL^{2}}{f^{2}}, \quad L \gg f \tag{2.44}$$

式中,$F^{\sharp}$ 为镜头光圈数;c 为弥散圆的临近直径,对于常用的 135 相机 $c=0.033$ mm;L 为物距(mm);f 为镜头焦距。式(2.44)表明,镜头景深与镜头光圈数成正比,而与焦距的平方成反比,因此,焦距是影响景深的主要因素。在 PIV 系统中,往往会使用标准焦距的大光圈镜头,因而景深通常较浅。

与景深相对应,像方可定义焦深(图 2.34)。显然,焦深代表了镜头的可调焦范围,当影像的焦点与图像传感器之间的位置不超出焦深范围时,影像均可保证基本的清晰度。已有研究表明,镜头的焦深的理论计算公式为

$$\Delta = 2F^{\sharp}c \tag{2.45}$$

式(2.45)表明,焦深仅与镜头的光圈数有关,而与镜头焦距无关。因此,无论是长焦镜头还是短焦镜头,只要取相同的光圈数,即可得到相同的焦深。

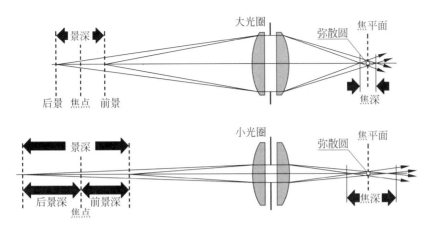

图 2.34　镜头景深示意图

2.5.5　镜头的接口

　　镜头通过接口与相机机身相连,不同的机身要求不同的接口。因此,接口类型也是选择镜头时需要关心的一个重要参数。尽管目前生产高质量 PIV 相机的企业很多,但市面上高质量镜头的提供商却较为有限,因此,PIV 相机配备的镜头接口主要有 C 口和 F 口两大类。

　　C 口是电影摄像机、闭路电视摄像机和机器视觉摄像机常用的一种工业接口。如图 2.35 所示,C 口镜头通过螺纹与相机机身进行连接,接口直径为 25.4 mm,镜头与摄像机接触面至镜头焦平面的距离为 17.5 mm。C 口镜头最大的特点是具有良好的兼容性,不同品牌、年代生产的镜头与相机之间均能正常连接。但是,由于目前大多数的 C 口镜头都是给闭路电视行业或者机器视觉行业使用,最大支持 500 万像素的相机,成像质量相对较差,因此在 PIV 领域使用较少。

图 2.35　典型的 C 口镜头

　　F 口是由尼康公司早期提出的,并为众多镜头和相机生产厂商所广泛采用的镜头接口。如图 2.36 所示,F 接口的镜头通过卡口连接相机机身,接口直径为 44 mm,镜头与摄像机接触面至镜头焦平面的距离为 46.5 mm。在 F 卡口之后,为了提高镜头的自动控制能力,尼康又相继推出了 AI 接口和 AF 接口,这些接口主要是增加了电子接点的数量和功能,但卡口的尺寸和形式不变,相互具有兼容性。对于 PIV 相机而言,由于不需要通过相机自动控制镜头的焦距和光圈,因而均采用了最早的 F 接口。

另一种被广泛应用的接口标准为 EF 口,它是由佳能公司于 1987 年推出的镜头接口标准,这种接口同样以卡口的形式连接相机和镜头,接口直径为 54 mm,镜头与摄像机接触面至镜头焦平面的距离为 44 mm,主要应用于佳能相机和镜头(钱元凯,2003)。

在实际应用过程中,可能会遇到镜头接口与相机接口不一致的情况。例如,由于主要面向工业控制领域,市面上许多高速 CMOS 相机均配备 C 口,若将这些相机应用于 PIV 系统,则需要选用高质量尼康镜头,以保证粒子图像的成像质量。为了满足不同接口之间的兼容性,可以在相机和镜头之间使用对应的接口转接环,图 2.37 即为一种连接 C 口机身与 F 口镜头的转接环。

图 2.36　典型的 F 口镜头　　　　图 2.37　一种 C-F 转接环

第3章 粒子图像获取

3.1 成像原理

3.1.1 简单成像

在平面 PIV 系统中,由激光片光照亮的示踪粒子所在的平面为物面,相机图像感应器所在的平面为像面,镜头是成像光学系统,物面与像面相互平行,物面中心、像面中心及光学系统中心共线。平面 PIV 粒子成像的本质,是通过镜头构成的光学系统,将物面上任一点投影到像面,即建立物面空间点坐标与像面空间点坐标之间的投影关系,进而获得图像位移与物理位移之间的对应关系。为了便于描述,定义物空间坐标系的原点位于物面中心,x-y 平面与物面重合,z 轴与镜头主轴共线;像空间坐标系的原点位于像面中心,X-Y 平面与像面重合,Z 轴与镜头主轴共线。

小孔模型是最简单的成像系统,是认识和分析相机成像原理的基本模型。小孔模型将镜头简化为位于像面和物面之间的平面上的微小圆孔,并假设物面上任一点发出的光线中,只有经过小孔的那条光线能够到达像面,且该光线在经过小孔前后传播方向不变。图 3.1 示意了小孔成像的基本过程,设物面和像面与小孔所在平面的距离分别为 z_0 和 Z_0,物面上点 A 的坐标为 (x, y),该点经小孔成像后在像面上的像点 A' 坐标为 (X, Y)。根据图中几何相似关系,易知物面坐标与像面坐标之间满足如下简单线性换算关系:

$$\begin{bmatrix} X \\ Y \end{bmatrix} = M_0 \begin{bmatrix} x \\ y \end{bmatrix} \tag{3.1}$$

其中

$$M_0 = \frac{Z_0}{z_0} \tag{3.2}$$

称为成像放大倍率。同理可得,物面上 B 点与对应的像点 B' 之间也满足式(3.1)。简单推导可知,物面距离(位移)AB 与像面距离(位移)$A'B'$ 之间的对应关系为

$$\begin{bmatrix} \Delta X \\ \Delta Y \end{bmatrix} = M_0 \begin{bmatrix} \Delta x \\ \Delta y \end{bmatrix} \tag{3.3}$$

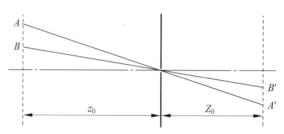

图 3.1   小孔成像基本原理

　　小孔模型对镜头的简化与现代相机所使用的镜头具有不同的原理。在小孔成像中,通光孔径只允许一条光线穿过,成像原理是光的直线传播;现代镜头的通光孔径并非微小圆孔,从物面上任一点发出的光线可以从不同的地方穿过通光孔径,经折射后会聚为像面上的一个像点。为了更逼近真实镜头的成像过程,实际分析中通常使用高斯成像模型描述成像过程。图 3.2 示意了高斯成像模型,该模型将镜头等效为一片厚度可忽略且焦距为 f 的凸透镜,并对成像过程作如下假设:①物面发出的光线均为靠近透镜光轴的近轴光线;②所有经过透镜中心 C 的光线均不改变传播方向;③所有平行于透镜光轴的光线在穿过透镜后均会经过焦点 D。

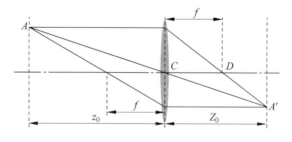

图 3.2   高斯成像模型

　　由图 3.2 可知,在高斯成像模型中,物点坐标与像点坐标以及物面位移与像面位移之间同样分别满足式(3.1)和式(3.3)中的线性成像关系。同时,相机清晰成像时的像距、物距及透镜焦距之间还满足如下关系:

$$\frac{1}{z_0} + \frac{1}{Z_0} = \frac{1}{f} \tag{3.4}$$

式(3.4)通常称为高斯公式。将式(3.2)代入式(3.4)可得

$$\frac{1}{M_0} = \frac{z_0}{f} - 1 \tag{3.5}$$

式(3.4)及式(3.5)在 PIV 成像系统的设置过程中具有重要的指导意义。例如,对于指定焦距的镜头,为了增大成像放大倍率,需要缩短镜头与物面之间的距离;与此同时,为了保证示踪粒子清晰成像,在减小物距的同时应增大像距,这既可以通过调节对焦环的方式实现,也可以在镜头和相机之间添加近摄接圈或近摄皮腔。

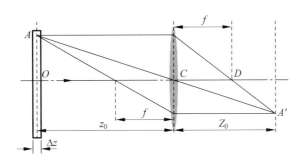

图 3.3　考虑片光厚度的高斯成像模型

在小孔成像及高斯成像模型中,物面均假设为厚度为零的平面。但在平面 PIV 成像过程中,物面为激光片光照亮的区域,其厚度等于片光的厚度(约 1 mm)。因此,从严格意义上讲,平面 PIV 成像过程是物空间到像平面的投影过程。为分析片光厚度对成像过程及 PIV 测量结果的影响,基于高斯模型建立 PIV 测量时的成像原理如图 3.3 所示,其中 Δz 为片光厚度。参考式(3.1),易知片光内任一点的坐标(x, y, z)与其像点坐标(X, Y)之间满足关系:

$$\begin{bmatrix} X \\ Y \end{bmatrix} = M(z) \cdot \begin{bmatrix} x \\ y \end{bmatrix} \tag{3.6}$$

其中

$$M(z) = \frac{Z_0}{z_0 - z} \tag{3.7}$$

式(3.6)及式(3.7)建立了物空间三维点与像平面二维点之间的投影关系,在数学上属于欠定方程组,因此,根据图像上任一粒子的像素坐标,无法唯一确定其在物空间中的三维坐标。式(3.7)还表明,沿片光厚度方向的不同粒子具有不同的成像倍率,距相机越近的粒子,其成像倍率越大。

根据式(3.6)及式(3.7),可推导出示踪粒子在像平面内的位移$(\Delta X, \Delta Y)$表达式为

$$\begin{bmatrix} \Delta X \\ \Delta Y \end{bmatrix} = M_0 \begin{bmatrix} \Delta x \\ \Delta y \end{bmatrix} + M_0 \begin{bmatrix} x/z_0 \\ y/z_0 \end{bmatrix} \Delta z \tag{3.8}$$

式中,$(\Delta x, \Delta y, \Delta z)$为粒子在物空间的真实三维位移。式(3.8)表明,示踪粒子在像平面内

的位移,不仅与其在物空间平行于片光平面的位移有关,还受垂直于片光平面的位移影响。但在平面 PIV 的实际应用中,通常默认像平面位移与物空间位移之间满足如下关系:

$$\begin{bmatrix} \Delta X \\ \Delta Y \end{bmatrix} \approx M_0 \cdot \begin{bmatrix} \Delta x \\ \Delta y \end{bmatrix} \tag{3.9}$$

显然,式(3.8)与式(3.9)的等价程度受两方面因素的影响:一是示踪粒子垂直于片光平面的位移;二是示踪粒子在片光平面内的位置。当示踪粒子垂直于片光平面的位移可忽略,或者在片光平面内距坐标原点的距离远小于物距时,使用式(3.9)引起的测量误差可忽略。在其他情况下,则会产生较大的测量误差。因此,平面 PIV 只有使用在准二维流动中,且测量区域较小,近似满足近轴成像要求时,才具有较高的测量精度。在其他情况下,则需要使用立体成像技术,以同时准确测得示踪粒子的三维位移。

小孔模型及高斯模型对实际镜头的假设,忽略了镜头成像过程中引起图像畸变的若干因素,因此,所建立的成像关系仅仅是实际成像过程的近似。在平面 PIV 系统中,通过使用高性能成像镜头,并优化光圈、焦距等镜头参数,可以较容易地将图像畸变引起的测量误差控制在 1% 以内,小于 PIV 算法等因素所引起的误差。因此,通常直接根据式(3.2)对成像系统的放大倍率进行标定,再利用式(3.9)将像面位移换算为物面位移。但是,在显微 PIV 或大尺度 PIV 等非常规应用中,图像畸变往往产生较大的测量误差,此时需通过系统的标定对图像畸变进行校正。

3.1.2 成像分辨率

在 PIV 系统的实际应用中,通常会使用成像分辨率这一概念。它是指物像的像素数与实际物理尺度之比,单位为像素/mm,是一个应用极为广泛且非常重要的参数。例如,将 PIV 用于测量不同物理尺度的河工模型的流场时,由于相机的帧幅为已知,需要调整成像分辨率使得相机测量范围覆盖全模型;而在相同规模的模型中,对成像分辨率的调整要求则更为严格,特别是在室内明渠水槽中,为了对流场中的涡旋等精细结构进行测量,通常需要根据流动雷诺数的大小对分辨率进行调整,使得流速测点的无量纲间距保持不变(Wu and Christensen, 2006)。

成像分辨率实际上是成像放大倍率的另一种定义方式。根据式(3.1)及式(3.2)可知,成像分辨率 R_0 与成像放大倍率 M_0 之间的对应关系为

$$R_0 = \frac{x/\Phi}{X} = \frac{M_0}{\Phi} \tag{3.10}$$

式中,Φ 为图像传感器上各像元的尺寸(mm)。显然,当物体与相机距离相等时,可以通过

更换不同焦距的镜头获得不同分辨率；对于相同焦距的镜头而言，分辨率则随物体与相机间的距离而变化。在对分辨率要求极高的 PIV 实验中，还需要通过增加近摄接圈的方式获得预期分辨率。因此，PIV 系统的成像分辨率受多种因素的影响，掌握其变化规律对于 PIV 的应用和推广均具有重要价值。

图 3.4 示意了 PIV 系统的实际成像系统及其成像原理。与图 3.2 所示的高斯成像模型相比，实际成像系统的镜头由多块透镜组成，不能简化为简单的薄透镜模型，但有关的成像公式依然成立。根据基本成像原理，对于定焦镜头，成像分辨率随物距改变，而当物距发生改变时，还需要调整像距使物体重新对焦。因此，几乎所有镜头都配有对焦环，当调整对焦环时，镜头会前后伸缩，从而达到调整像距的目的。另一方面，接圈的作用则是通过直接改变镜头与相机之间距离的方式改变像距，从这个意义上讲，对焦环与接圈的作用均是通过改变像距使物体清晰对焦。

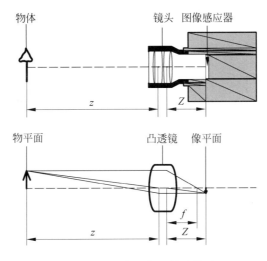

图 3.4 实际摄像系统及其成像原理

但是，实际成像系统中的物距和像距是一个较为抽象的概念，难以通过测量手段直接获得。因此，通常定义镜头前端至待测面的距离为镜物距 Δz，镜头调焦量为 ΔZ，等于镜头伸缩量或接圈长度。根据上述定义，镜物距 Δz 与物距 z 以及调焦量 ΔZ 与像距 Z 之间分别满足如下关系：

$$z = z' + \Delta z \tag{3.11}$$

$$Z = k\Delta Z + Z' \tag{3.12}$$

式中，z' 为镜头前端至物方主点的距离；Z' 为图像传感器与镜头前端最近时的像距；k 为调焦量与像距之间的转换系数。根据式(3.4)、式(3.10)、式(3.11)及式(3.12)可以得到成像分辨率 R_0 与镜物距 Δz 和调焦量 ΔZ 之间分别满足如下关系：

$$R_0 = a\Delta Z + b \tag{3.13}$$

$$R_0 = \frac{1}{c\Delta z + d} \tag{3.14}$$

式中，$a = k/(f\Phi)$，$b = (Z'/f-1)/\Phi$，$c = \Phi/f$，$d = \Phi(z'/f-1)$。对同一相机和镜头而言，式(3.13)中系数 b 为常数，系数 a 的取值则取决于系数 k，取值与调焦方式有关。式(3.14)中系数 c 和 d 在同一相机和镜头条件下均为常数，表明分辨率与镜物距成反比例函数关系。为叙述方便，将式(3.13)和式(3.14)合称为成像分辨率特征公式。

为验证成像系统简化过程和理论推导的合理性，设计了专用的实验平台，如图 3.5 所示。其中，平台上部设有滑动轨道，轨道内放置一块与轨道同宽的滑块用于固定相机，移动滑块的位置可以改变镜物距；对焦物体是粘贴在竖板上的标准钢尺，竖板与实验平台相互垂直以保证钢尺刻度面与图像感应器平行，钢尺刻度与镜头中心位于相同高度；相机为 IDT NR5-S2 型高速相机，图像感应器为 CMOS，大小为 2 560×1 920 像素，满帧频率 730 Hz。分别选用了三款 PIV 系统中常用的镜头进行实验，镜头参数见表 3.1，镜头与相机通过接圈连接。

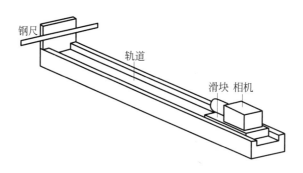

图 3.5　实验平台示意图

表 3.1　实验所用镜头参数

编号	型　　号	焦距 f/mm	$F^{\#}$	镜 片 构 造
C1	佳能 EF 50 mm f/1.2L USM	50	1.2	旋转对焦环时，所有透镜整体平移
C2	佳能 EF 85 mm f/1.2L USM	85	1.2	旋转对焦环时，最后一块透镜不动，其余透镜整体平移
C3	佳能 EF 135 mm f/2.0L USM	135	2.0	旋转对焦环时，最后一块透镜不动，其余透镜整体平移

实验分两个阶段开展。首先验证式(3.12)中系数 k 在旋转对焦环和增加接圈时是否一致，具体步骤为：①将相机固定在槽道内，分若干次将对焦环逐渐由远摄端旋转至近摄端，每次旋转后均调整滑块使钢尺清晰成像，然后记录镜物距 Δz、调焦量 ΔZ 和成像分辨率 R_0 等参数。②将对焦环固定在远摄端，分若干次增加接圈直至接圈长度等于镜头可伸缩量，每次增加接圈后均调整滑块使钢尺清晰成像，然后记录镜物距 Δz、调焦量 ΔZ 和成像分辨率 R 等参数。

图 3.6 和图 3.7 分别为镜头 C1 和 C2 的成像特征曲线。其中,图 3.6(a)和图 3.7(a)中分辨率均随镜像距线性变化,这表明式(3.12)中系数 k 为常数,即像距与镜像距线性正相关。在图 3.6(a)中,旋转对焦环和增加接圈得到的曲线相互重合,而在图 3.7(a)中,两种方式得到的曲线具有不同的斜率。对比镜头 C1 和 C2 的结构可以发现,当旋转镜头 C1 的对焦环时,镜头内所有透镜整体平移,使得光线传播方向不变;而在 C2 镜头中,由于最后一块透镜的位置不随对焦环转动而改变,导致不同镜像距时从镜头射出的光线传播方向不同。因此,旋转镜头 C1 的对焦环与增加接圈可以等效改变像距,而在镜头 C2 中则不等效。上述分析表明,式(3.12)中系数 k 为常数,但其取值与镜头本身以及对焦方式有关。对比图 3.6(b)和图 3.7(b)可以看到,成像分辨率随镜物距变化规律与对焦方式无关,这与式(3.14)的推导结果一致。

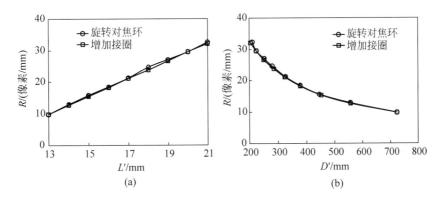

图 3.6 镜头 C1 成像特征曲线

(a) 成像分辨率随镜像距变化趋势;(b) 成像分辨率随镜物距变化趋势

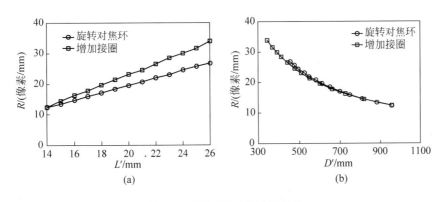

图 3.7 镜头 C2 成像特征曲线

(a) 成像分辨率随镜像距变化趋势;(b) 成像分辨率随镜物距变化趋势

实验的第二阶段是建立几款 PIV 实验中常用镜头的分辨率与镜物距和调焦量之间的关系曲线,实验步骤为:①固定相机在槽道内的位置,分若干次将镜头对焦环从远摄端旋转至近摄端,每次旋转后均调整滑块使钢尺清晰成像,然后记录镜物距 Δz、调焦量 ΔZ 和成像

分辨率 R 等参数；②在相机与镜头间增加长度等于镜头可伸出量的接圈，然后重复步骤①中的操作；③重复步骤②，直至获得的镜物距和分辨率超出日常应用范围。

利用实测数据对分辨率特征公式中的未知量 z'、系数 k 以及 Z' 进行了拟合，拟合结果见表 3.2，各未知的拟合结果均符合物理实际，其中，系数 k 为通过增减接圈的方式改变镜像距时对应的数值，各镜头中系数 k 均约等于 1，表明像距增加量与接圈长度基本相等。

表 3.2　分辨率特征公式未知量拟合结果

镜　　头	已　知　量		未　知　量		
	f/mm	Φ/μm	z'/mm	Z'/mm	k
C1	50	7	62.1	40.6	0.98
C2	85	7	87.7	78.0	1.03
C3	135	7	62.0	124.6	1.01

图 3.8 点绘了不同镜物距对应的分辨率，图中光滑曲线为理论计算结果，各曲线与实测点吻合较好，表明理论推导过程及结果符合物理实际。从图 3.8 中可以发现，当镜物距相等时，长焦镜头能够获得更大的分辨率，特别是当镜物距较小时，长焦镜头获得高分辨率图像的能力更强。对本实验使用的 PIV 系统而言，当镜物距为 200 mm 时，最大可以获得约 150 像素/mm 的分辨率。

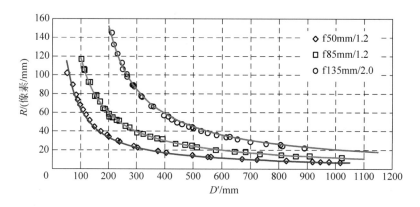

图 3.8　成像分辨率随镜物距的变化趋势

由于分辨率随镜像距的变化趋势与对焦方式有关，为了使用方便，图 3.9 给出了各种接圈长度下可以获得的分辨率的变化范围。图中与最小分辨率对应的直线为理论计算公式，与最大分辨率对应的直线为线性拟合趋势线。由于在测量最小分辨率时，镜像距的改变只通过增加接圈即可实现，而最大分辨率则需要同时旋转对焦环至近摄端，因此图 3.9(b) 和图 3.9(c) 中两直线的斜率不等。整体而言，增加接圈可以进一步提高 PIV 分辨率，但分辨率变化幅度基本不随接圈长度发生改变。

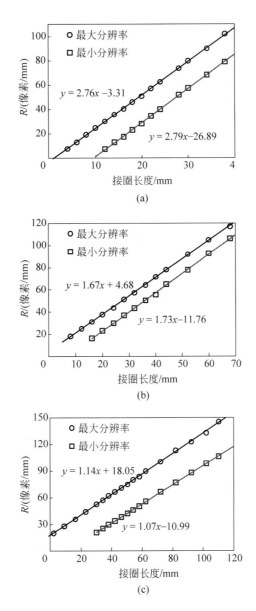

图 3.9　成像分辨率变化范围与接圈长度的关系

(a) 镜头 C1；(b) 镜头 C2；(c) 镜头 C3

3.1.3　倾斜成像

在基于双相机的立体 PIV 系统中,需要利用两个相机从不同的视角拍摄像面图像,然后根据各个相机测得的平面二维流场重构出真实的平面三维流场。在立体 PIV 系统的研发历程中,主要使用了两种不同的系统架构,一种称为平移架构,一种称为角位移架构。

图 3.10(a)示意了平移架构的成像系统及原理简图。系统中各台相机的图像传感器、镜头、测量平面相互平行,即镜头的主轴与像面和物面均垂直;同时,两台相机的图像传感器及镜头平面共面。为了保证两套相机的视野有较大范围的重叠区域,将两台相机的镜头相向平行移动,使图像传感器中心点和镜头中心点的延长线与物面倾斜相交。由于图像传感器、镜头、测量平面相互平行,相机视野范围内各点具有相同的成像放大倍率,因此,平移架构所拍摄的粒子图像不受透视变形影响,整个测量区域内任一点的空间分辨率和精度一致,这是该架构的主要优点。但另一方面,当相机的镜头与图像传感器之间的平移量过大时,视野内大部分区域均以远轴光线的形式成像,2.5.3 节所述的彗差、像面弯曲、畸变等像差将变得严重,使得图像质量迅速降低。

通常情况下,镜头相对于图像传感器的平移量一般不得超过镜头的半径大小。此时,图像传感器中心点和镜头中心点的延长线与测量平面法线的夹角,即透视角 θ,满足如下关系:

$$\tan\theta = \left[2F_{\min}^{\#}(M_0 + 1)\right]^{-1} \tag{3.15}$$

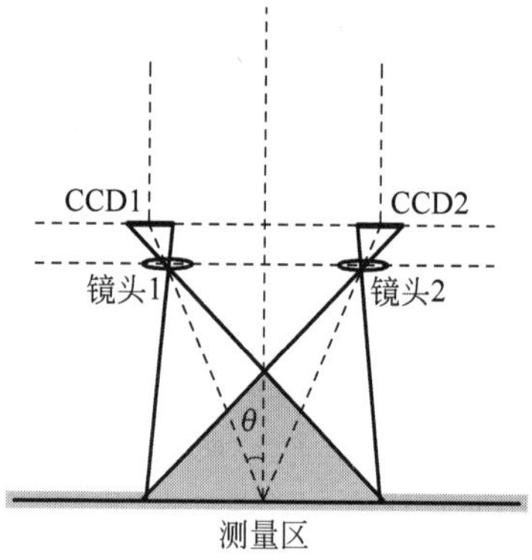

(a)

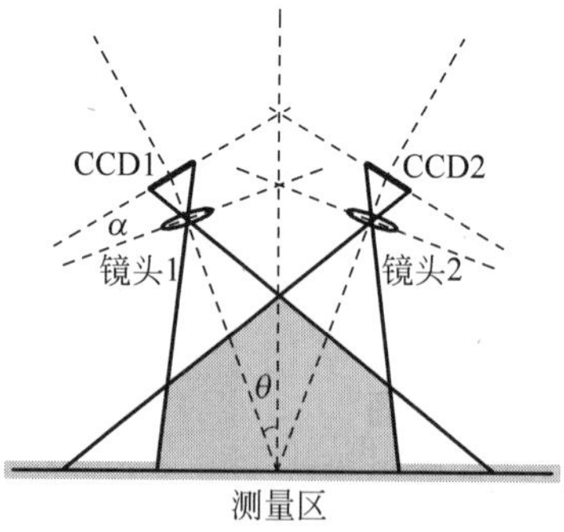

(b)

图 3.10 立体 PIV 使用的两种不同光学架构

(a) 平移构架;(b) 角位移架构

式中,$F^\#_{\min}$ 为镜头的最小光圈数(Westerweel et al.,1996)。例如,对于最小光圈数为 2.8 的镜头,当成像放大倍率为 0.3 时,对应的最大透视角约为 15°,这使得垂直于测量平面方向的速度分量的误差至少比平面内的速度分量的误差大 4 倍(Adrian and Westerweel,2010)。

图 3.10(b)为角位移架构的成像系统及原理简图。此时,镜头的主轴与像面倾斜相交,夹角为透视角 θ。在角位移架构中,测量区域内大部分光线满足近轴光线条件,可以保证图像不受严重畸变等像差的影响。因此,这种架构允许较大的透视角,从而可以得到更准确的面外位移分量,是目前 SPIV 系统主要使用的一种架构。

在角位移架构中,由于镜头平面与物面不平行,为了使得物面上的任一点均能在像面清晰对焦,需要将像面相对于镜头平面偏转一定夹角 α,使得像面与镜头的焦平面重合。夹角 α 的大小,应满足 Scheimpflug 条件:第一,光轴与物平面的交点必须被投影在像平面上;第二,物平面与镜头平面的交点必须位于像平面内。在这种情况下,像平面内图像各点的成像放大倍率不为常数,需要通过图像校正以得到准确的结果。

在角位移架构中,为了保证镜头与相机在相互转动的过程中,光轴与物平面的交点固定不变,且光轴与像平面的交点尽量位于图像传感器的中心,应使用 Scheimpflug 接口,这种接口在使用过程中镜头不动,通过转动相机机身来满足 Scheimpflug 条件,在转动过程中,转动轴应尽量与图像传感器的中线重合。在使用 Scheimpflug 接口时,首先保持像平面与镜头平面相互平行,两个相机对相同的测点对焦,然后旋转相机机身,直至满足 Scheimpflug 条件,即整个测量平面内的图像均清晰对焦。

角位移架构的主要优点是,可以在任意大小的透视角条件下使用。这就使得 SPIV 测得的三个速度分量均保持相同的测量精度成为可能。Lawson 和 Wu(1997)的研究表明,当透视角为 45°时,即两个相机的光轴相互垂直时,可以保证面外分量的平均误差幅度与面内分量一致。需特别指出的是,光线在液体流动表面的折射会严重制约 SPIV 可用的透视角。因此,当两个相机垂直安放在水槽侧面时,实际的有效透视角约为 32°,这就降低了 SPIV 的性能。另外,通过折射表面大角度观察物平面时也容易导致严重的光学变形,如彗差与像差。因此,实际应用中通常在镜头与玻璃边壁之间安装充满液体的棱镜,使得光轴始终与边壁相互垂直(Prasad and Jensen,1995)。

在实际使用角位移架构时,并非只能将两台相机同时安装在测量平面的一侧。图 3.11 示意了三种可选的构造模式,图中阴影区域代表测量平面,箭头代表片光入射方向。图 3.11(a)中,相机接收到的示踪粒子表面的散射光的散射角为 90°,两个相机接收的光强一致,但光的整体强度较弱;图 3.11(b)中,相机接收到的散射光分别为前散射光和后散射光,两个相机光强不一致,但整体强度大于图 3.11(a)中的情况;图 3.11(c)中,两个相机均接收前散射光,光强最大。

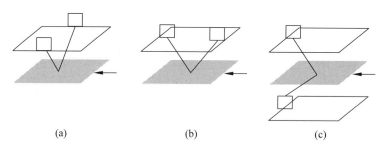

图 3.11　SPIV 构造模式

对于使用角位移架构的 SPIV 系统,视场内的成像分辨率随空间位置而改变,为了建立测量平面上的空间点与相机所拍摄的图片上的像素之间的投影关系,进而根据两个相机所测量的二维速度重构为真实的三维速度,需要已知空间坐标与像素坐标之间的投影函数。建立投影函数的方法主要包括基于小孔成像的几何投影法和一般投影法。需要说明的是,两种重构方法的精度均与立体透视角有关,并且需要以准确的图像校准(即消除图像畸变)为基础。

设 $\boldsymbol{X}$ 为像平面上的二维像素坐标,$\boldsymbol{x}$ 为测量平面上的三维空间坐标,二者之间满足如下非线性投影变换关系:

$$\boldsymbol{X} = \boldsymbol{M}(\boldsymbol{x}) \tag{3.16}$$

相应地,像平面内的位移与物平面内的位移之间满足关系:

$$\Delta \boldsymbol{X} = \boldsymbol{M}(\boldsymbol{x} + \Delta \boldsymbol{x}) - \boldsymbol{M}(\boldsymbol{x}) \tag{3.17}$$

将式(3.17)按照泰勒级数展开,可得其 1 阶近似为

$$\Delta \boldsymbol{X} = \nabla \boldsymbol{M} \cdot \Delta \boldsymbol{x} \tag{3.18}$$

其中,$\nabla \boldsymbol{M}$ 可称为一般意义上的投影矩阵。

(1) 几何投影法。假设镜头成像过程符合小孔成像假设,图 3.12 对比了平行成像和倾斜成像条件下的投影原理和关系。在平移架构等平行成像条件下,由式(3.7)可知成像倍率矩阵为

$$\boldsymbol{M}(\boldsymbol{x}) = \begin{bmatrix} \dfrac{Z_0}{z_0 - z} x \\[3mm] \dfrac{Z_0}{z_0 - z} y \end{bmatrix} \tag{3.19}$$

将式(3.19)代入式(3.18)可得

$$\nabla \boldsymbol{M} = \begin{bmatrix} \dfrac{\partial M_1}{\partial x} & \dfrac{\partial M_1}{\partial y} & \dfrac{\partial M_1}{\partial z} \\[3mm] \dfrac{\partial M_2}{\partial x} & \dfrac{\partial M_2}{\partial y} & \dfrac{\partial M_2}{\partial z} \end{bmatrix} = \dfrac{Z_0}{z_0 - z} \begin{bmatrix} 1 & 0 & \dfrac{x}{z_0 - z} \\[3mm] 0 & 1 & \dfrac{y}{z_0 - z} \end{bmatrix} \tag{3.20}$$

同理可得,图 3.12(b)所示的满足 Scheimpflug 条件的倾斜成像模式中,像平面和物平

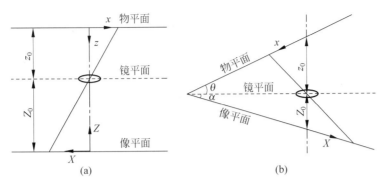

图 3.12　不同成像模式的投影原理示意图

(a) 平行成像；(b) 倾斜成像

面($z=0$)的坐标之间满足关系：

$$M(x) = \begin{bmatrix} \dfrac{Z_0 \cos\theta \cdot x}{z_0 \cos\alpha + x\sin(\theta+\alpha)} \\[3mm] \dfrac{Z_0 \cos\alpha \cdot y}{z_0 \cos\alpha + x\sin(\theta+\alpha)} \end{bmatrix} \tag{3.21}$$

式(3.21)仅适用于 $z=0$ 的平面，是立体重构中常用的几何反投影步骤的基础。在已知 Z_0、z_0、α、θ 等几何参数的条件下，利用式(3.21)可以将像平面内的位置信息反向投影到物理空间，而不需要借助标定程序。但在实际应用中，Z_0、z_0、α、θ 等参数是很难准确获取的，此外，在推导式(3.21)时假定像平面和物平面的 x 轴及 y 轴相互共面，这同样是实验过程中难以严格满足的条件。因此，基于小孔成像原理的几何投影方法缺乏实用性。

(2) 广义投影法。小孔相机模型不适用于穿过畸变介质的投影，比如穿过玻璃介质的成像过程。理想条件下，人们总希望找到一个解析投影函数 M，但在实际应用中，这样的函数几乎不存在，因此，通常采用利用实测投影关系拟合得到的近似表达式。

由于基于小孔相机模型的准确投影关系是非线性的，Soloff 等(1997)提出了如下近似的投影函数：

$$\hat{M}(x) = \begin{bmatrix} a_0 + a_1 x + a_2 y + a_3 z + a_4 x^2 + a_5 xy + a_6 y^2 + a_7 xz \\ + a_8 yz + a_9 z^2 + a_{10} x^3 + a_{11} x^2 y + a_{12} xy^2 + a_{13} y^3 \\ + a_{14} x^2 z + a_{15} xyz + a_{16} y^2 z + a_{17} xz^2 + a_{18} yz^2 \end{bmatrix} \tag{3.22}$$

式(3.22)可以充分地逼近真实的几何投影关系，但其中的 38 个未知系数需要通过最小二乘拟合的方法进行确定。其中，在 z 方向至少需要 3 个校正平面。这种方法广义上适合于确定几乎所有三维空间的成像投影，可以用于 SPIV 及 TPIV 的数据重构。在单相机投影过程中，一般不考虑 z 方向的影响。当 $z=0$ 时，式(3.22)可以将像平面的数据反投影至物平面。相反，对于物平面上给定的数据点，式(3.22)可以给出其在像平面的像的位置。

另一种投影方法，$x = M^{-1}(X)$，由 Willert (1997)以及 Westerweel 和 van Oord (2000)

提出。由于图像上任一点均被投影到 $z=0$ 的物平面上，这类方法被统称为反投影方法。由于反向投影同样是由一个平面投影至另一平面，其表达形式与前向投影 $\boldsymbol{X}=\boldsymbol{M}(\boldsymbol{x})$ 等价。

Willert(1997)提出的反向投影公式为($z=0$)

$$\boldsymbol{x} = \hat{\boldsymbol{M}}^{-1}(\boldsymbol{X}) = \begin{bmatrix} \dfrac{a_0 + a_1 X + a_2 Y + a_3 X^2 + a_4 Y^2 + a_5 XY}{1 + a_1' X + a_2' Y + a_3' X^2 + a_4' Y^2 + a_5' XY} \\[2ex] \dfrac{b_0 + b_1 X + b_2 Y + b_3 X^2 + b_4 Y^2 + b_5 XY}{1 + b_1' X + b_2' Y + b_3' X^2 + b_4' Y^2 + b_5' XY} \end{bmatrix} \tag{3.23}$$

式(3.23)中的投影公式只有分子分母均包含 2 阶项时才能具有非线性投影的能力。但只使用其中的 1 阶项时：

$$\boldsymbol{x} = \hat{\boldsymbol{M}}^{-1}(\boldsymbol{X}) = \begin{bmatrix} \dfrac{a_0 + a_1 X + a_2 Y}{1 + a_1' X + a_2' Y} \\[2ex] \dfrac{b_0 + b_1 X + b_2 Y}{1 + b_1' X + b_2' Y} \end{bmatrix} \tag{3.24}$$

像平面内的直线被投影到物平面后仍然为直线。同理，Westerweel 和 van Oord (2000)提出的 2 阶图像扭曲投影格式：

$$\boldsymbol{x} = \hat{\boldsymbol{M}}^{-1}(\boldsymbol{X}) = \begin{bmatrix} a_0 + a_1 X + a_2 Y + a_3 X^2 + a_4 Y^2 + a_5 XY \\[1ex] b_0 + b_1 X + b_2 Y + b_3 X^2 + b_4 Y^2 + b_5 XY \end{bmatrix} \tag{3.25}$$

也只能将直线投影为直线，但与简单几何投影相比，2 阶曲线扭曲格式精度更高，且投影精度不受图像传感器与标定板之间的相互旋转的影响。

显然，在反向投影中使用式(3.23)，或在式(3.25)中添加 3 阶项均可以准确考虑图像的非线性变形。其中，式(3.23)总共需要通过最小二乘拟合方法确定 24 个未知系数。

确定上述投影系数的一般方法是在物平面内放置标定板。一般情况下，标定板上应有 $100\sim400$ 个标定点。如果需要求得式(3.22)中的所有系数，标定板需要至少在片光厚度或相机景深范围内放置三个位置。

标定图像上的标记点通常使用互相关方法获得，即将模板与标定图像互相关，然后再使用峰值寻找算法确定标记点的中心位置。然后，需要在图像平面和物平面分别定义坐标系，通常将某个标定点作为原点，然后给其他标记点分配坐标。

在上述步骤后，可以得到一系列 $\{\boldsymbol{x}_c\}$ 标定点和 $\{\boldsymbol{X}_c\}$ 标定图像点。一般地，图像投影系数通过最小二乘方法得到，即

$$\chi^2 = \frac{1}{N_c} \sum (\boldsymbol{M}(\boldsymbol{x}_c) - \hat{\boldsymbol{M}}(\boldsymbol{x}_c)) \tag{3.26}$$

当只能在测量区域放置一块标定板时，可以使用式(3.23)~式(3.25)中所述的反向投影法，其中投影系数的计算方法同样可以使用最小二乘拟合方法。对于式(3.25)，可以用简单的线性方法(Westerweel and Oord，2000)，即求解下列线性方程组：

$$A \cdot \begin{bmatrix} a_1 \\ a_2 \\ a_3 \\ a_4 \\ a_5 \\ a_6 \end{bmatrix} = \begin{bmatrix} x_1 \\ x_2 \\ x_3 \\ \vdots \\ x_{N_c-1} \\ x_{N_c} \end{bmatrix}, \quad B \cdot \begin{bmatrix} b_1 \\ b_2 \\ b_3 \\ b_4 \\ b_5 \\ b_6 \end{bmatrix} = \begin{bmatrix} y_1 \\ y_2 \\ y_3 \\ \vdots \\ y_{N_c-1} \\ y_{N_c} \end{bmatrix} \tag{3.27}$$

其中

$$A = B = \begin{bmatrix} 1 & X_1 & Y_1 & X_1^2 & Y_1^2 & X_1 & Y_1 \\ 1 & X_2 & Y_2 & X_2^2 & Y_2^2 & X_2 & Y_2 \\ 1 & X_3 & Y_3 & X_3^2 & Y_3^2 & X_3 & Y_3 \\ \vdots & \vdots & \vdots & \vdots & \vdots & \vdots & \vdots \\ 1 & X_{N_c} & Y_{N_c} & X_{N_c}^2 & Y_{N_c}^2 & X_{N_c} & Y_{N_c} \end{bmatrix} \tag{3.28}$$

3.2 粒子成像

3.2.1 衍射极限成像

前面所讨论的几何成像理论只有在光的波长趋近于零时才绝对成立,在这种条件下,若镜头不产生像差,则物面上任一点的图像也是一个点。但在实际应用中,光总是具有有限的波长,这使得物面上任一点的图像在像面上表现为一个有限直径的圆斑,这种圆斑即使在镜头不产生像差时仍然会出现。上述现象可以由衍射极限成像理论进行解释,该理论认为:一个理想点经光学系统成像,由于衍射的限制不可能得到理想像点,而是一个夫琅禾费弥散斑,这种弥散斑与因镜头像差形成的弥散斑不同,它受物理光学的限制,是光的衍射造成的。由于镜头像差受制造等多种因素影响,难以进行理论建模分析,因此,理论分析光学系统的成像特征时,通常假定像差对图像的放大作用小于衍射,这种系统称为衍射极限成像系统。

对于给定的衍射极限成像系统,Goodman 和 Gustafson (1996)应用线性系统理论分析了物平面光波振幅与像平面光波振幅的关系。在使用相干光照明物平面空间点时,其在像平面的光强分布可由以下函数表示:

$$|h(r)|^2 = \left(\frac{\pi D_a}{4\lambda Z_0}\right)^2 \left[2\frac{J_1(\pi D_a r/\lambda Z_0)}{\pi D_a r/\lambda Z_0}\right]^2 \qquad (3.29)$$

式中,$J_1(r)$ 为第一类 1 阶贝塞尔(Bessel)函数;λ 为光的波长;D_a 为镜头光圈直径;f 为镜头焦距。式(3.29)称为衍射极限光学系统的点扩散函数,又称艾里函数,对应的光斑称为艾里斑。图 3.13 示意了艾里斑的分布形式,其中心为一光强递减的连续亮斑,周围则是明暗相间的条纹。一般将艾里斑第一条暗纹的中心定义为衍射极限光斑的边界,则衍射极限光斑的直径为

$$d_s = 2.44\frac{\lambda Z_0}{D_a} \qquad (3.30)$$

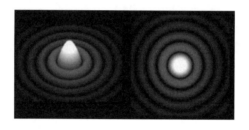

图 3.13   艾里斑示意图

如图 3.14 所示,当物面上两个相邻的空间点同时成像时,其对应的两个艾里斑将相互靠近,难以区分,这就限制了系统的分辨率。这种限制是物理光学的限制,是光的衍射造成的,本质上来源于量子力学中的测不准原则。对于给定频率的光子,当它在某个方向上的动量范围给定时,它的分辨率也就定了。瑞利判据认为,当一个艾里斑的中心和另一个艾里斑的边缘暗环刚好重合时,认为两个像斑刚好能够分辨。根据衍射极限理论,一个光学系统的角分辨率 θ 为

$$\sin\theta = 1.22\frac{\lambda}{D_a} \qquad (3.31)$$

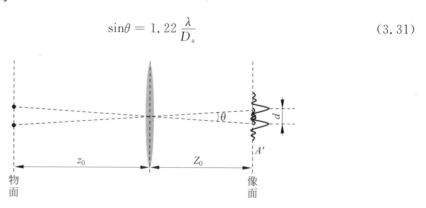

图 3.14   衍射极限成像系统示意图

又由于

$$\sin\theta \approx \tan\theta = \frac{d_r}{Z_0} \approx \frac{d_r}{f} \qquad (3.32)$$

可推出镜头的最小分辨尺寸 d_r 为

$$d_r = 1.22\frac{\lambda f}{D_a} = 1.22\lambda f^{\#} \tag{3.33}$$

镜头的最小分辨尺寸反映了镜头的分辨率,在摄影光学中,通常使用 R_{lp}(线对每毫米)表示镜头的分辨率,指光学系统在 1mm 内能分辨出多少线对。R_{lp} 与最小分辨尺寸之间的换算关系为

$$R_{lp} = \frac{1}{2d_r} \tag{3.34}$$

上述分析表明,镜头的极限分辨率与镜头焦距无关,仅由镜头的光圈数与光波的波长确定,对于给定波长的光线,镜头的光圈数越小,分辨率越高。需要指出的是,相机所摄图像的分辨率是由镜头极限分辨率、镜头的光学像差及感光元件的分辨率共同确定的,三者中哪个最低,哪个就是影响综合分辨率的主要因素。例如,对于大光圈镜头,尽管其极限分辨率较大,但对应的光学像差也较大,其成像的综合分辨率可能低于小光圈镜头。

3.2.2　单粒子成像

式(3.29)刻画了物面点光源在像面所形成的图像的亮度分布特征,在大多数 PIV 应用中,由于所使用的示踪粒子的粒径极小,因而可以将基于点光源的理论分析结果用于描述单个示踪粒子的成像特征。特别地,如果示踪粒子的几何图像的粒径($M_0 d_p$)远小于衍射光斑的直径,则可以将示踪粒子当作物面的光点进行考虑。当上述近似不成立时,粒子图像的特征可以通过将粒子等价为物平面的圆盘进行更准确的分析,圆盘内的光强分布需特别指定,常用的模型包括等强度模型和高斯模型。

对于理想的衍射极限镜头,式(3.29)所描述的点光源的衍射极限光斑的光强分布可近似为高斯分布:

$$| h(r) |^2 = | h(0) |^2 \exp\left(-4\beta^2\frac{r^2}{d_s^2}\right) \tag{3.35}$$

式中,$\beta^2 = 3.67$。上述高斯函数仅描述了衍射极限光斑内的光强分布,忽略了光斑周围的衍射条纹,但这些条纹的亮度较弱,因而可以忽略。使用高斯近似具有较多的好处,首先,二维高斯分布可拆分为两个一维高斯分布,从而简化了分析过程;其次,高斯函数的卷积仍为高斯函数。

根据高斯近似,假定粒径为 d_p 的微小粒子的无像差图像符合直径为 $M_0 d_p$ 的高斯分布,镜头的点扩散函数为式(3.35),则包含衍射和几何成像作用的粒子图像的亮度也呈高斯分布,其直径为

$$d_\tau = c(M_0^2 d_p^2 + d_s^2)^{1/2} \tag{3.36}$$

当示踪粒子的几何图像及光学系统的点扩散函数均为高斯分布时,式(3.36)中的系数 $c=$ 1。但是,由于示踪粒子的几何图像不能像点扩散函数一样准确定义,式(3.36)仅仅是对实际粒子图像直接的一种近似。在考虑成像像差的基础上,示踪粒子的图像的直径可进一步近似表达为

$$d_\tau = (M_0^2 d_p^2 + d_s^2 + d_a^2)^{1/2} \tag{3.37}$$

式中,d_a 为成像像差而引起的图像增大量。式(3.37)可作为实际 PIV 应用过程中,估算示踪粒子图像直径的指导公式。

上述推导获得的粒子图像的直径是在完全对焦的条件下得到的,在某些情况下,粒子图像很难完全对焦,粒子图像的直径会随着粒子与镜头物面间距离的改变而变化。许多研究表明,当粒子与镜头物平面之间的距离 z 小于镜头景深时,粒径随着 z 的增大而缓慢变大;当粒子位于镜头景深之外时,粒径随着 z 的增大而线性增加。在实际 PIV 应用中,示踪粒子不可能均位于物平面上,为了系统描述粒径与粒子位置之间的关系,Olsen 和 Adrian (2000)进一步提出了如下表达式:

$$d_\tau(z) = (M_0^2 d_p^2 + d_s^2 + d_a^2 + d_z^2)^{1/2} \tag{3.38}$$

其中

$$d_z = \frac{M_0 z D_a}{z_0 + z} \tag{3.39}$$

式中,z 为粒子距物平面的距离。

3.2.3 多粒子成像

实际 PIV 应用中的粒子图像总是多个示踪粒子的图像相互叠加的结果,在 3.1.1 节所描述的高斯光学系统中,像平面粒子图像的光场特征与照明光源的特征有关。当使用非相干光照明时,图像是单个粒子图像的强度分布的叠加,而在相干光条件下,图像则是单个粒子图像的复数光振幅分布的叠加。前者仅对相互重叠的灰度进行叠加,后者则在相互重叠的图像间直接形成干涉图案,形成散斑图。

在非相干光照射下,高斯成像系统对于光强场而言是线性变换,因此,焦平面上图像的灰度场是单个示踪粒子的灰度场的叠加,即

$$I(X,Y) = \sum_p I_p(X,Y) \tag{3.40}$$

式中,p 表示粒子编号;I_p 是第 p 个粒子的灰度场。由于示踪粒子的粒径比片光厚度小,每个粒子的照明强度等于该粒子所在空间位置处的片光强度。设片光强度仅为厚度方向的

坐标 z_p 的函数,则第 p 个粒子的灰度场可表示为

$$I_p = J(z_p) \cdot \tau_p(X,Y) \tag{3.41}$$

式中,$\tau_p(X,Y)$ 为第 p 个粒子在像平面上灰度的空间分布函数;$J(z_p)$ 为距物平面 z_p 位置处的片光强度。假定所有被照亮的示踪粒子均清晰对焦,且拥有相同的尺寸和形状,则 $\tau_p(X,Y)$ 可写为一个不随空间位置变化的函数形式:

$$\tau_p(X,Y) = \tau_0(X - X_p, Y - Y_p) \tag{3.42}$$

式中,(X_p, Y_p) 为像平面上粒子图像的位置;$\tau_0(X,Y)$ 表示单位片光强度照射下示踪粒子的曝光量。

根据透视关系,像平面上任一点的位置 (X_p, Y_p) 均为示踪粒子在物空间的三维坐标 (x_p, y_p, z_p) 的函数,但在近轴成像条件下,z_p 的作用可忽略。根据式(3.2)可知

$$\begin{cases} X_p = M_0 x_p \\ Y_p = M_0 y_p \end{cases} \tag{3.43}$$

将式(3.43)代入式(3.40)可得

$$I(X,Y) = \sum_p J(z_p) \cdot \tau_0(X - M_0 x_p, Y - M_0 y_p) \tag{3.44}$$

式(3.44)可进一步改写为灰度分布函数与表征粒子图像空间位置的脉冲函数的卷积:

$$I(X,Y) = \sum_p J(z_p) \iint \tau_0(X - X', Y - Y')\delta(X' - M_0 x_p, Y' - M_0 y_p)\mathrm{d}X'\mathrm{d}Y' \tag{3.45}$$

同理,将片光强度分布函数表示为脉冲函数的形式,并将所有脉冲函数合并为三维脉冲函数的形式,可得

$$I(X,Y) = \sum_p \iiint J(z)\tau_0(X - X', Y - Y')\delta(X' - M_0 x_p, Y' - M_0 y_p, z - z_p)\mathrm{d}X'\mathrm{d}Y'\mathrm{d}z \tag{3.46}$$

进一步交换累加和积分运算,最终可得图像灰度的表达式为

$$I(X,Y) = J_0 \cdot \tau_0(X,Y) * G(X,Y) \tag{3.47}$$

式中

$$G(X,Y) = \frac{1}{M_0^2} \int \frac{J(z)}{J_0} g\left(\frac{X}{M_0}, \frac{X}{M_0}, z\right)\mathrm{d}z \tag{3.48}$$

式(3.47)中,符号"$*$"表示卷积积分运算;J_0 为片光最大强度;$g(x,y,z)$ 为示踪粒子在物空间的分布函数。

在相干光照射下,光学系统对于物空间所有示踪粒子所散射的光波的复振幅是线性的,即:

$$I(X,Y) = \left| \sum_p U_p(X,Y) \right|^2 \tag{3.49}$$

式中,$U_p(X,Y)$ 为第 p 个示踪粒子的空间光振幅,其表达式为:

$$U_p(X,Y) = \sqrt{J(z_p)}\,a_p(X,Y)e^{i\phi_p(X,Y)} \tag{3.50}$$

式中，$\sqrt{J(z_p)}$ 为粒子图像所对应的粒子在物空间所在位置处的片光强度；$a_p(X,Y)$ 和 $\phi_p(X,Y)$ 分别为粒子图像的振幅和相位。将式(3.50)代入式(3.49)可得

$$I(X,Y) = \sum_p \sum_q \sqrt{J(z_p)J(z_q)}\,a_p(X,Y)a_q(X,Y)\cos\left[\phi_p(X,Y) - \phi_q(X,Y)\right] \tag{3.51}$$

式(3.51)表明，在相干光照明的条件下，粒子图像的灰度分布不仅与粒子本身的位置有关，还取决于不同粒子之间的相位差。

式(3.51)所描述的灰度场与示踪粒子的浓度及大小有关，具体可由第 1 章所定义的源密度 N_s 表征。当源密度极小时，两个或多个示踪粒子相互叠加的概率极低，图片的灰度场由相互分离的粒子图像构成，称为粒子图像模式；当源密度极大时，图片中任一点的灰度受多个示踪粒子的光波的影响，其结果是图像中充满随机出现的斑块，称为斑块模式。对于大多数 PIV 应用而言，图片主要处于粒子图像模式，以下讨论该模式下，图片灰度分布的具体形式。

对于任一粒子图像而言，其标量振幅在其粒径 d_τ 之外快速衰减，使得式(3.51)中的互乘项只有在对应的粒子发生重叠时才对结果产生较大的影响。基于此，在示踪粒子源密度较低的情况下，式(3.51)中的互乘项可以忽略不计，图像灰度的表达式可进一步简化为

$$I(X,Y) = \sum_p J(z_p) \cdot \tau_0'(X - M_0 x_p, Y - M_0 y_p) \tag{3.52}$$

其中

$$\tau_0'(X,Y) = |\,a(X,Y)\,|^2 \tag{3.53}$$

式(3.52)本质上与非相干光照条件下得到的式(3.44)一致。因此，相干光照条件下，低示踪粒子密度条件下所形成的粒子图片的灰度场也可同样表示为如下形式：

$$I(X,Y) = J_0 \cdot \tau_0'(X,Y) * G(X,Y) \tag{3.54}$$

以上推导表明，当示踪粒子的几何图像远小于衍射极限光斑时，无论是使用相干光还是非相干光，单个示踪粒子所形成的图像完全一致。

3.3　拍摄粒子图像

3.3.1　图像曝光

物体经成像系统所形成的图像需要经过曝光才能被图像传感器所记录，直观地讲，图

像曝光相当于为关闭在暗室中的图像传感器打开一扇窗,图像传感器所接收的信息量,即曝光量,为进入暗室的光强的时间积分。在 PIV 应用中,每帧粒子图片所接收的曝光量,来源于进入其视野的所有示踪粒子,其中,第 p 个示踪粒子所产生的曝光量可表示为

$$\varepsilon_p(X,Y) = \int_0^{\delta t_e} I_p(X,Y,t)\mathrm{d}t$$

$$= \int_0^{\delta t_e} J(z_p,t)\tau_0 \left[X - M_0 x_p(t), Y - M_0 y_p(t) \right]\mathrm{d}t \tag{3.55}$$

由于示踪粒子在曝光过程中会随着流体运动,式(3.55)中示踪粒子在物空间的位置均表示为时间的函数。但在绝大多数 PIV 应用中,均要求示踪粒子的曝光时间足够短,否则会导致测量结果产生较大的误差(陈启刚 等,2011)。因此,可以认为示踪粒子在曝光过程中是静止的,其图像与静止粒子所形成的图像一致,式(3.55)可简化为

$$\varepsilon_p(X,Y) = \tau_0 \left[X - M_0 x_p, Y - M_0 y_p \right] \int_0^{\delta t_e} J(z_p,t)\tau_0 \mathrm{d}t \tag{3.56}$$

假定激光片光的强度在宽度 y 及厚度 z 方向均为顶帽分布,且总能量为 J_0,脉冲持续时间为 δt,相机快门等因素对曝光量的影响均已包含在曝光时间 δt_e 中,则式(3.56)中的积分项可表示为

$$\int_0^{\delta t_e} J(z_p,t)\tau_0 \mathrm{d}t = \frac{J_0 \delta t_e}{\Delta y_0 \Delta z_0 \delta t} \tag{3.57}$$

式中,Δy_0 和 Δz_0 分别为激光片光的宽度和厚度。

对于脉冲光源,曝光时间通常由脉冲持续时间决定。对于脉冲激光器,其脉冲持续时间一般为 1~10 ns,对于闪光灯则为 1~100 μs。为了与脉冲光源相匹配,缩短散射脉冲光的持续时间,相机快门的开启时间必须短于脉冲持续时间。对于机械快门,其快门时间远大于脉冲持续时间,因而极少在 PIV 系统中使用;现代电子快门的快门时间 δt_{eo} 远小于机械快门,部分快门甚至可以比激光脉冲运行更快。基于此,根据系统所采用的硬件设备,曝光时间的表达式为

$$\delta t_e = \min(\delta t, \delta t_{eo}) \tag{3.58}$$

对于连续激光器或其他持续发光的光源,曝光时间等于快门时间。

准确计算单个示踪粒子的曝光量需要已知式(3.56)中 $\tau_0(X,Y)$ 的表达形式,即单位强度片光照射下单个示踪粒子所产生的曝光量。大量研究表明,示踪粒子的曝光量与脉冲持续时间、脉冲光总能量、镜头光圈大小以及粒子的散光特性等多个因素有关。Adrian(1991)对上述所有因素进行了考虑,推导出单位面积的粒子图像的曝光量为

$$\overline{\varepsilon_p} = \frac{\lambda^2 J_0 \int |\sigma|^2 \mathrm{d}\Omega}{\pi^3 \left[M_0^2 d_p^2 + 2.44^2 (1+M_0)^2 F^{\#2}\lambda^2 + d_a^2 \right]\Delta y_0 \Delta z_0} \tag{3.59}$$

式中,$|\sigma|^2$ 为粒子的散射光分布截面,与多种因素有关;Ω 为光圈孔径所对应的散射光发散角。在 PIV 应用中,示踪粒子所发出的散射光一般满足米氏(Mie)散射理论,且衍射极限光

斑的大小远大于示踪粒子的几何图像,此时,式(3.59)可简化为

$$\overline{\varepsilon_p} \propto \frac{J_0 \dfrac{\delta t_e}{\delta t} \left(\dfrac{d_p}{\lambda}\right)^3 D_a^4}{Z_0^2 z_0^2 \Delta y_0 \Delta z_0} \tag{3.60}$$

式(3.60)表征了任意 PIV 系统的主要光学性能,是衡量两套系统之间是否一致的关键变量,两套光学系统相等的充要条件是对应的变量 $\overline{\varepsilon_p}$ 相等。因此,只要等比例地改变等式右边的变量,仍然可以保证两套系统拥有相等的光学性能。例如,为了增大 PIV 系统的观测范围,必须同时增大光圈尺寸、粒子粒径及激光强度,以保证在相同曝光时间内粒子图片具有相等的曝光量。

3.3.2　图像像素化

相机成像过程中,示踪粒子的图像经快门曝光在成像平面上产生有效的连续光强信号场,这些信号被数码相机的图像传感器所接收,传感器表面为相互独立的像元,每个像元负责存储所在区域的图像信息,进而转换为定量的数字信号。图像传感器将连续的光强信号转换为以像素为单位的数字信号的过程,称为图像的像素化。图 3.15 示意了图像数字化的主要过程,包括空间采样化和强度定量化两个步骤:首先,图像传感器以像元为单位,将像元表面的光强信号场进行空间积分,完成对连续光强信号场的空间离散化;然后,各像元输出的模拟强度信号被定量化为给定的整数序列中的某个数,数的大小反映了原始光强信号的强弱。

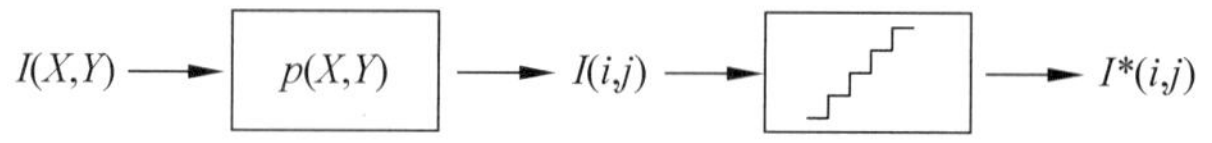

$$I(X,Y) \longrightarrow \boxed{p(X,Y)} \longrightarrow I(i,j) \longrightarrow \boxed{} \longrightarrow I^*(i,j)$$

图 3.15　图像像素化包括空间采样和强度定量化

在空间采样过程中,各像元的模拟信号输出可表示为

$$I(i,j) = \iint p(X - X_i, Y - Y_j)\varepsilon(X,Y)\mathrm{d}X\mathrm{d}Y \tag{3.61}$$

式中,i、j 表示图像传感器上各像元的行列号;X_i、Y_i 为像元中心在像平面坐标系下的坐标值;$p(X,Y)$ 为各像元的灵敏度。对于实际的图像传感器,如 CCD,不同像元的灵敏度可能会有微小差异,这种差异可以表现为像元实际面积的不同。随着半导体技术的快速发展,如今的图像传感器上,各像元间灵敏度的差异可忽略不计,各像元的灵敏度可统一表示为

$$p(X,Y) = \frac{1}{d_{r,X}d_{r,Y}} \cdot \begin{cases} 1, & |X| \leqslant \frac{1}{2}\beta_X d_{r,X}, \ |Y| \leqslant \frac{1}{2}\beta_Y d_{r,Y} \\ 0, & \text{其他} \end{cases} \tag{3.62}$$

式中，$d_{r,X}$ 和 $d_{r,Y}$ 分别为像元沿 X 方向和 Y 方向的间距；β_X 和 β_Y 分别为像元沿 X 方向和 Y 方向的有效填充率，即实际感光区域的长度与像元边长之比。在大多数相机中，像元通常为正方形，X 及 Y 方向的间距及填充率均相等。

在空间采样过程中，最关键的是选择合适的采样率，以保证所形成的数字图像可以正确的表示原始图像。采样定理认为，对于有限带宽的连续信号，如果采样频率大于等于原始信号带宽的两倍，则此信号可以由离散的采样点完全表示。对于任一连续信号，其带宽有限是指能谱密度 $S(\chi,\psi)$ 只在有限的范围内非零，即当 $|\chi| > \chi_0$，$|\psi| > \psi_0$ 时，有

$$S(\chi,\psi) = 0 \tag{3.63}$$

式中，χ、ψ 分别表示 X、Y 方向的空间频率（波数）；χ_0 与 ψ_0 称为信号的带宽。考虑 3.1 节中所述的高斯成像系统，在相干光照明下所产生的光强信号的带宽可表示为

$$W = \frac{D_a}{\lambda z_0} = \frac{D_a}{\lambda f(M_0 + 1)} \tag{3.64}$$

根据采样定理，粒子图像的光强信号必须以 $2W$ 以上的频率进行采样，这等价于要求

$$W \leqslant \frac{1}{2d_r} \tag{3.65}$$

例如，对于一个 $F^{\#} = 11, M_0 = 0.6, \lambda = 532$ nm 的光学系统，其对应的最低采样频率为 214 mm^{-1}。对于大多数 CCD 或 CMOS 而言，其分辨率小于 100 lp/mm（线对/毫米），无法满足采样定理的要求。下面的分析将证明，对于 PIV 应用而言，并不要求图像传感器解析出光强信号的完整带宽。

上面阐述的采样定理适用于完全重构粒子图像，但在 PIV 系统中，对粒子图片进行分析的目的是获得示踪粒子的位移。因此，粒子图片中最重要的考虑要素是粒子图像的位移而非其具体形状，这意味着粒子图像的能谱密度中的低波数信号即可满足 PIV 分析要求。基于此，参照式（3.63），定义满足 PIV 分析的图像信号的带宽为 χ_1 与 ψ_1，当 $|\chi| > \chi_1$ 及 $|\psi| > \psi_1$ 时，

$$S(\chi,\psi) \approx 0 \tag{3.66}$$

关于 χ_1 与 ψ_1 的具体取值，不同研究者提出了多种表达形式，这里采用类 Parzen 带宽的二维形式。如图 3.16 所示，对于一维信号，Parzen

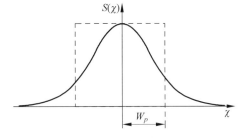

图 3.16 Parzen 带宽示意图

带宽等于与原始信号的能谱密度分布具有相同面积，并在原点高度相等的矩形能谱密度分

布的半宽。对于二维粒子图像，Parzen 带宽可表示为

$$S(0,0) \cdot 4W_p^2 = \iint S(\chi, \phi) \mathrm{d}\chi \mathrm{d}\phi \tag{3.67}$$

式(3.67)中，能谱密度可根据图像的自相关函数的傅里叶变换进行计算，假设示踪粒子的图像满足式(3.35)所定义的二维高斯分布，可得到粒子图像的 Parzen 带宽表达式为(Adrian and Westerweel，2010)：

$$W_p \approx \frac{1}{\sqrt{\pi} d_\tau} \tag{3.68}$$

对于衍射极限粒子图像，$d_\tau \approx 0.74 d_s$，因此，可将式(3.68)进一步写为

$$W_p \approx 0.31 \frac{D_a}{\lambda F^\# (M_0 + 1)} \tag{3.69}$$

与式(3.64)对比可知，Parzen 带宽略小于光强信号完整带宽的 1/3。对于上述的 $F^\# = 11$，$M_0 = 0.6$，$\lambda = 532$ nm 的光学系统，其对应的 Parzen 带宽为 66 mm^{-1}，低于大多数 CCD 或 CMOS 传感器的分辨率，表明目前的图像传感器可以满足 PIV 应用的需求。同时，上式结果也表明，对于尺寸为 1 mm×1 mm 的判读窗口而言，使用 64×64 像素的分辨率即可满足要求。

图像像素化的第二步是使用数字编码器将模拟光强信号 $I(x, y)$ 映射为离散数字信号（灰度值），使得每种光强等级对应一个灰度值。通常情况下，数字编码器将光强信号从大到小等间隔分级，并将每级强度转换为一个连续整数序列中的数值；编码器的分辨率通常为 8 位或 12 位，使得输出灰度值的范围为 0~255 或 0~4 095。

3.3.3　成像噪声

PIV 系统大多使用图像传感器作为相机感光元件，在图像像素化过程中，原始图像不可避免地受背景噪声、散粒噪声及设备噪声等多种噪声的干扰。

背景噪声，是指某像元所在位置的入射光线强度为零时，相机为其指定的实际输出灰度值。背景噪声通常包括平均噪声和随机噪声两个部分，其中，平均噪声与相机的增益、亮度等因素有关。在使用默认设置的情况下，最大灰度等于 255 的图片的平均背景噪声约为 30；在增大相机的增益、亮度等参数时，平均噪声会快速增大。

散粒噪声(shot noise)是感光元件最基本的噪声，是指因感光元件内的电子数量随机脉动所产生的误差。对于任一给定的感光元件，在保持输入曝光量一致的前提下，由于光电转换效应所固有的随机性，使得元件每次输出的电子数均不一致，对应的噪声即为散粒噪声。研究表明，散粒噪声的均方值与图像传感器单次输出的电子数的平均值成比例，因此，

每次输出的信号与散粒噪声的比值随着单次曝光所形成的电子数的增加而增大。

设备噪声是指图像传感器的电子器件所产生的不同于散粒噪声的噪声,包括电子元件 Johnson 噪声(热噪声)、半导体表面噪声以及开关噪声。降低此类噪声的最佳途径是优化相机设计,通常,好的相机往往具有较低的设备噪声。同时,不同的图像传感器之间,对应的设备噪声也会有较大差异,Hain 等(2007)对 CCD 及 CMOS 相机的噪声性能有过详细对比。需特别指出的是,在某些情况下,传感器表面过度曝光时会产生高光溢出现象,严重破坏图像质量,这类噪声只可能发生在 CCD 相机。

3.4 形成数字图像

3.4.1 数字图像的表示

将像素化的图像输出至计算机即成为数字图像。形象地讲,数字图像可看作一个二维矩阵,矩阵的行、列数分别等于图像高度和宽度方向的像素数,矩阵中的每一个元素对应图像中的一个像素,而每个元素中存储的内容则对应于图像上每个像素点的色彩信息。图 3.17 示意了一幅粒子图片在计算机中的表示方式,图中以图片宽度方向为 i 轴,高度方向为 j 轴建立图像坐标系,每个小方格表示图像的一个像素,方格所在的行列数即为像素坐标,方格颜色的明暗程度由该像素处的灰度值决定。对于一帧画幅大小为 $m \times n$ 像素的数字图像,在数学上可表示为如下二维矩阵:

$$f[i,j] = \begin{bmatrix} f(0,0) & \dots & f(0,n-1) \\ \vdots & \ddots & \vdots \\ f(m,0) & \dots & f(m,n) \end{bmatrix} \qquad (3.70)$$

1. 常见的图像类型

图 3.17 及式(3.71)直观地描述了数字图像在计算机中的统一表示方法,根据式(3.71)中矩阵元素存储颜色信息的方式,又可以将图像划分为不同的类型,常见的图像类型包括以下四种:

(1) 二值图像。二值图像的颜色深度为 1 位,矩阵元素仅有"0""1"两个取值,0 表示黑色,1 表示白色。二值图像在计算机中的数据类型为一个二进制位,所需的最小存储空间为 $m \times n \div 8$ 字节。

（2）灰度图像。灰度图像的颜色深度为 8 位，矩阵元素的取值范围为 0～255，其中 0 表示纯黑色，255 表示纯白色，中间数字表示由黑到白的过渡。其数据类型一般为 8 位无符号数，所需的最小存储空间为 $m \times n$ 字节。

（3）索引图像。索引图像的颜色深度为 8 位，但可以表示彩色图像。索引图像的数据结构比较复杂，除了存储图像数据的二维矩阵以外，还有一个存储颜色的二维矩阵，称为颜色索引表。其中，存储数据的矩阵的元素取值仍然为 0～255，表示各个像素的灰度值，该灰度值等于颜色索引表中的行号；而颜色索引表是一个大

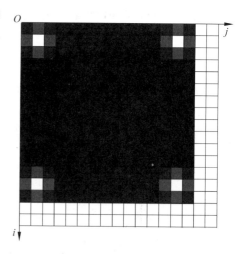

图 3.17　数字图像在计算机中的表示方法

小为 256×3 的二维矩阵，每行的三个分量表示每种颜色的三个原色分量 RGB 的取值。由于每个像素只有 256 个灰度值，而每个灰度值决定了一种颜色，所以索引图像最多有 256 种颜色。索引图像的基本数据类型是 8 位无符号数，所需的最小存储空间为 $(m \times n + 256)$ 字节。

（4）RGB 图像。RGB 图像与索引图像一样可以表示彩色图像，分别用 R、G、B 三原色表示每个像素的颜色，但是它们的数据结构不同。RGB 图像的数据结构是一个三维矩阵，它的每一像素的颜色值直接存储在矩阵中。因此，RGB 图像可用大小为 $m \times n \times 3$ 的三维矩阵表示，其中，m、n 分别表示图像的高度和宽度，3 表示每一像素的三个颜色分量。由于每个颜色分量的深度均为 8 位，所以可表示的颜色数量理论上可达 $2^8 \times 2^8 \times 2^8$ 种，一般称之为真彩色图像。RGB 图像的基本数据类型仍是 8 位无符号数，所需的最小存储空间为 $3 \times m \times n$ 字节。

2. 常见的图像文件格式

将数字图像保存为计算机上的文件时，不同的使用者可能采用不同的文件格式。图像文件格式是记录和存储影像信息的格式，对数字图像进行存储、处理、传播，必须采用一定的图像格式，也就是把图像的像素按照一定的方式进行组织和存储，把图像数据存储成文件就得到图像文件。图像文件格式决定了应该在文件中存放何种类型的信息，文件如何与各种应用软件兼容，文件如何与其他文件交换数据。常见的图像文件格式包括：

（1）BMP 格式。BMP（全称 Bitmap）是 Windows 操作系统中的标准图像文件格式，包括设备相关位图（DDB）和设备无关位图（DIB）两类，使用非常广泛。DDB 位图是早期的 Windows 系统（Windows 3.0 以前）唯一支持的图像格式。然而，随着显示器制造技术的进

步,以及显示设备的多样化,DDB位图的一些固有的问题开始浮现出来。比如,它不能够存储创建这张图片的原始设备的分辨率,这样,应用程序就不能快速地判断客户机的显示设备是否适合显示这张图片。为了解决这一难题,微软创建了DIB位图格式。

BMP格式采用位映射存储格式,除了图像深度可选以外,不采用其他任何压缩,因此,文件所占用的空间很大。BMP文件的图像深度可选1 bit、4 bit、8 bit及24 bit。BMP文件存储数据时,图像的扫描方式是按从左到右、从下到上的顺序。由于BMP文件格式是Windows环境中交换与图有关的数据的一种标准,因此在Windows环境中运行的图形图像软件都支持BMP图像格式。

BMP格式支持前文所述的RGB、索引、灰度和二值图像,以该格式存储的图像文件的后缀名为".bmp"。

(2) TIFF格式。TIFF(tagged image file format)是一种灵活的位图格式,主要用来存储包括照片、艺术图、文档在内的图像,最初由Aldus公司与微软公司一起为跨平台存储扫描图像的需求而设计。在刚开始的时候,TIFF只是一个二值图像格式,因为当时的桌面扫描仪只能处理这种格式,随着扫描仪的功能越来越强大,并且计算机的磁盘空间越来越大,TIFF逐渐支持灰阶图像和彩色图像。TIFF文件使用无损格式存储图像,且编辑然后重新存储不会有压缩损失,因而通常被应用于专业领域,以便在不同的平台和软件之间能输出高质量图像。

TIFF同时是一种灵活且适应性强的文件格式,通过在文件头中包含标签,它能够在一个文件中处理多幅图像和数据,并且可以存储许多细微层次的图像信息。例如,标签能够标明如图像大小这样的基本几何尺寸,或者定义图像数据是如何排列的、是否使用了各种各样的图像压缩选项等。标签的使用也增加了TIFF文件结构的复杂性。一方面,要写一种能够识别所有标签的程序非常困难;另一方面,一个TIFF文件可以包含多个图像,每个图像都有自己的压缩格式和标签,这也增加了程序设计的复杂性。

目前,TIFF格式已成为图像文件格式的一种标准,绝大多数图像系统都支持这种格式,它支持二值、灰度、RGB、索引等图像类型。使用TIFF格式存储的图像文件的后缀名为".tif"或".tiff"。

(3) JPEG格式。JPEG(joint photographic experts group)是一种由联合图像专家组制定的图像文件格式,是目前最常用的一种格式,也是目前所有格式中压缩率最高的格式。为了能够将图像压缩在很小的储存空间,图像中重复或不重要的资料会被丢失,因此容易造成图像数据的损伤。但是,JPEG压缩技术十分先进,它用有损压缩方式去除冗余的图像数据,对色彩的信息保留较好,在获得极高的压缩率的同时能展现十分丰富生动的图像。换句话说,就是可以用最少的磁盘空间得到较好的图像品质,适合应用于互联网。JPEG格式支持灰度、RGB、索引等图像类型,使用该格式存储的图像文件的后缀名为".jpg"或

".jpeg"。

（4）GIF 格式。GIF(graphics interchange format)是 CompuServe 公司在 1987 年开发的图像文件格式。GIF 文件的数据，是一种基于 LZW 算法的无损压缩格式，其压缩率一般在 50%左右。GIF 格式的另一个特点是其在一个 GIF 文件中可以存多幅彩色图像，如果把存于一个文件中的多幅图像数据逐幅读出并显示到屏幕上，就可构成一种最简单的动画。GIF 格式的主要缺陷是仅支持不多于 256 色的图像，因而普遍适用于图表、按钮等只需少量颜色的图像。使用 GIF 格式存储的图像文件的后缀名为".gif"。

（5）PNG 格式。PNG(portable network graphic format)格式的设计目的是替代 GIF 和 TIFF 文件格式，同时增加一些 GIF 文件格式所不具备的特性。在压缩方式方面，PNG 采用 LZ77 算法的派生算法进行压缩，该算法利用特殊的编码方法标记重复出现的数据，因而对图像的颜色没有影响，也不可能产生颜色的损失，其结果是获得高的压缩比，不损失数据。PGN 格式支持灰度、RGB、索引图像类型，文件名后缀为".png"。

PIV 应用对图像质量要求极高，因此，大多数 PIV 系统均采用 BMP 格式存储粒子图片；近年来，随着全球 PIV 技术交流的增加，为便于通过互联网传递粒子图片，许多 PIV 系统也加入了对无损压缩的 TIFF 格式的支持。下面将详细阐述 BMP 和 TIFF 格式的数据结构及编程要点。

3.4.2　BMP 图像文件

BMP 图像文件从头开始由文件头、位图信息头、调色板（可选）和图形数据等四个部分组成，其中调色板只出现在索引图像中。以下将以 Visual C++为例，详细说明各部分的数据结构及 Windows 平台上的编程要点，同时，以图 3.18 所示的尺寸为 11×11 像素的 PIV 粒子图片为例证进行深入剖析。

需指出，在 BMP 文件中，如果一个数据需要用多个字节来表示的话，那么该数据的存放顺序为低地址存放低位数据、高地址存放高位数据，且地址从左往右依次增大。例如，若十六进制数"0x4d"表示"M"，"0x42"表示"B"，则"BM"在 BMP 文件中的存储格式为 0x424D。

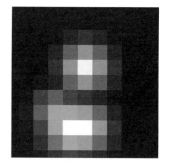

图 3.18　尺寸为 11×11 像素的粒子图片

1. 文件头

文件头数据结构包含有 BMP 文件的类型、文件大小和位图数据起始位置等信息，结构

大小为 14 字节,定义如下:

```
typedef struct tagBITMAPFILEHEADER
{
    WORD bfType;            //位图文件的类型,必须为 BM(第 1、2 字节)
    DWORD bfSize;           //位图文件的大小,以字节为单位(第 3～6 字节)
    WORD bfReserved1;       //位图文件保留字,必须为 0(第 7、8 字节)
    WORD bfReserved2;       //位图文件保留字,必须为 0(第 9、10 字节)
    DWORD bfOffBits;        //位图数据的起始位置,以相对于位图文件起始位置的偏移量表示,以字节
    为单位(第 11～14 字节)
}BITMAPFILEHEADER;
```

图 3.19 展示了与图 3.18 对应的 BMP 图片的文件头,将表中十六进制数换算为对应的字符或十进制数可知:第 1、2 字节指出文件类型为"BM",第 3～6 字节指出文件大小为 1210 字节,第 11～14 字节指出位图数据的偏移量为 1078 字节。

	0	1	2	3	4	5	6	7	8	9	A	B	C	D	E	F
00H	42	4D	BA	04	00	00	00	00	00	00	36	04	00	00		
10H																
20H																
30H																
40H																

图 3.19　与图 3.18 对应的 BMP 图片的文件头

2. 位图信息头

位图信息头数据用于说明图像数据的尺寸、位深、压缩方式、分辨率等信息,结构大小为 40 字节,定义如下:

```
typedef struct tagBITMAPINFOHEADER{
DWORD biSize;           //本结构所占字节数(第 15～18 字节)
LONG biWidth;           //位图的宽度,以像素为单位(第 19～22 字节)
LONG biHeight;          //位图的高度,以像素为单位(第 23～26 字节)
WORD biPlanes;          //目标设备的级别,必须为 1(第 27、28 字节)
WORD biBitCount;        //每个像素的位数,必须是 1(双色)、4(16 色)、8(256 色)、16(高彩色)或 24
(真彩色)之一(第 29、30 字节)
DWORD biCompression;    //位图压缩类型,必须是 0(不压缩)、1(BI_RLE8 压缩类型)或 2(BI_RLE4 压
缩类型)之一(第 31～34 字节)
DWORD biSizeImage;      //位图的大小,以字节为单位(第 35～38 字节)
LONG biXPelsPerMeter;   //位图水平分辨率,每米像素数(第 39～42 字节)
LONG biYPelsPerMeter;   //位图垂直分辨率,每米像素数(第 43～46 字节)
DWORD biClrUsed;        //位图实际使用的颜色索引表中的颜色数,与 biBitCount 所定义的位深相
                        对应(第 47～50 字节)
DWORD biClrImportant;   //位图显示时重要的颜色数,若为 0 表示都重要(第 51～54 字节)
}BITMAPINFOHEADER;
```

图 3.20 展示了与图 3.18 对应的 BMP 图片的位图信息头,将表中十六进制数换算为对应的十进制数可知:第 15～18 字节指出本结构大小为 40 字节,第 19～22 字节指出图片宽 11 像素,第 29、30 字节指出图像深度为 8 位,第 47～50 字节指出图像颜色数为 256。

	0	1	2	3	4	5	6	7	8	9	A	B	C	D	E	F
00H															28	00
10H	00	00	0B	00	00	00	0B	00	00	00	01	00	08	00	00	00
20H	00	00	84	00	00	00	00	00	00	00	00	00	00	00	00	01
30H	00	00	00	00	00	00										
40H																

图 3.20　与图 3.18 对应的 BMP 图片的位图信息头

3. 调色板

调色板与索引图像中的颜色索引表一致,它有若干个表项,表项数量与 biClrUsed 所定义的颜色数相等。调色板的每一个表项是一个 RGBQUAD 类型的结构,表示一种颜色,定义如下:

```
typedef  struct  tagRGBQUAD{
BYTErgbBlue;            //蓝色的亮度(值范围为 0～255)
BYTErgbGreen;          //绿色的亮度(值范围为 0～255)
BYTErgbRed;            //红色的亮度(值范围为 0～255)
BYTErgbReserved;       //保留,必须为 0
}RGBQUAD;
```

位图信息头和调色板共同组成位图信息结构体 BITMAPINFO,定义如下:

```
typedef  struct  tagBITMAPINFO{
BITMAPINFOHEADER  bmiHeader;          //位图信息头
RGBQUAD  bmiColors[1];                //颜色表
}BITMAPINFO;
```

需指出,由于调色板并非 BMP 文件的必需组成部分,在编程时需要根据实际情况判断该部分内容是否存在。例如,图 3.19 指出图 3.18 位图数据的偏移量为 1078 字节,大于 BITMAPFILEHEADER 和 BITMAPINFOHEADER 结构体的总长度 54 字节,表明存在调色板信息。

图 3.21 展示了与图 3.18 对应的 BMP 图片的调色板,将表中十六进制数换算为对应的十进制数可知:第 55～58 字节所对应的颜色的分量为(0,0,0,0),第 59～63 字节所对应的颜色的分量为(1,1,1,0),以此类推,第 1 075～1 078 字节所对应的颜色的分量为(255,255,255,0)。

	0	1	2	3	4	5	6	7	8	9	A	B	C	D	E	F
20H							00	00	00	00	00	00	00	00	00	01
30H	00	00	00	00	00	00	00	00	00	01	01	01	00	02	02	
40H	02	00	03	03	03	00	04	04	04	00	05	05	05	00	06	06
⋮								⋮								
420H	FA	00	FB	FB	FB	00	FC	FC	FC	00	FD	FD	FD	00	FE	FE
430H	FE	00	FF	FF	FF	00										

图 3.21　与图 3.18 对应的 BMP 图片的调色板

4. 位图数据

位图数据记录了位图的每一个像素值,记录顺序是在扫描行内是从左到右,扫描行之间是从下到上。位图的一个像素值所占的字节数:

当 biBitCount=1 时,8 个像素占 1 个字节;

当 biBitCount=4 时,2 个像素占 1 个字节;

当 biBitCount=8 时,1 个像素占 1 个字节;

当 biBitCount=24 时,1 个像素占 3 个字节,按顺序分别为 B,G,R;

当 biBitCount=32 时,1 个像素占 4 个字节,按顺序分别为 B,G,R,A。

图 3.22 展示了与图 3.18 对应的 BMP 图片的位图数据,由于为 8 位深图像,每个像素占 1 个字节,理论上需要占用 121 字节,但图 3.22 显示的图像信息总共有 132 个字节。实际数据量与理论数据量之间的差异,与 Windows 系统本身的对齐规则有关:Windows 默认的最小扫描单位是 4 字节,BMP 图像顺应了这个要求,要求每行数据的长度必须是 4 的倍数,如果不够需要进行补零填充,这样可以达到按行的快速读取。图 3.18 中每行数据实际占用 11 个字节,为了满足对齐规则,系统在每行数据的末尾补充了一个字节的 0X00,使得总数据量增加为(121+11)字节=132 字节。将图 3.22 与图 3.18 对比可知,位图数据的存储顺序是从图像的左下角开始,按先行后列的顺序,从左往右,从上往下依次存储。

	0	1	2	3	4	5	6	7	8	9	A	B	C	D	E	F
430H							00	00	0A	23	34	29	1A	06	00	00
440H	00	00	00	02	23	72	A9	A1	66	1A	00	00	00	00	00	0B
⋮								⋮								
4a0H	00	00	00	00	00	00	00	00	00	00	00	00	00	00	00	00
4b0H	00	00	00	00	00	00										

图 3.22　与图 3.18 对应的 BMP 图片的位图信息

3.4.3 TIFF 图像文件

TIFF 图像文件由图像文件头(IFH)、图像文件目录(IFD)、图像数据三部分组成,每一幅图像以 IFH 开始,这个 IFH 指向了第一个 IFD,而 IFD 包含了图像的各种信息,同时也包含了一个指向实际图像数据的指针。与 BMP 文件不同,Windows 并未针对 TIFF 文件提供标准数据结构,因此,需要用户自行根据 TIFF 文件的基本格式创建相关数据结构。以下同样以图 3.18 所示的粒子图片为例,并结合 Visual C++实际编程过程,讲解 TIFF 文件的格式和使用方法。

1. 图像文件头

TIFF 图像的文件头包含文件存储格式、文件标签和 IFD 距离文件起始位置的偏移量等信息,大小为 8 个字节。一种典型的 IFH 数据结构为:

```
typedef struct tagIMAGEFILEHEADER
{
    WORD byteOrder;        //TIFF 文件的格式,取值为 0x4949(表示 Intel 格式,低字节在前,高字节在后)或 0x4D4D(表示 Motorola 格式,低字节在前,高字节在后)(第 1、2 字节)
    WORD version;          //TIFF 文件的标志,必须为 0x2A(第 3、4 字节)
    DWORD offsetToIFD;     //第一个 IFD 相对于文件起始位置的偏移量(第 5~8 字节)
}IFH;
```

图 3.23 展示了与图 3.18 对应的 TIFF 图片的文件头:第 1、2 字节表示该文件在存储数据时低字节在前,高字节在后;第 3、4 字节表示该文件为 TIFF 文件;第 5~8 字节表示第一个 IFD 相对于文件起始位置的偏移量为 130 字节。

	0	1	2	3	4	5	6	7	8	9	A	B	C	D	E	F
00H	49	49	2A	00	82	00	00	00								
10H																
20H																
30H																
40H																

图 3.23 与图 3.18 对应的 TIFF 图片的文件头

2. 图像文件目录

TIFF 文件中可能包括多幅图像,每个图像对应一个文件目录(IFD)。第一个 IFD 的起始位置由文件头第 5~8 字节中的偏移量指出,每个 IFD 的最后 4 个字节存储下一个 IFD

相对于当前 IFD 的偏移量,最后一个 IFD 的最后 4 个字节的内容为 0。在 PIV 应用中,一般一个 TIFF 文件只有一幅图像,因而也就只有一个 IFD。

每个 IFD 包含三个组成部分:第一部分是最前面的两个字节,表示 IFD 中目录入口 (DE)的个数;第二部分由若干个 DE 组成,每个 DE 包含 12 个字节;第三部分是 IFD 的最后 4 个字节,表示下一个 IFD 的偏移量。一个典型的目录入口数据结构为:

```
typedef struct tagDIRECTORYENTRY
{
    WORD tag;            //标签代码,常见标签代码的含义见表 3.3(2 字节)
    WORD type;           //数据类型,各代码的含义见表 3.4(2 字节)
    DWORD length;        //数据个数(4 字节)
    DWORD valueOffset;   //如果数据总量小于 4 字节,直接存放数据,否则表示数据存放位置相对
于文件起始位置的偏移量(4 字节)
}DE;
```

图 3.24 展示了与图 3.18 对应的 TIFF 图片的文件目录,将十六进制数换算为十进制数,并与表 3.3、表 3.4、表 3.5 对照可知:第 131、132 字节表示第一个 IFD 中共有 14 个 DE;第 133、144 字节为第一个 DE 的内容,第 133、134 字节的内容为 0x0100 表示该标签为图像宽度,第 135、136 字节的内容为 0x0003,表示数据类型为 SHORT,第 137~140 字节表示数据长度为 1,第 141~144 字节表示图像宽度为 11 像素;以此类推,第 145~300 字节依次为第 2~14 个 DE 的内容,第 301~304 字节的内容均为 0x00,表示此文件只有一个 IFD。

表 3.3　常用标签代码

标签代码		标 签 含 义
十进制	十六进制	
256	0100	图像宽度,单位为像素
257	0101	图像高度,单位为像素
258	0102	每个采样值的位数
259	0103	图像压缩类型,见表 3.5
273	0111	每个条带的偏移量
277	0115	每个像素的采样数
278	0116	每个条带的行数
279	0117	每个条带的字节数

表 3.4　主要数据类型

名　　称	代　码	字 节 数	范　　围
BYTE	1	1	0~255
CHAR	2	1	0~127
SHORT	3	2	0~65 535
LONG	4	4	0~4 294 967 295
RATIONAL	5	8	分子与分母都是 LONG 类型数据

表 3.5　压缩类型对照表

代　码	压 缩 类 型
1	无压缩
2~4	CCITT 压缩
5	LZW 压缩
6	JPEG 压缩
32 773	PackBits 压缩

	0	1	2	3	4	5	6	7	8	9	A	B	C	D	E	F
80H			0E	00	00	01	03	00	01		00	00	0B	00	00	00
90H	01	01	03	00	01	00	00	00	0B	00	00		02	01	03	00
⋮								⋮								
110H	38	01	00	00	1C	01	03	00	01	00	00	00	10	00	00	00
120H	28	01	03	00	01	00	00	00	02	00	00	00	00	00	00	00

图 3.24　与图 3.18 对应的 TIFF 图片的文件目录

3. 图像数据

TIFF 文件的图像数据是分成若干条带存储的,为了准确得到图像数据,需对表 3.3 中关于条带的几个标签含义进行详细阐述。标签 0x0111 存储了每个条带的偏移量,该标签的数据个数等于条带的数量,通过提取该标签的各个数据,即可知道每个条带的起始位置。标签 0x0115 存储每个像素的采样个数,0x0102 为每个采样值所占位数,二者相乘可得每个像素所占字节数。标签 0x0116 存储每个条带的行数,行数乘以条带数量应等于图像的高度。标签 0x0117 存储每个条带的字节数。

对于图 3.18 对应的 TIFF 文件,条带数量为 1,距文件起始位置的偏移量为 8,每个像素采样 1 次,各采样值占 1 个字节,因此,总共需要 121 个字节存储图像数据。图 3.25 显示了图像数据的具体内容,与图 3.18 对比可知,系统从图片的左上角开始,按照先行后列、从左往右、从上往下的顺序依次存储各像素的图像数据。

	0	1	2	3	4	5	6	7	8	9	A	B	C	D	E	F
00H									00	00	00	00	00	00	00	00
10H	00	00	00	00	00	00	00	00	00	00	00	00	00	00	00	00
⋮								⋮								
70H	1A	00	00	00	00	00	00	0A	23	34	29	1A	06	00	00	00
80H	00	00														

图 3.25　与图 3.18 对应的 TIFF 图片的图像数据

3.5　粒子图像合成

在 PIV 系统的研发过程中,通常需要分析粒子图像的密度、直径等变量对测量结果的影响。为了开展上述分析,需要利用相同的成像设备,在控制其他因素不变的前提下,改变一种变量的取值并拍摄多组图像,这在实际操作中是难以实现的。另外,在第 4 章即将阐述的 PIV 图像分析方法的研究过程中,通常需要使用理想成像条件下拍摄的、对应的速度场已知的粒子图像,这显然也难以通过物理实验的方法具体实现。因此,在 PIV 技术的研究历程中,许多研究者以人工合成的方式构造标准粒子图像。

3.5.1　标准图像

合成标准粒子图像的目的是为了提供一种研究各种图像变量对测量结果的影响,以及评估粒子图像分析方法的优劣,这就要求标准粒子图像必须满足以下要求(Okamoto et al.,2000):

1. 图像变量可调

PIV 图像质量的好坏由多个关键变量反映,包括粒子图像的密度、直径、背景噪声、片光厚度等。合成标准粒子图像时需考虑上述因素的影响,并在合成算法的设计中,提供调整上述变量的途径。

2. 速度场已知

合成标准粒子图像的目的之一,是用于评估图像分析方法的精度,这就需要将算法计算得到的流场与实际流场进行比较。因此,标准粒子图像所对应的实际流场应事先已知。

3. 考虑三维流动

人工合成的标准粒子图像是真实拍摄的粒子图像的一种近似,而在几乎所有的 PIV 应用中,所拍摄的流动都具有三维流动特征。因此,标准粒子图像应当基于三维流场进行合成。

除受上述因素影响外,粒子图像的特征还与实际的 PIV 构造有关。例如,标准的二维 PIV 可忽略成像分辨率沿测量区域的改变,但在 SPIV 系统中,由于相机成像面与测量平面相互倾斜,使得成像分辨率随图像坐标而改变,且畸变等因素对图像的影响也加重;此外,层析 PIV 及全息 PIV 等立体三维 PIV 技术所使用的粒子图片则具有三维立体特征。这里仅讨论平面 PIV 所使用的粒子图像的合成方法,对于其他类型的标准 PIV 图片及其合成方法,读者可通过国际 PIV 挑战联盟的官方网站 http://www.pivchallenge.org 获取。

3.5.2　流场及参数处理

生成标准粒子图像的第一步是获得准确的三维流场。获取已知流场的途径主要有两条:一是利用大涡模拟(LES)或直接数值模拟(DNS)得到的瞬态流场;二是人为假定流场分布。前者适合用于评估 PIV 分析算法的精度,实现难度相对较大;后者适合于分析图像参数对 PIV 计算结果的影响,易于实现。由于模拟流场或假定流场均分布在离散的网格点阵上,而示踪粒子的位置不可能刚好与网格点重合,因此,示踪粒子的实际运动速度通常需要采用插值的方法进行计算。

根据已知的速度场生成粒子图像时,还需要使用如下几个重要参数。

1. 平均速度

在给定时间间隔的条件下,粒子图像在两帧图片之间的位移与速度成正比。为了保证两帧图片之间具有良好的相关性,粒子图像在两帧图片之间的位移应小于判断窗口尺寸的 1/4(Adrian,1991)。由于流场的脉动特性,通常使用所有粒子的平均速度来控制粒子在两帧图像之间的位移量。

2. 离面速度(out of plane velocity)

对于给定的测量平面而言,根据 3.1.1 节的分析可知,垂直于平面方向的速度将影响二维 PIV 的测量精度;同时,过大的离面速度还将导致示踪粒子脱落片光照亮的区域,即同一粒子仅出现在图片对中的一帧图片中。为了便于分析,使用激光片光厚度归一化离面速度,并计算离面速度的平均值。其中,瞬时离面速度大于 1 表示该粒子将在下一帧图像中消失,平均离面速度大于 1 则表明流场具有显著的三维特征。

3. 粒子数

对于给定的流动空间,所包含的粒子数量 N_s 决定了最终形成的图像中的粒子浓度,进而影响判读窗口内的粒子数量。已有研究表明,判读窗口内粒子图像的数量将严重影响 PIV 计算结果的精度,因此,在合成标准图片时应仔细控制图片中的总粒子数。

4. 粒子直径

在粒子图片中,示踪粒子的直径 d_p 以像素表示。已有研究表明,示踪粒子的直径大小对 PIV 计算结果有明显影响,因此,合成图像时应慎重选择粒子直径。由于真实流动中的示踪粒子的大小并非绝对一致,因此,需要引入平均粒径和粒径方差两个变量,用于分别衡量粒子的平均大小和均匀程度。

3.5.3　粒子图像合成算法

在确定了流场及相关参数后,可利用计算机合成满足要求的标准粒子图片。首先选定一流场已知,面积大于测量区域,厚度大于片光厚度的模拟区域。然后将 N_s 个粒子散布在模拟区域内,各粒子的中心位置 (x_p, y_p, z_p) 及粒径 d_p 可利用蒙特卡罗随机模拟的办法生成,其中,中心位置可假定满足均匀分布,粒径可假定满足正态分布。

根据粒子的空间分布,可生成第一张粒子图片。根据 3.3.1 节的推导,假定示踪粒子的图像均满足二维高斯分布,则每颗示踪粒子在图片上的灰度分布可表示为

$$I_1(x,y) = I_0 \exp\left(-\frac{(x-x_p)^2 + (y-y_p)^2}{(d_p/2)^2}\right) \tag{3.71}$$

式中,I_0 为粒子图像中心的灰度值。

显然,对于任一示踪粒子而言,其图像中心的灰度值与其相对于片光中心的位置有关。由于激光为高斯光,其强度沿厚度方向的分布近似满足高斯分布,因此,粒子图像中心的灰度值可表示为

$$I_0 = 250 \exp\left(-\frac{z_p^2}{(\delta z/2)^2}\right) \tag{3.72}$$

式中,δz 为激光片光的厚度。显然,中心位置位于激光片光厚度之外的示踪粒子不会在图像上产生灰度值。

对于模拟区域内的所有示踪粒子,均按照式(3.71)和式(3.72)计算其图像在图片上留下的灰度值。在遍历过程中,难免会出现同一像素的灰度值来源于多个示踪粒子的情况,此时可按照线性叠加的方法计算该像素的灰度,但是,各像素的最大灰度值应小于等于图像允许的最大灰度值。

生成第一帧图片后,将模拟区域内所有粒子根据已知的速度场进行平移,然后按照相

同的步骤即可得到第二帧图片。图 3.26 展示了利用上述方法生成的一对粒子图片,其中,图片对应的流场为均匀二维流场,粒子在两帧图片之间的位移为 8 像素,粒子平均粒径为 3 像素,均方差为 0.33 像素;由于考虑了粒子位置相对于片光厚度的位置,图片具有一定的立体感,与实际粒子图片基本一致;另一方面,人工合成的图片避免了成像噪声的影响,使得图片具有理想的信噪比。

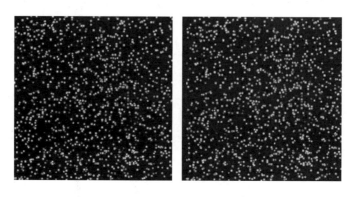

图 3.26　人工合成的标准粒子图片

第4章 粒子图像分析

4.1 图像前处理

4.1.1 背景剔除

在实测的 PIV 粒子图片中,除示踪粒子的图像外,还可能出现由其他物体反射的光斑,这些图像信息统称为粒子图像的背景。例如,水流中的气泡、杂质等尺寸远大于示踪粒子的颗粒;水体中安装的圆柱、悬臂等绕流结构;曲线形固体边壁形成的强反光;片光强度不均匀导致的图像背景明暗程度不一致等。这些背景光斑通常亮度大、范围广,而且速度与周围示踪粒子的速度不一致。如果不进行处理,将出现在 PIV 的判读窗口中,使流场计算结果产生严重的误差。图 4.1 展示了第四届国际 PIV 挑战赛的算例 B 中由主办方提供的 PIV 图片,由于流动边界壁面的反光效应,图片下部和中上部分别出现了一条亮带,其中上部边界呈曲线状。在使用 PIV 程序对图片进行处理时,由于判读窗口通常为各边与图片边界平行的矩形窗口,无法避开这些亮带,因此亮带附近区域的流速计算受干扰。图 4.2 展示了利用原始图片计算的流场,可以看到,在椭圆范围内的流场计算误差较大。

对于背景图像,一种最简易的处理方法是将所有粒子图片均减去相同的背景图片。背景图片可以是在未添加示踪粒子时拍摄的相同曝光条件下的图片,也可以是将所有粒子图片进行平均得到的图片。但是,在某些特殊条件下,减去背景图片的办法并不奏效。例如,图 4.1 中的弯曲亮带,不仅包括边壁本身反射的光线,还有来自沉积在边壁上的粒子散射的光线,这部分光线无法通过减去背景的方法消除。此外,在使用脉冲激光器时,不同脉冲之

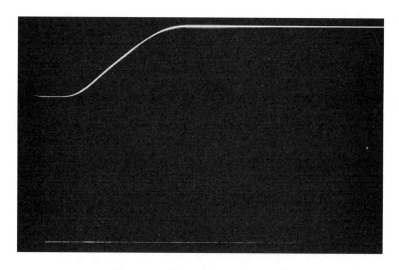

图 4.1 一张未经处理的 PIV 图片

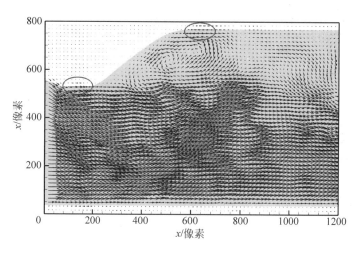

图 4.2 原始图片对应的流场

间的强度差异可能较大,也无法通过减去背景图片的方法消除。在绝大多数情况下,背景光斑的尺寸比示踪粒子的粒径大许多。此时,可以构造各种形式的滤波器,通过滤波将背景图像剔除。常用的滤波器包括均值滤波器和中值滤波器。

均值滤波器利用各像素周围 $M \times N$ 范围内所有像素的平均灰度代替该像素的灰度,相当于对图像进行局部光滑。均值滤波器是一种低通滤波器,它会将图片中尺度小于 $M \times N$ 像素的图像信息过滤掉。因此,对粒子图片进行均值滤波处理,得到的是只包含大尺度背景图像的图片,利用过滤前的图片减去过滤后的图片,即可得到只含有粒子图像的图片。需要指出的是,对图片进行均值滤波是一种线性变换,这种操作在图片背景含有突变边界时会失效。

中值滤波是一种典型的非线性滤波器,它利用各像素周围 $M \times N$ 范围内所有像素灰度的中值代替该像素的灰度。中值是指在一个升序或降序排序的数组序列中,位于序列中间的那个数,因此,中值滤波器对应的 M 及 N 通常都是奇数。中值滤波也是一种低通滤波器,它可以将图片中分散的灰度高于周围像素的信号剔除。在 PIV 图片中,粒子图像是一种分散的灰度高于周围像素的信号。因此,经过中值滤波后得到的即为背景图像,将过滤前的图片减去过滤后的图片,即可得到只含有粒子图像的图片。比中值滤波器更一般化的是百分比滤波器,它利用各像素周围 $M \times N$ 个像素的灰度组成的序列中排第 k 位的值代替该像素的灰度。

　　图 4.3 展示对图 4.1 进行 3×3 中值滤波后的结果。由于示踪粒子的粒径均小于 3×3,而亮度的尺度均大于 3×3,中值处理较好地保留了粒子图像而有效地剔除了背景亮带。图 4.4 展示了利用中值滤波后的图片计算的流场,与图 4.2 对比可以看到,中值滤波尽管剔除了背景亮带,但不仅未改善边界附近的流场计算结果,还使得图片中椭圆区域的计算结果发生恶化。这说明图像的信噪比在中值滤波后有所降低。

图 4.3　经中值滤波后的图片

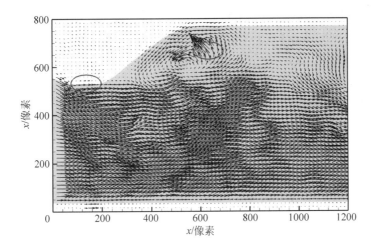

图 4.4　中值滤波图片对应的流场

　　另一种可行的背景剔除方法,是计算所有粒子图片的时间平均灰度,然后将每一张瞬时图片均减去时均图片。这种方法在图片背景随时间变化不大的情况下可以得到极好的效果,而且操作也较为简易。但是,如果图像背景随时间有明显的改变,则需要使用这种方法的一种改进措施。其具体做法是将瞬时图片中各像素的灰度值用时均图片中对应位置的灰度进行归一化,为了避免出现除零问题,可以将时均图片中所有灰度为零的像素赋值为 1(Adrian and Westerweel,2010)。

4.1.2　图像增强

　　图像增强的目的是提高粒子图像的信噪比。在 PIV 粒子图片中,图像的信噪比与对比度紧密相关,因此,提高信噪比的一种具体途径,就是增加图片的对比度。在数字图像处理领域,提高图像对比的常用方法包括直方图均衡法、极值滤波法(min-max filter)、灰度变换函数法等,这些方法均可以应用于 PIV 图像的增强。

　　直方图均衡法,是指将粒子图片的灰度直方图进行均匀化处理的方法。图片的直方图代表图片中灰度值的概率分布,一般情况下,图像的灰度分布都不均匀。图 4.5 展示了一张 PIV 图片及其对应的灰度直方图,图中主要的灰度值集中在 50 左右。直方图均衡化的目的,是将原本分布不均匀的直方图均匀化,从而达到提高图像对比度的目的,其具体实施方式,可参见相关数字图像书籍,Matlab 中也提供了专门的处理函数(冈萨雷斯,2013)。图 4.6 展示了对图 4.5 中的粒子图片进行直方图均衡化操作后的结果,经处理后的图片的对比度明显增强,对应的灰度直方图分布变得更均匀。

 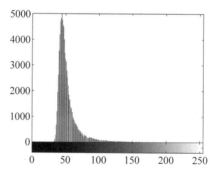

图 4.5　PIV 原始图片及其直方图

　　极值滤波法的原理如图 4.7 所示。对于给定的一张图片,首先确定图中各像素的最大和最小灰度包络面(图 4.7(a)),具体操作方法是计算各像素周围 $m \times n$ 范围内的最大值和最小值。其中,m 和 n 的取值应大于粒子图像的直径,且小于图中背景斑块的尺寸。然后,

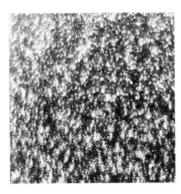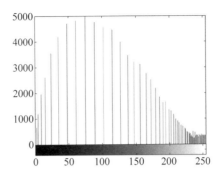

图 4.6 直方图均衡化后的 PIV 图片及其直方图

使用相同的模板大小,对得到的最大和最小包络面进行均匀滤波,得到的最小包络代表图片中的背景,最大包络和最小包络之差则代表图片的局部对比度(图 4.7(b))。因此,将原始图片减去最小包络面,然后利用局部对比度进行点对点归一化,就可以得到对比度增强且不包括背景图像的图片(图 4.7(c))。

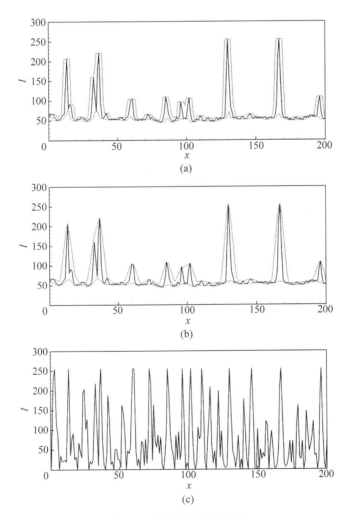

图 4.7 极值滤波法的原理

前面所讲的直方图均衡法和极值滤波法在进行图像增强时,图中各像素的处理结果均依赖于该点邻域内多个点的灰度信息,而本段阐述的灰度变换函数法的输出值则只取决于某点的灰度值。设图片中某点的原始灰度为 I,经变换后的输出灰度为 O,则灰度变换函数法可表示为如下简单的形式:

$$O = T(I) \tag{4.1}$$

式中,T 为灰度变换函数,可以有多种不同的形式,最简单的莫过于线性函数,即

$$O = aI + b \tag{4.2}$$

显然,上述线性操作等价于将灰度线性增大或减小,不能改变原始图像的对比度。因此,只有定义非线性的变换函数,才可以达到增强图像信噪比的目的。

在数字图像处理邻域,增强图像对比度最常使用的变换函数是对比度拉升函数,其数学表达式为

$$O = \frac{1}{1 + (M/I)^E} \tag{4.3}$$

式中,M 和 E 均为系数。图 4.8 展示了 $M=127$,$E=1$、2、3 时式(4.3)对应的曲线形式,图中竖直虚线表示 $I=127$,纵坐标 $0\sim1$ 可理解为将 $0\sim255$ 灰度进行归一化后的结果。图中结果表明,M 对应的灰度值在变换前后不发生改变,当 $E=1$ 时,小于和大于 M 的灰度值分别被放大和缩小,图像对比度被压缩;当 $E>1$ 时,小于和大于 M 的灰度值分别被缩小和放大,图像对比度被拉升,且 E 取值越大,拉升效果越明显。在实际的 PIV 图片中,M 应大于等于图片的平均灰度。

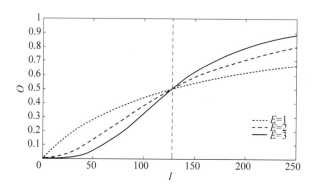

图 4.8 不同参数对应的对比度拉伸函数

图 4.9 展示了利用对比度拉升函数对图 4.3 进行处理的结果,可以发现图片大部分区域的信噪比得到显著提升。利用处理后的图片得到的流场如图 4.10 所示,与图 4.2 及图 4.4 相比可以发现,无论是在流动边界还是流体内部,流场计算结果均得到了显著的改善。

图 4.9 将图 4.3 进行对比度拉升后的结果

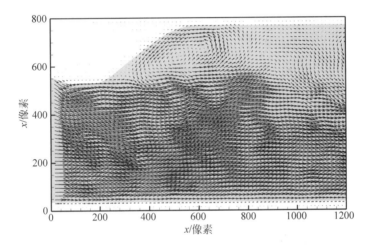

图 4.10 利用图 4.9 中的图片计算得到的流场

4.1.3 图像去噪

3.3.3 节已提及,经图像传感器数字化的粒子图像通常受背景噪声、散粒噪声和机器噪声等多种噪声的干扰。与成片分布的图像背景不同,噪声通常随机分布在粒子图片中的所有区域,与粒子图像本身难以区分,但却会对粒子图像的分析结果产生影响。一方面,当粒子图片的信噪比过低时,通过本章 4.2 节所述的相关分析法得到的相关分布图中,噪声产生的随机相关峰将超过位移对应的相关峰,形成错误的流速矢量;另一方面,噪声会改变粒子图像对应的灰度分布形状,进而使得与位移对应的相关峰偏离高斯分布,导致亚像素插值结果具有较大的随机误差。

对于任意一幅含有噪声的图像 $g(X,Y)$,均可以表示为以下线性函数关系:

$$g(X,Y) = f(X,Y) + \eta(X,Y) \tag{4.4}$$

式中，$f(X,Y)$ 为原始图像；$\eta(X,Y)$ 为噪声。图像去噪的目的，就是要使滤波后的图像尽可能地接近原始图像，因此，对噪声 $\eta(X,Y)$ 了解的信息越多，越能进行有效的去噪。在数字图像处理领域，常见的噪声类型包括高斯噪声、胡椒噪声、乘性噪声和泊松噪声，对于不同类型的噪声，需要使用不同的去噪方法。关于数字图像中所隐藏的具体噪声类型，可通过使用 Matlab 等分析工具进行噪声参数估计，具体操作可参见(冈萨雷斯，2013)。

空间滤波是常用的降低图像噪声的方法，当已知图像中主要的噪声类型后，可针对性地构造合适的滤波器进行滤波。常见的空间滤波器包括均值滤波器、中值滤波器、调和均值滤波器、高斯滤波器等。在 PIV 粒子图片中，由于粒子图像的灰度分布近似符合高斯分布，为了在滤波后不改变粒子图像的分布特征，通常使用高斯滤波器进行空间滤波。

高斯滤波器是一类根据高斯函数的形状来选择权值的线性平滑滤波器。高斯平滑滤波器对于抑制符合正态分布的噪声非常有效。二维零均值高斯函数为

$$g(x,y) = \mathrm{e}^{\frac{-(x^2+y^2)}{2\sigma^2}} \tag{4.5}$$

式中，参数 σ 决定了高斯滤波器的宽度，根据高斯函数的性质，可取 6σ 为滤波器的总宽度。在实际处理 PIV 粒子图片时，需要使用式(4.5)的离散形式作为平滑滤波器，并设定滤波器的宽度与粒子图像的平均直径基本一致，以保证在有效滤波的同时，不改变粒子图像的真实分布。

图 4.11(a)和(b)对比展示了一张处理前后的实际粒子图片。在进行图片处理时，依次

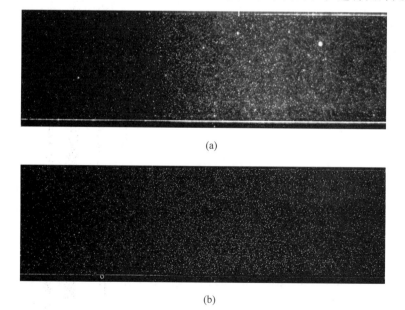

(a)

(b)

图 4.11　图像处理前后的 PIV 粒子图片对比

(a) 原始图像；(b) 经处理后的图像

使用均值滤波进行背景剔除,对比度拉伸函数进行图像增强,高斯滤波进行图像去噪。从图 4.11(b)中可以看到,图像前处理显著降低了测量区域边界反光、片光强度不均匀、大颗粒漂浮物、图像噪声等干扰因素的影响,有效增加了图片的信噪比,使得后续流场计算结果更为可靠。

4.2 流场计算基本方法

4.2.1 概述

PIV 流场计算方法是指,用于分析粒子图片中的图像信息以获得图片拍摄范围内的流场分布的方法。在 PIV 技术的发展历程中,流场计算方法曾一度受制于硬件设备(主要是相机)的性能。在 PIV 技术的早期发展阶段,由于相机的帧频极低,通常采用单帧双曝光模式记录粒子图像,即将连续两次曝光图像记录在一帧图片上,然后按照传统的杨氏条纹法或自相关算法计算流场。随着跨帧成像技术以及高速相机的普及,目前的 PIV 系统通常使用双帧单曝光模式记录图像,然后通过图像互相关算法计算流场。由于杨氏条纹法本质上属于自相关算法的光学实现,且主要用于胶片图像的处理,因此,本书仅对基于数字图像的自相关和互相关算法进行介绍。

与 PTV 所使用的粒子图片不同,PIV 所使用的粒子图片中的粒子密度较大,整个图片呈现为粒子图斑的形状。由于 t_1 时刻的图斑经 δt 时刻后将变为 t_2 时刻的图斑,则两个时刻的粒子图斑可分别表示为 $\tau_1(\boldsymbol{X})$ 和 $\tau_2(\boldsymbol{X}+\Delta\boldsymbol{X})$。显然,当 δt 足够小时,粒子图斑的形状经过短暂的迁徙并不会发生显著的改变,因此,两个时刻的图斑之间具有极好的相似性,且相似程度可定量表述为

$$R(\Delta\boldsymbol{X}) = \int \tau_1(\boldsymbol{X})\tau_2(\boldsymbol{X}+\Delta\boldsymbol{X})\mathrm{d}\boldsymbol{X} \tag{4.6}$$

显然,根据 $R(\Delta\boldsymbol{X})$ 的峰值位置 $\Delta\boldsymbol{X}_{\mathrm{D}}$,即可得到示踪粒子的运动速度为

$$\boldsymbol{U} = \frac{\Delta\boldsymbol{X}_{\mathrm{D}}}{\delta t} \tag{4.7}$$

在根据具体的粒子图片计算式(4.6)时,需要分别指定一定的积分区域。一方面,由于实际粒子图像总是受成像噪声的干扰,为了保证两个时刻图像的良好相关性,需要使积分区域包含足够多的匹配图斑;另一方面,如果区域设置过大,由于速度梯度的存在,不同位置的图斑运动不同步,则会反而降低相关运算的信噪比。PIV 运算中,将积分区域称为判

读窗口,根据 Keane 和 Adrain(1992)的研究,为了确保判读窗口之间具有良好的相关性,一方面应保证粒子在两次曝光之间的位移量小于窗口尺寸的 1/4;另一方面则需要保证窗口内有效粒子对的数量大于 10。由于引入了判读窗口,根据式(4.6)和式(4.7)计算出的速度实际上代表判读窗口内所有粒子的平均速度。

4.2.2 自相关算法

图 4.12(a)为一张利用 3.6 节所述的方法人工合成的单帧双曝光图片,其大小为 64×64 像素,示踪粒子在前后两次曝光之间的位移为 5 像素,方向沿 x 方向。为了利用该图形计算流场,选定判读窗口尺寸为 64×64 像素,然后按照下式进行自相关运算:

$$R(m,n) = \frac{\sum_k \sum_l g(k,l)g(k+m,l+n)}{\sum_{k=1}^{M} \sum_{l=1}^{N} g^2(k,l)} \tag{4.8}$$

式中,$g(k,l)$ 表示坐标为 (k,l) 的像素的灰度值;M、N 为判读窗口的尺寸。

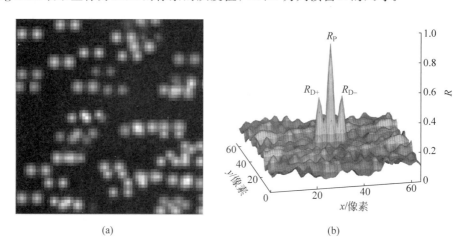

(a)   (b)

图 4.12   PIV 自相关算法原理

图 4.12(b)为图 4.12(a)所对应的粒子图片的自相关函数,其主要特征是存在三个峰值,位于图像中央的相关系数等于 1 的 R_P 及对称分布在 R_P 两侧的 R_{D+} 和 R_{D-}。相关峰 R_P 为图像与其自身完全相关的结果,R_{D+} 和 R_{D-} 则是由于粒子运动而产生的位移。其中,R_{D+} 是第一次曝光的图像与第二次曝光的图像相关的结果,而 R_{D-} 则是第二次曝光的图像与第一次曝光的图像相关的结果,因此,二者形状一致、方向相反。

图 4.12(b)所展示的相关函数在所有的自相关运算中均会产生。由于大多数时候均无法得知流体的实际运动方向,因此,利用自相关运算分析粒子图像时仅能得到速度的大小,

却不能确定粒子运动的方向,这就产生了著名的方向二义性问题。此外,由于位于中央的R_{p}总是最高,当所分析的流动的速度极低时,图 4.12(b)中三个相关峰将相互靠近,使得R_{D+}及R_{D-}的位置无法识别,因此,自相关分析方法不适合用于低速测量。

除了应用于槽道流、管道流、明渠均匀流等单向流动,基于自相关算法的 PIV 系统在应用于其他复杂流动时均会遭遇方向二义性问题。为了解决这一难题,早期的许多研究提出了图像平移等方法(Raffel and Kompenhans,1995),但是,这种方法需要在测量时移动测量设备,不仅实现难度大,而且还可能因为设备抖动的因素引入其他误差。因此,自相关算法已很少被采用。

4.2.3　互相关算法

图 4.13 为利用高频 PIV 系统连续采集的两张粒子图片,为了根据粒子图片计算位移,可以将整个图片划分为均匀的矩形判读窗口,再将两张图片中对应位置的判读窗口进行互相关运算(图 4.13(b)),得到的互相关函数的最大值的位置(简称相关峰)相对窗口中心的距离和方向即为判读窗口所代表的流体微团的位移的大小和方向(图 4.13(c))。

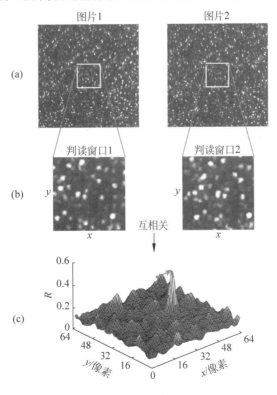

图 4.13　PIV 互相关算法基本原理(见彩插)

设判读窗口 1 和判读窗口 2 的大小均为 $M \times N$，窗口内图像灰度函数分别为 $f(m,n)$ 和 $g(m,n)$，$-M \leqslant m \leqslant M$，$-N \leqslant n \leqslant N$，则判读窗口之间的互相关函数 $R(m,n)$ 的数学定义为（Huang et al.，1993a）：

$$R(m,n) = \frac{\sum\limits_{k}\sum\limits_{l} f(k,l)g(k+m,l+n)}{\sqrt{\sum\limits_{k=1}^{M}\sum\limits_{l=1}^{N} f^2(k,l) \sum\limits_{k=1}^{M}\sum\limits_{l=1}^{N} g^2(k,l)}} \tag{4.9}$$

然而，直接利用式（4.9）计算互相关函数需要耗费大量的计算时间，因此，实际应用中通常使用快速傅里叶变换（fast fourier translation，FFT）方法。

快速傅里叶变换相关算法是目前 PIV 中使用最为广泛的一种方法。它首先由 Willert 和 Gharib（1991）提出。该方法把数字化图像看作是随时间变化的离散的二维信号场序列，利用信号分析的方法，引入快速傅里叶变换算法，通过计算相邻两幅图像中相应位置处的判读窗口的互相关函数，得到窗口中各粒子的平均位移。

设图像 1 和图像 2 分别是在 t 和 $t+\Delta t$ 时刻获得的两幅序列图像，为获得流场中某一点的流速，可围绕该点在这两幅图像的同一位置处开两个同样尺寸的诊断窗口 $f(m,n)$ 和 $g(m,n)$，如图 4.14（a）所示。从信号系统的观点出发，$g(m,n)$ 可以看作是 $f(m,n)$ 经线性转换后叠加以噪声而成，如图 4.14（b）所示。图中大写字母函数表示的是对应小写字母函数的傅里叶变换。窗口 $f(m,n)$ 可以看作是对系统的输入，而窗口 $g(m,n)$ 则是 Δt 时刻后系统的输出，$s(m,n)$ 是系统的传递函数（位移函数），代表粒子图像空间位移的作用，$d(m,n)$ 代表噪声，包括两幅图像本身的噪声以及粒子二维运动引起的出入图像区域、三维运动引起的离开片光源平面等因素导致的噪声。按照信号分析的方法，图 4.14（b）所示的图像传递模型可由如下数学表达式描述：

$$g(m,n) = f(m,n) * s(m,n) + d(m,n) \tag{4.10}$$

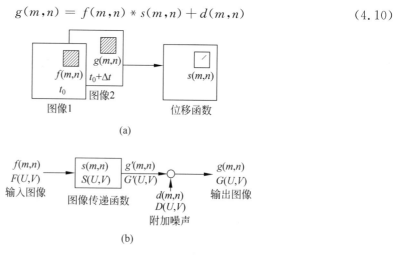

图 4.14　DPIV 中采样窗口数字信号处理示意图

（a）序列图像中的诊断窗口；（b）图像传递模型

式中，"＊"表示两个函数的卷积，因此只要找到上式中的位移函数 $s(m,n)$，就可以求得对应窗口内粒子的平均位移。但由于噪声函数 $d(m,n)$ 的存在，要求解 $s(m,n)$ 并非易事，因此可暂不考虑噪声的影响，则式（4.10）可简化为

$$g(m,n) = f(m,n) * s(m,n) \qquad (4.11)$$

利用卷积定理，得

$$G(U,V) = F(U,V) * S(U,V) \qquad (4.12)$$

式中，$G(U,V)$、$F(U,V)$、$S(U,V)$ 分别为 $g(m,n)$、$f(m,n)$、$s(m,n)$ 进行傅里叶变换的结果。

由式（4.12）得

$$S(U,V) = \frac{F^*(U,V)G(U,V)}{|F(U,V)|} \qquad (4.13)$$

式中，$F^*(U,V)$ 表示 $F(U,V)$ 的复共轭。再对 $S(U,V)$ 做一次傅里叶反变换，即可求得位移函数 $s(m,n)$。位移函数 $s(m,n)$ 实际上就是狄拉克函数 $\delta(m-i,n-j)$，它相当于位于诊断窗口中心的 $\delta(m,n)$ 分别在 x 方向和 y 方向移动了 i 和 j 个单位，i、j 正是诊断窗口内粒子在 Δt 时段内的平均位移。所以只要检测到 $s(m,n)$ 的峰值位置，就可以获得粒子的位移。

由于分析的对象是一个离散的二维信号场，对式（4.13）而言，$|F(U,V)|$ 只会影响 $s(m,n)$ 的大小（包括峰值的大小），而不会改变峰值的位置，因此可进一步简化为

$$\Phi(U,V) = F^*(U,V)G(U,V) \qquad (4.14)$$

对 $\Phi(U,V)$ 做傅里叶反变换得 $\varphi(m,n)$，检测 $\varphi(m,n)$ 的峰值位置，则该位置离开诊断窗口中心的距离则为窗口内粒子的平均位移。

如图 4.15 所示，基于快速傅里叶变换的 PIV 基本计算步骤可以概括为：分别计算判读窗口 1 和判读窗口 2 的傅里叶变换，将计算结果按式（4.14）相乘后得到互相关函数的傅里叶变换 $\Phi(u,v)$，再对 $\Phi(u,v)$ 进行傅里叶逆变换得到互相关函数 $R(m,n)$，最后根据相关峰的位置确定粒子位移和流体微团的运动速度 (u,v)（Willert and Gharib，1991）。

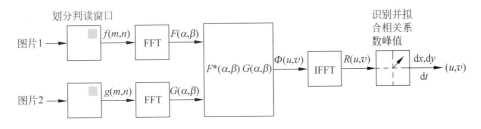

图 4.15　基于快速傅里叶变换的 PIV 计算步骤

Adrian（1988）的分析表明，对于实际的粒子图片对，当采用互相关运算进行计算时，式（4-4）可以具体写为

$$R(\Delta \boldsymbol{X}) = \int I_1(\boldsymbol{X}) I_2(\boldsymbol{X} + \Delta \boldsymbol{X}) W_1(\boldsymbol{X}) W_2(\boldsymbol{X} + \Delta \boldsymbol{X}) \mathrm{d}\boldsymbol{X} \qquad (4.15)$$

式中，I_1 和 I_2 表示图片 1 和图片 2 中的实际图像信息；W_1 和 W_2 表示因使用判读窗口而

引入的窗函数。进一步地,式(4.15)的计算结果可表达为

$$R(\Delta \boldsymbol{X}) = R_{\mathrm{D}}(\Delta \boldsymbol{X}) + R_{\mathrm{C}}(\Delta \boldsymbol{X}) + R_{\mathrm{F}}(\Delta \boldsymbol{X}) \tag{4.16}$$

式中,R_{D} 为与位移对应的相关函数,一般表现为局部峰值;R_{C} 是图像背景之间的相关函数,一般为常数;R_{F} 表示平均灰度与脉动灰度之间的相关函数。在实际利用式(4.6)进行相关计算前,通常会减去平均灰度值,只利用脉动灰度进行计算,R_{C} 和 R_{D} 均可忽略。

根据理论推导,式(4.16)中剩余的位移相关函数的具体表达式为

$$R_{\mathrm{D}}(\Delta \boldsymbol{X}) = N_{\mathrm{I}} F_{\mathrm{I}} F_{\mathrm{O}} \cdot I_Z^2 t_0^2 * \delta(\Delta \boldsymbol{X} - \Delta \boldsymbol{X}_{\mathrm{D}}) \tag{4.17}$$

式中,N_{I} 为粒子图像密度,定义见式(1.4),表示判读窗口中的平均粒子数量。

$$F_{\mathrm{I}}(\Delta \boldsymbol{X}) = \frac{\displaystyle\int W_1(\boldsymbol{X}) W_2(\boldsymbol{X} + \Delta \boldsymbol{X}) \mathrm{d}\boldsymbol{X}}{D_{\mathrm{I}}^2} \tag{4.18}$$

式(4.18)表示由于示踪粒子在测量平面内的运动引起的相关损失,$\Delta \boldsymbol{X}_{\mathrm{D}} = (\Delta X_{\mathrm{D}}, \Delta Y_{\mathrm{D}})$ 为平面内位移。

$$F_{\mathrm{O}}(\Delta Z) = \frac{\displaystyle\int I_{\mathrm{o}}(Z) I_{\mathrm{o}}(Z + \Delta Z) \mathrm{d}Z}{\displaystyle\int I_{\mathrm{o}}^2(Z) \mathrm{d}Z} \tag{4.19}$$

式(4.19)表示由于示踪粒子在垂直于测量平面方向的运动引起的相关损失,ΔZ 为垂直于平面的位移。

式(4.17)表明,计算得到的相关函数中,位移相关峰的高度与 $N_{\mathrm{I}} F_{\mathrm{I}} F_{\mathrm{O}}$ 成正比,相关峰越高,则准确求得粒子位移的可能性越大。因此,PIV 实验参数的设置,应尽量使 $N_{\mathrm{I}} F_{\mathrm{I}} F_{\mathrm{O}}$ 取较大的数。Keane 和 Adrian(1992)通过系统的分析得出,只有在满足如下限制的条件下,才可以保证互相关计算结果中与位移对应的峰值一定可以被识别:

$$N_{\mathrm{I}} F_{\mathrm{I}} F_{\mathrm{O}} > 7 \tag{4.20}$$

例如,如果判读窗口内的粒子数量为 12 个,则要求粒子在平面内的位移小于判断窗口尺寸的 1/4,垂直于平面方向的位移小于片光厚度的 1/4。

4.3　流场计算辅助方法

4.3.1　窗函数

由前述的流场计算方法可以看到,在进行粒子图像分析时,总是需要将图像划分为若

干个矩形判读窗口,然后以判读窗口内的图像信息进行分析,提取出对应的流速信息。从数字信号处理的角度讲,利用判读窗口划分并提出图像,等价于对原始信号进行截断,必然会对数据处理结果造成不良的影响,即产生窗口效应。因数据截断而产生的窗口效应主要表现在两个方面:一是影响信号的频域分析或谱分析的质量;二是影响数字滤波器的特性(郑星亮 等,1997)。在 PIV 图像分析过程中,通常需要使用快速傅里叶变换的方法计算互相关函数,这其中就涉及对原始图像信号的频域分析,因此,需要考虑由此产生的窗口效应及应对措施。

在开展频域分析时,窗口效应主要会影响频谱的分辨力以及产生能量泄漏。

频率分辨力是指频率谱能够使信号的真实谱中两相邻谱峰被分辨出来的能力。为说明起见,设实际信号 $g(x)$ 中包含 k_1 和 k_2 两个频率分量,其表达式为

$$g(x) = \cos(k_1 x) + \cos(k_2 x) \tag{4.21}$$

图 4.16 示意了 $k_1 = 0.5$ 及 $k_2 = 1$ 的原始信号及其理论频谱 $G(k)$ 的极限逼近。图 4.17 示意了大小 $T = 12$ 的矩形窗函数及其频谱曲线,其中,窗函数的主瓣宽度 B_w 与窗函数的大小之间满足如下关系:

$$B_w = \frac{2\pi}{T} \tag{4.22}$$

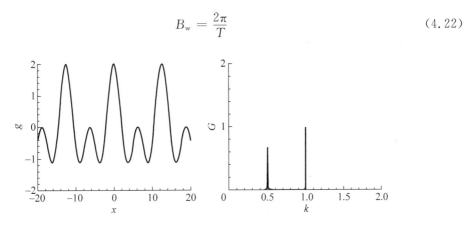

图 4.16 原始信号 g 及其理论频谱 G

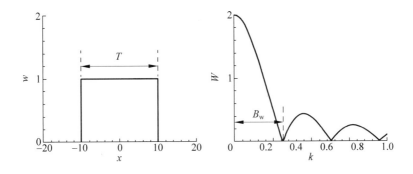

图 4.17 矩形窗函数 w 及其理论频谱 W

设对原始信号 g 加窗函数 w 截取的有效长样本为 g_τ，则有

$$g_\tau = g(x) \cdot w(x) \qquad (4.23)$$

根据傅里叶变换的性质，样本序列 g_τ 的频谱等于 g 的真实谱与窗函数谱 W 的卷积，即

$$G_\tau = G(k) * W(k) \qquad (4.24)$$

图 4.18 展示了采用不同大小的窗函数时，样本序列的频率分布曲线。从图中可以看出，对信号加窗后，其真实频谱中的脉冲由于窗函数谱的作用而被平滑为两个正弦形谱带。只有当真实频谱中相邻两个频率分量的距离大于主瓣宽度，即满足

$$k_2 - k_1 \geqslant B_w \qquad (4.25)$$

两个相邻谱峰才能被分辨出来。否则，相邻谱峰将相互重叠，无法分辨。因此，窗的引入使得谱的频率分辨能力下降，同时还可以看出，分辨力大小取决于窗谱的主瓣宽度，而其主瓣宽度又主要取决于窗口的大小，窗口越小，频率分辨力就越低。

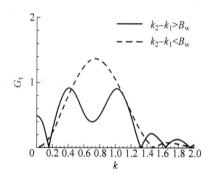

图 4.18　窗口大小对信号频谱的影响

能量泄漏是数据加窗处理对谱分析的又一重要影响。它是指频谱中集中于某一窄带频域中的功率或能量扩散到邻近的频带中去。由图 4.16 和图 4.18 可知，真实谱 g 中 k_1、k_2 处的离散谱线经窗函数的作用而成为两个谱带，并通过边瓣向两边振荡延伸，造成真实谱的失真。泄漏是信号的真实谱与窗谱的旁瓣相互卷积的结果。泄漏效应是谱分析中的第一个重要问题，窗谱中较大的旁瓣有时会掩盖真实谱中较小的谱峰，或者产生在真实谱中根本不存在的谱峰。

在 PIV 分析中，如果粒子图像的背景均匀，则判读窗口的边缘在无粒子图像存在的区域平滑过渡，而在粒子图像的附近，则由于图像被从中切断而产生间断。例如，对于典型的 PIV 图像分析算例，在大小为 32×32 像素的判读窗口中的示踪粒子数大致为 $10 \sim 15$ 个，假设粒子图像的平均粒径为 2 像素，则粒子图像被剪切的比例，可按距窗口边缘 2 像素范围内的像素数除以窗口总像素数进行估算，约为 $256/1024 = 25\%$，这说明被判读窗口截断的粒子数量将少于 4 个。但是，随着粒子图像密度或粒子图像直径的增大，以及判读窗口尺寸的减小，被截断的粒子数将显著增大。因此，通常在使用小判读窗口时，如 16×16 像素，需要考虑判读窗口对图像分析引起的窗口效应。

为了减小窗口效应的影响，可以在判读窗口中使用非均匀的窗口加权函数。表 4.1 列举了几种常用的窗函数，这些函数均具有可分解特征，可以转换为一维函数。需要特别指出的是，使用窗函数虽然可以减轻图像分析过程中的窗口效应，但另一方面，由于靠近窗口的图像信息的权重会因为使用窗函数而降低，这就减小了判读窗口之间的有效信息量，从而恶化相关计算的结果。因此，在实际分析时，需要根据实际情况，判断是否有必要使用窗

函数。

表 4.1 常用窗函数的表达式

序　　号	函　数　名	表　达　式
1	Gaussian	$\exp(-8\eta^2)$
2	Parzen	$1-2|\eta|$
3	Hanning	$0.5+0.5\cos(2\pi\eta)$
4	Welch	$1-(2\eta)^2$

4.3.2　亚像素插值

在使用相关法分析粒子图像时,粒子位移由相关函数的峰值位置进行确定。由于判读窗口内的图像灰度离散分布在像素阵列上,利用快速傅里叶变换方法计算得到的互相关函数也是分布在像素阵列上的离散函数,因此,实际计算出的相关峰值只是理想峰值的近似。通常情况下,计算峰值位于离理想峰值最近的那个像素位置上,因此,直接根据计算峰值的位置确定粒子位移只能达到±0.5像素的精度,这可能会引起较大的测量误差。例如,假设判读窗口的尺寸为 32×32 像素,根据计算峰值确定的粒子位移为8像素,则对应的计算误差就可能高达 $0.5/8=6.25\%$,这对于PIV测量结果而言是不可接受的。

因此,为了提高PIV测量精度,需要选择合适的方法对相关峰进行亚像素插值,使得粒子位移计算结果以达到亚像素精度。通常情况下,使用亚像素插值方法可以把位移精度提高到0.1像素,对于上一段给出的算例,其误差约为1%,这与PIV系统因其他因素而导致的误差水平一致。

为了说明亚像素插值时需要具体考虑的关键因素,图4.19展示了平均直径为3像素的粒子具有不同的亚像素位移时,根据前述的互相关方法计算得到的相关函数的分布情况。图4.19中虚线标注了与实际位移对应的理论峰的位置,从图中可以发现,距离理论峰最近的像素具有最大的相关系数;而其两侧的像素的相关系数随着位移的改变而发生了较大的变化,这说明这些像素携带了与实际位移最相关的信息;与此同时,与理论峰最近的这三个像素往往还具有比其他像素大许多的相关系数(Westerweel,1997)。基于上述观察,现有的大多数亚像素插值方法均只考虑了距离理论峰最近的三个像素的相关系数。

实际应用中的亚像素插值过程是典型的二维问题,但为了简化问题的复杂度,通常假定上述二维问题可转化为判读窗口的行、列两个相互垂直方向上的一维问题。设实际计算得到的相关函数中,理论峰的位置为 (x_p, y_p) ,与理论峰最近且数值最大的像素的相关系数为 $R(x_m, y_m)$,根据对相关峰型的判断,常用的三点亚像素插值算法包括质心法、抛物拟合

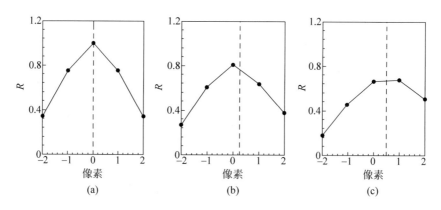

图 4.19 不同亚像素位移时计算得到的相关峰

(a) 0 像素；(b) 0.25 像素；(c) 0.5 像素

法和高斯拟合法。

无论灰度的具体分布形式如何，粒子图像总是关于中心呈对称分布，因此，质心法认为峰值点的位置应与相关峰的质心重合，理论峰的位置可表示为

$$
\begin{cases}
x_p = x_m + \dfrac{R(x_m+1, y_m) - R(x_m-1, y_m)}{R(x_m-1, y_m) + R(x_m, y_m) + R(x_m+1, y_m)} \\[3mm]
y_p = y_m + \dfrac{R(x_m, y_m+1) - R(x_m, y_m-1)}{R(x_m, y_m-1) + R(x_m, y_m) + R(x_m, y_m+1)}
\end{cases}
\tag{4.26}
$$

比质心法更高级的亚像素插值方法是抛物线法，这种方法同样基于相关峰呈对称分布的认识，并进一步假定任一方向的峰型均符合抛物线分布形式，而理论峰的位置位于抛物线的顶点。基于上述假定，抛物线法将理论峰的位置描述为

$$
\begin{cases}
x_p = x_m + \dfrac{R(x_m-1, y_m) - R(x_m+1, y_m)}{2[R(x_m-1, y_m) + R(x_m+1, y_m) - 2R(x_m, y_m)]} \\[3mm]
y_p = y_m + \dfrac{R(x_m, y_m-1) - R(x_m, y_m+1)}{2[R(x_m, y_m-1) + R(x_m, y_m+1) - 2R(x_m, y_m)]}
\end{cases}
\tag{4.27}
$$

分析表明，在满足极限光斑和高斯成像系统的前提下，粒子图像的光强分布与高斯分布基本一致。因此，假定相关峰近似为正态分布形状，理论峰的位置为

$$
\begin{cases}
x_p = x_m + \dfrac{\ln R(x_m-1, y_m) - \ln R(x_m+1, y_m)}{2[\ln R(x_m-1, y_m) + \ln R(x_m+1, y_m) - 2\ln R(x_m, y_m)]} \\[3mm]
y_p = y_m + \dfrac{\ln R(x_m, y_m-1) - \ln R(x_m, y_m+1)}{2[\ln R(x_m, y_m-1) + \ln R(x_m, y_m+1) - 2\ln R(x_m, y_m)]}
\end{cases}
\tag{4.28}
$$

关于上述三种方法的优劣，早期的一些研究进行过专门的对比。Prasad 等(1992)和Westerweel(1997)的分析结果表明，若插值方法使用不当，会导致亚像素位移偏向邻近的整像素位移，产生明显的偏移误差。由于高斯法所考虑的因素与实际最为接近，由此引起的插值误差也最小。

4.3.3 错误矢量剔除

图 4.20 展示了一种根据互相关算法求得的二维流速场,图中由黑色椭圆圈住的流速矢
量方向与周围流场明显不一致,是错误矢量,这种矢量对于流场结果的后续分析会产生严重影响,因而需要被剔除。根据 PIV 图像分析原理,计算结果中的错误矢量是由于相关系数最大的峰与真实位移峰不一致。为了剔除错误矢量,可以根据错误矢量产生的原理或者错误矢量的表现特征设计相应的方法。

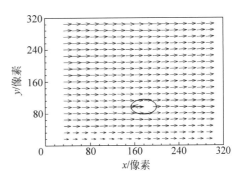

图 4.20 PIV 计算结果中的错误矢量

基于单次判读结果的方法包括相关度和峰值可测度两种。

相关度是指两个判读窗口之间相关峰的最大值,相关度法就是根据最大相关系数的大小,判读其是否是真实的相关峰。在实际的 PIV 图片中,两帧图像之间的最大相关度与面内运动引起的损失 F_I、面外运动引起的相关损失 F_O 以及因判读窗口内的速度梯度引起的相关损失 F_Δ 成比例,可表示为 $F_I F_O F_\Delta$ 的形式。在相同粒径的示踪粒子均匀分布的粒子图像间,相关度可以由理论推导定量求得(Adrian and Westerweel,2010),从而可通过对比实际计算值与理论值之间的关系,判读计算结果是否可靠。但在实际的粒子图像中,理论推导的诸多假设并不成立。

峰值可测度 D_0,是指两个判读窗口的相关函数中,最大峰与次大峰之间的比值。当 D_0 远大于 1 时,表明两个窗口内的图像间经过一致的位移后,仍然具有极好的相关性;反之,当 D_0 约等于 1 时,则表明两个判读窗口之间的图像之间不存在一个确定的位移。然而,可测度的上述特征只有在粒子图片中的图像密度极大时才成立,这在实际图片中是难以满足的。

基于此,上述两种基于单次判读结果的错误矢量剔除方法缺乏鲁棒性,在实际应用中较少被采用。

为了克服基于单次判读结果的缺陷,Hart(2000)提出了基于多次判读结果的错误矢量剔除方法。这种方法的基本假设是:在粒子图像密度较小的情况下,与位移对应的相关峰和其他随机相关峰的高度差不多,即可测度 D_0 接近于 1。当将两个判读窗口的位置同时进行微小平移,但保证平移前后判读窗口内的粒子图像的位移相同时,可以得到与平移前相似的相关函数分布。但由于随机相关峰具有随机性,其出现的位置随着平移的发生而改

变,另一方面,位移相关峰的位置则基本固定不变。因此,当将平移前后的相互函数进行相乘时,随机相关峰容易因为位置不同而相互抵消,而位移相关峰则由于位置固定不变而被显著放大,从而增大其可探测度。

为了提高上述基于多次判读结果的方法的可靠性,应谨慎选择两次判读窗口之间的平移量。首先,平移量应足够大,以保证两次判读产生的随机相关峰的位置发生根本性变化;但另一方面,则需要保证偏移量不至于显著改变位移相关峰的位置,即两次判读窗口之间的重叠率不能太小。通常情况下,当两次判读窗口之间的平移量大于位移相关峰的宽度时,随机相关峰可以被显著抑制。典型的平移量可设置为 $4\sim6$ 像素,对于 32×32 像素的典型判读窗口,平移前后的重叠率仍大于 80%。在实际应用中,为了提高方法的可靠性,可以将判读窗口沿上、下、左、右各平移一次,然后再将四次判读结果相乘,但这又会显著增加图像判读所需的计算量。

与上述直接基于判读结果的方法不同,Westerweel (1994) 根据错误矢量与周围流场不连续的特征,先后提出了中值检测法和归一化中值检测法来进行错误矢量检测。这类算法的思路是,将各流速矢量与相邻的四个或八个的流速矢量进行对比,如果该矢量与周围矢量之间有明显的差异,则表明该矢量是错误矢量。显然,该类算法的关键是构造一个描述相邻矢量的特征的变量。

中值检测法以相邻几个矢量的中值作为表征特征的变量。其算法原理如下:设要进行检测的流速矢量为 U_0,它周围 8 个相邻的流速矢量分别为 $(U_1, U_2, \cdots, U_8)$,U_m 为 $(U_1, U_2, \cdots, U_8)$ 的中值,如果 U_0 满足式 (4.29),则认为是合理的流速矢量,否则就作为不合理的流速矢量进行剔除。

$$|U_0 - U_m| < \sigma_T \tag{4.29}$$

式中,σ_T 为剔除阈值,具体应用时还要根据流速场的情况对 σ_T 进行调整。

为了克服中值检测法阈值需要调整的弊端,Westerweel 和 Scarano(2005)进一步提出了归一化中值检测法,该方法通过对比被检测矢量与相邻矢量之间的光滑度判断其是否为错误矢量,具体实现方法描述如下:设 U_0 为被检测矢量,$(U_1, \cdots, U_8)$ 表示 U_0 周围 3×3 邻域内的其他 8 个相邻矢量,U_m 为 $(U_1, \cdots, U_8)$ 的中值,r_m 为 $(|U_1 - U_m|, \cdots, |U_8 - U_m|)$ 的中值,则 U_0 的判别参数定义为

$$r_0 = \frac{|U_0 - U_m|}{r_m + \varepsilon} \tag{4.30}$$

式中,ε 称为最小归一化系数,其作用是避免式 (4.30) 出现分母为零的情况,一般取值为 0.1;当 r_0 大于给定的阈值时,U_0 被标识为错误矢量并被剔除,阈值的取值视具体流动而定,壁面紊流一般可取为 2.0。

4.3.4 流速矢量插补

当错误矢量被剔除后,通常需要使用新的矢量替换被剔除矢量,以保持流场的完整性。与错误矢量剔除方法类似,矢量差补方法同样可分为两类。

第一类插补方法基于判读结果。该类方法的理论基础是:产生错误矢量的原因,是随机相关峰的高度超过了位移相关峰,但是,位移相关峰总存在于相关结果中,且对应的相关度不致太小。因此,这类方法在提取相关结果中的最高峰的同时,还会保存第二高、第三高、第四高等相关峰,当最高峰被判读为错误矢量后,则将与次高峰对应的位移作为插补结果,以此类推,直至插补结果不再被剔除为止。显然,这类方法存在两个重要的缺陷:首先,保存多个相关峰的信息,需要大量额外的存储和计算量;其次,在某些极端条件下,相关结果中可能根本不存在可被识别的位移峰,此时,这类方法将彻底失效。

第二类更常用的方法是插值法,其基本思路是利用错误矢量周围的正确矢量进行插值,将插值结果作为错误矢量的替代矢量。根据插值方法的不同,可具体分为线性插值法和加权插值法。

线性插值法的最简单的形式可表示为

$$\begin{cases} \widetilde{U}_{i,j} = \dfrac{1}{2}(U_{i+1,j} + U_{i-1,j}) \\ \widetilde{V}_{i,j} = \dfrac{1}{2}(V_{i,j} + 1 + V_{i,j-1}) \end{cases} \tag{4.31}$$

式中,i、j 分别表示 x 方向和 y 方向的行列编号。可以证明,上述线性插值方法同时满足流动连续性原理,因此,插补的流速矢量具有正确的物理属性。但是,这种方法要求错误矢量周围的四个相邻矢量均为正确矢量,这在某些情况下是难以保证的。此外,许多 PIV 计算时均要求相邻窗口具有 50% 的重叠率,以增大流速矢量的密度,此时,相邻的流速矢量间均携带 50% 的相同信息,更加难以保证某个错误矢量周围的流速矢量均正确。

线性插值法的一种自然延伸是使用更多的相邻矢量进行插值,这可以保证即使周围出现错误矢量时,也不会对插值结果产生显著的影响。此时,由于错误矢量与周围各矢量之间的距离不同,应当对不同的矢量使用不同的权重,且权重值应当与距离成反比。权重插值法的另一个好处,是可以用于不同范围、不同网格形式的流场插值。关于权重插值法中权重值的分配,最常使用的是高斯函数。基于高斯权重函数的插补表达式为

$$U(x_I) = \frac{\displaystyle\sum_{k=1}^{N} \alpha_k U_k}{\displaystyle\sum_{k=1}^{N} \alpha_k} \tag{4.32}$$

其中

$$\alpha_k = \exp\left(-\frac{(x_I - x_k)^2}{H^2}\right) \tag{4.33}$$

式中,$u(x_I)$表示插值结果;$u_k(x_k)$表示错误矢量周围的正确矢量;N表示用于插值的正确矢量的个数,$H = 1.24\delta_0$,δ_0为流场网格的平均间距。

除了高斯插值法,Spedding 和 Rignot(1993)还曾提出过一种样条插值方法。与高斯插值法相比,其插值精度更高,但同时也需要更多的计算量,因而较少被使用。

4.4　流场计算高级方法

前面的章节中已经提到,PIV 的综合性能主要体现在测量精度、动态速度范围和空间分辨率三个方面,因此,研究高级计算方法的主要目的就是从算法方面优化 PIV 的测量精度、动态速度范围和空间分辨率。

4.4.1　窗口平移

如图 4.21 所示,在最初的 PIV 图像分析过程中,一般是将图片 1 和图片 2 中对应位置的判读窗口 1 和窗口 2 进行互相关运算,然后根据最大相关峰的位置确定窗口内粒子的平均位移。在这种运算模式中,由于判读窗口的位置不变,而粒子的位置随时间改变,则窗口之间共有的粒子数随时间的增大而减小,相应地,这将显著降低窗口之间的相关度。

为了减小因面内运动而引起的相关度损失,一种常用的方法是将判读窗口 2 进行平移,平移量等于粒子位移的整数部分。显然,进行图像平移的条件是已知窗口处粒子的位移。对于速度脉动极小、平均流动均匀的简单流动,可以根据其他方法估算的平均流速进行窗口的平移(Westerweel,1997)。例如,Poelma 和 Ooms(2006)在测量网格紊流时就使用了这种方法,他们将 32×32 大小的判读窗口平移了 60 像素。通过图像平移,可以显著地提高 PIV 测量结果的动态范围。例如,如果不使用窗口平移技术,则两帧图像之间的最大允许位移为窗口的 1/4,即 8 像素。此时,如果速度的脉动量为 0.1~0.2 像素,即紊动强度为 2% 量级,这与 PIV 本身的精度同量级,将无法准确地测得脉动速度的大小。

在大多数情况下,测量区域内的平均流速并不均匀,且脉动强度与平均流速之间的差异并不大。例如,对于明渠紊流、边界层、管道流、槽道流等常见的壁面紊流,其平均流速在

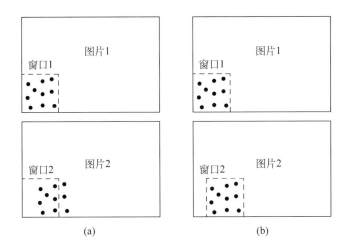

图 4.21 图像分析算法对比

（a）基本算法；（b）图像平移算法

近壁区域变化极大，且紊动强度与平均流速具有相同的数量级。此时，为了开展窗口平移，可对图像进行两次判读。在第一次判读时，窗口不进行平移。第一次判读结果经过错误矢量剔除和插补后，作为第二次判读时图像平移量，再进行第二次判读；最后将两次判读结果之和作为最终结果。

图像平移方法的改进是亚像素平移方法。与整像素平移不同，在将窗口进行亚像素平移后，相关峰的位置将位于原点位置。使用亚像素平移方法的主要原因，是 PIV 计算结果的随机误差与亚像素位移量成正比。通过将判读窗口之间的位移量减小为零，理论上可以获得极小的随机误差。但是，与整像素平移相比，亚像素平移方法需要进行额外的图像插值运算：如图 4.22 所示，设窗口 2 经亚像素平移后的位置为图中虚线框，窗口内各像素的位置与原始图像并不重合，此时，就需要将原图像从图片像素插值到窗口像素内。

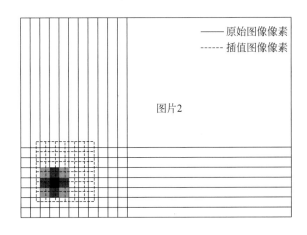

图 4.22 亚像素平移算法的图像插值示意

Astarita 和 Cardone（2005）以及 Kim 和 Sung（2006）等曾系统地对亚像素点灰度插值方法进行了分析。Astarita 和 Cardone（2005）利用随机生成的常数位移图片，在图像无噪声和有噪声影响的条件下，详细比较了 4 种不同类型的插值方法，分别为：多项式类（双线性，双二次，双三次）、单纯形类（4 种模板）、辛克函数类（包括快速傅里叶变换）及 B 样条类插值。当图片无噪声时，插值方法类型会明显影响计算精度，模板越大、插值函数的阶数越高，插值的精度越高；但当图片的噪声含量较大时，插值方法的类型对精度的影响较小。Kim 和 Sung（2006）利用人工合成的两种流态（均匀流及剪切流）的无噪声图片，分析了 7 种插值算法，分别为双线性、双二次、双三次、B 样条、辛克函数、拉格朗日及高斯插值法。结果表明，对于均匀流，辛克函数及拉格朗日插值方法结果最好；对于剪切流，插值方法的类型对误差几乎没有影响；插值方法的误差主要受粒子粒径的影响，随粒子粒径的增加而减小。

Kim 和 Sung（2006）提出"插值方法的误差随粒子粒径增加而减小"的观点，从某一角度正好与 Astarita 和 Cardone（2005）的"噪声级别很高的情况下，插值算法的类型对计算精度影响不大"的观点相一致。如果认为粒子周围就是噪声，那么粒子半径越小，意味着周围噪声越大，故插值方法作用越不显著。大噪声条件下，高阶插值方法的计算误差反而更大。因为高阶插值方法所需的模板节点数比低阶插值法多，在高噪声条件下，引入的噪声成分更多，插值得到的亚像素点的灰度值失真较大，计算结果自然很差，建议对于实际图片应采用双线性插值法。

即使是使用最简单的双线性插值方法，图像插值过程也需要消耗大量的计算量，因此，亚像素平移方法的计算效率低于整像素平移方法。同时，图像插值过程往往会降低原始粒子图像的质量。因此，亚像素平移本身所减小的随机误差可能并不足以补偿因图像质量降低而引起的误差。因此，实际使用时需要对算法本身的效果进行系统评估，从计算效率和最终计算精度方法选择具体的窗口平移方法。

4.4.2　图像变形

PIV 根据相关峰的亚像素位置确定粒子位移，因此，相关峰的形状和高度是决定 PIV 测量精度的主要因素。由于粒子图片中不可避免地存在各种噪声，为了避免位移信号被噪声掩盖，需要保证判读窗口之间有足够多的匹配粒子对。Keane 和 Adrian（1992）的研究结果表明，只有当判读窗口对之间的匹配粒子多于 8 对时，才能以高于 95% 的保证率准确识别到与粒子位移对应的相关峰。因此，与位移对应的相关峰实际上是判读窗口内多个粒子共同作用的结果。如图 4.23(a)所示，当判读窗口内所有粒子以相同速度运动时，各粒子图像以相同的位移作用于相关峰，使得相关峰的高度显著大于背景噪声，峰形近似满足高斯分布,根据相关峰的形状和大小可以准确获得粒子位移信息。

在对壁面紊流等复杂流动进行测量时,判读窗口内不可避免地存在速度梯度,此时,窗口内不同的粒子图像将以不同的方式作用于相关峰,导致相关峰发生变形,引起较大的计算误差。图 4.23(b)为沿判读窗口 y 方向存在较大的速度梯度时得到的相关峰的形状,此时,相关峰变矮、变宽甚至发生分裂,显著降低了准确获得相关峰位置的可能性。为了消除速度梯度对相关峰的影响,Huang 等(1993b)以及 Jambunathan 等(1995)提出在进行判读窗口互相关运算之前,先根据已知的流场分布对第二个判读窗口内的图像进行变形,使得两个判读窗口内的图像在变形后基本相同,以消除速度梯度对相关峰的影响。

图 4.23 判读窗口内的速度梯度对相关峰的影响

(a) 无速度梯度;(b) 有速度梯度

设图像 A 和图像 B 之间任意像素点处的位移矢量为 $(\Delta x, \Delta y)$,则理想情况下粒子图像在图像 A 和图像 B 中的位置关系为

$$\begin{cases} x_B = x_A + \Delta x \\ y_B = y_A + \Delta y \end{cases} \tag{4.34}$$

设图像 A 和图像 B 中坐标 (m,n) 处的图像灰度分别为 $I_A(m,n)$ 和 $I_B(m,n)$,为保证两张图片中判读窗口内的图像基本一致,需要对图像 B 进行重构。设 $I'_B(m,n)$ 为重构图像中坐标 (m,n) 处的图像灰度,则

$$I'_B(m,n) = I_B(m + \Delta x, n + \Delta y) \tag{4.35}$$

由于位移 $(\Delta x, \Delta y)$ 在一般情况下均不为整数,点 $(m+\Delta x, n+\Delta y)$ 处的灰度需要由周围像素点的灰度插值得到。如前所述,常用的灰度亚像素插值方法包括双线性插值、样条插值、高阶多项式插值、拉格朗日插值、sinc 函数插值等,Kim 和 Sung (2006)对不同插值方法的对比结果表明,sinc 函数插值和拉格朗日插值效果最好,但插值过程需要耗费大量计算时间,此外,高阶插值方法在图像噪声较大时对性能的提升也不明显(Astarita and Cardone, 2005)。综合考虑插值效果和计算耗时,这里推荐使用双线性插值法进行灰度的亚像素重构,其插值格式为

$$I'_B(m + \Delta x, n + \Delta y) = \sum_{i=1}^{4} N_i I_i \tag{4.36}$$

其中

$$I_1 = I_B(i_B, j_B), \qquad\qquad I_2 = I_B(i_B, j_B + 1)$$
$$I_3 = I_B(i_B + 1, j_B), \qquad I_4 = I_B(i_B + 1, j_B + 1)$$
$$N_1 = (1 - \varepsilon_i)(1 - \varepsilon_j), \quad N_2 = (1 - \varepsilon_i)\varepsilon_j$$
$$N_3 = \varepsilon_i(1 - \varepsilon_j), \qquad\quad N_4 = \varepsilon_i\varepsilon_j$$
$$i_B = \text{int}(m + \Delta x), \qquad \varepsilon_i = m + \Delta x - i_B$$
$$j_B = \text{int}(m + \Delta x), \qquad \varepsilon_j = m + \Delta x - j_B$$

式中,函数 int( )表示取整。

实施图像变形需要已知图像 A 与图像 B 之间各像素点的位移$(\Delta x, \Delta y)$,这在进行图像判读前是无法获得的。因此,实际应用中要先利用常规 PIV 算法预测各像素点的位移$(\Delta x_p, \Delta y_p)$,再利用预测位移场对图像 B 进行重构,利用重构后的图像进行互相关运算以减少速度梯度对计算结果的影响,从而得到比预测位移更准确的位移$(\Delta x_p + \Delta x_c, \Delta y_p + \Delta y_c)$,其中$(\Delta x_c, \Delta y_c)$是图像变形算法对预测位移$(\Delta x_p, \Delta y_p)$的修正量,将$(\Delta x_p + \Delta x_c, \Delta y_p + \Delta y_c)$作为新的预测位移并重复上述步骤,可以逐渐减小计算误差并最终获得准确的位移$(\Delta x, \Delta y)$。上述利用相同尺寸的判读窗口进行重复迭代运算的过程称为多次判读。需要指出的是,PIV 的计算结果是离散分布在计算网格上的位移场,因此,在图像变形前需要将网格位移插值到像素点,本书算例使用最常用的二维线性插值法(Scarano, 2002)。

与 Huang 等(1993b)以及 Jambunathan 等(1995)仅对图像 B 进行重构不同,许多最新的 PIV 程序在图像变形的同时对图像 A 和图像 B 进行重构,具体重构方法为

$$I'_A(m, n) = I_A(m - \Delta x_p/2, n - \Delta y_p/2)$$
$$I'_B(m, n) = I_B(m + \Delta x_p/2, n + \Delta y_p/2) \tag{4.37}$$

利用式(4.37)进行图像重构可以将 PIV 计算结果由 1 阶精度提升至 2 阶精度(Wereley and Gui, 2003)。理论依据推导如下:设$X(t_0)$和$X(t_0 + \Delta t)$分别为示踪粒子在图片 A 和图片 B 中的位置,若仅对图像 B 变形,相当于假定利用图像 A 和图像 B 计算出的速度为t_0时刻的粒子运动速度,即

$$U(t_0) = \frac{X(t_0 + \Delta t) - X(t_0)}{\Delta t} \tag{4.38}$$

与此相反,式(4.37)等价于将利用图像 A 和图像 B 计算得到的速度视为$t_0 + \Delta t/2$时刻的粒子运动速度,即

$$U(t_0 + \Delta t/2) = \frac{X(t_0 + \Delta t) - X(t_0)}{\Delta t} \tag{4.39}$$

与式(4.38)中的 1 阶迎风格式相比,式(4.39)中的中心差分格式具有 2 阶精度。

4.4.3 多级网格迭代

动态速度测量范围是指 PIV 在同一流场中可同时测得的最大速度与最小速度之比,这等价于最大可测位移与最小可测位移之比。其中,最小可测位移取决于图片噪声、粒子图像尺寸、图像判读算法、亚像素插值算法等多个因素(Adrian,1997),最优条件下的取值约为 0.1 像素(Westerweel et al.,2013);最大可测位移约为判读窗口尺寸的 1/4,即粒子在前后两张图片中的位移不能超过判读窗口尺寸的 1/4,以保证判读窗口之间具有良好的相关性。以实际计算中常用的 32×32 像素的判读窗口为例,动态速度测量范围约为 8/0.1=80。Westerweel 等(2013)的分析表明,为了充分分辨雷诺数大于 10^4 量级的壁面紊流中的流动尺度,PIV 的动态速度测量范围应达 250 以上,这就要求使用尺寸为 100×100 像素的判读窗口。但是,使用大尺寸判读窗口会显著降低测量结果的空间分辨率和精度。

为了实现动态速度测量范围和空间分辨率的解耦,同时避免为提高动态速度测量范围而损失测量精度,Scarano 等(1999)提出了多级网格迭代技术,这种技术与上文中提到的多次判读技术类似,但在迭代过程中需要逐级减小判读窗口的尺寸,直至判读窗口的尺寸满足空间分辨率和测量精度的要求。作为一种判读窗口处理方法,多级网格迭代技术本身不能单独使用,Scarano 和 Riethmuller(1999)最早将其与判读窗口整像素平移方法结合使用,随后又逐渐将其推广至判读窗口亚像素平移技术和图像变形技术(Scarano and Riethmuller,2000;Scarano,2002)。图 4.24 为基于图像变形的多重网格迭代算法的计算步骤,从图中可以看出,使用该算法的 PIV 系统的动态速度测量范围由第一级判读窗口的尺寸决定,而测量结果的空间分辨率和精度则取决于最后一级判读窗口的尺寸,由于迭代次数可根据实际需求进行选择,使用多重网格迭代算法理论上可以在任意动态速度测量范围条件下获得相同空间分辨率的计算结果。

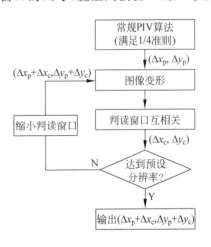

图 4.24 基于图像变形的多重网格迭代算法示意图

由于多重网格迭代技术的优异性能,使其在第三届 PIV 挑战赛会议后被认为是 PIV 图像判读方法的标准组成部分(Stanislas et al.,2008)。但是,多重迭代算法本质上是不稳定的,其计算结果可能会随着迭代次数的增加而发散,特别是当判读窗口重叠率超过 50%时,不稳定问题变得更为突出(Nogueira et al.,1999;Schrijer and Scarano,2008)。为了减轻或消除迭代过程的不稳定性,一种可行的方法是在图像互相关之前对判读窗口使用窗函数(Nogueira et al.,2001;Astarita,2006),但这种方法需要使用较大的判读窗口和窗口重叠率,不仅会显著增加计算耗时,还可能影响计算结果的精度。另一种简单且有效的方法是在迭代过程中对流场进行空间滤波,根据滤波对象的不同可分为预测位移(Δx_p,Δy_p)滤波和修正位移(Δx_c,Δy_c)滤波(Schrijer and Scarano,2008)。当窗口重叠率较低时,可使用Kim和Sung(2006)提出的简单滤波格式:

$$\Delta x_\mathrm{p}(i,j) = \frac{\Delta x_\mathrm{p}(i+1,j) + \Delta x_\mathrm{p}(i-1,j) + \Delta x_\mathrm{p}(i,j+1) + \Delta x_\mathrm{p}(i,j-1)}{6}$$

$$+ \frac{\Delta x_\mathrm{p}(i,j)}{3} \tag{4.40}$$

当窗口重叠率超过50%时,则使用Schrijer和Scarano(2008)推荐的抛物型滤波器,该滤波器的一维表达式为

$$f_\mathrm{1D}(x) = C_1 \left[\left(\frac{L}{2} \right)^z - |x|^z \right] \tag{4.41}$$

式中,C_1为归一化系数;L为滤波器尺寸,一般取为判读窗口的尺寸。根据Schrijer和Scarano(2008),对预测位移进行滤波时,当$z < 10^{-2}$时,滤波器无法抑制迭代发散现象,而过大的z则会显著降低计算结果的空间分辨率。

4.5　特殊处理技术

4.5.1　非正方形窗口

在许多商用PIV软件中,默认的图像判读窗口均为正方形,但在实际应用中,只要判读窗口内的粒子数量满足PIV分析要求,可以使用任意形状的判读窗口。其中,长方形窗口是最常用的非正方形窗口形式。

与正方形窗口相比,长方形窗口主要具有以下特点:通过减小某一方向的窗口边长,长方形窗口可以显著提高这个方向的空间分辨率。如图4.25所示,在进行壁面紊流近壁区测量时,若将32×32像素的正方形判读窗口更换为16×64像素的长方形窗口,且窗口短边方向与壁面垂直,则垂直壁面方向的空间分辨率可以提高两倍,且第一个测点距离壁面的距离也缩短两倍。因此,使用正方形网格有助于获取更多近壁区域的流动信息。但另一方面,为了使得长方形窗口内具有与正方形窗口同等数量的粒子图像信息,则需要将另一方

向的窗口边长延长,这就降低了该方向的测量分辨率。

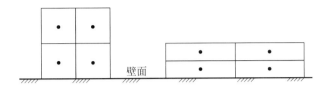

图 4.25 正方形窗口与长方形窗口对比

长方形窗口的一个重要缺点,是会增大窗口效应对测量结果的影响。同样以 32×32 像素的正方形判读窗口和 16×64 像素的长方形窗口为例,当示踪粒子图像的直径为 2 像素时,正方形窗口中图像被截断的比例约为 25%,而长方形窗口中图像被截断的比例则增加至 31%。正是由于窗口效应的影响,长方形窗口短边边长不能设置得过小,否则窗口内所有粒子均有可能被截断,这将严重影响图像分析结果的精度。

4.5.2 固体边界处理

在几乎所有的 PIV 分析方法中,由于各判读窗口对应的流速是所有粒子的平均流速,流速点均设置在判读窗口的中心。因此,第一个流速点距壁面的距离通常等于判读窗口边长的一半。特别是在多重网格迭代算法中,网格大小随迭代次数的增加而逐渐减小,第一个流速点距壁面的距离等于最大判读窗口边长的一半,在许多情况下,这是难以满足研究需求的。以常用的明渠素流实验设置为例,设待测明渠均匀素流的水深 $H=4$ cm,摩阻雷诺数 $Re_\tau=u_\tau H/v=1\,000$,测量分辨率为 16 像素/mm;PIV 算法采用的迭代次数为 2 次,判读窗口最小尺寸 $M=16$ 像素,窗口重叠率为 0。根据上述条件,第一级判读窗口的尺寸为 64×64 像素,则第一个流速点距离床面 32 像素,即 $y=2$ mm,换算为无量纲量则为 $y^+=50$,表明第一个测点位于对数区。

为了在不改变判断计算过程的情况下缩小第一个流速点距床面的高度,可以在迭代计算的过程中使用偏心判读窗口。为了直观说明这种方法的原理,同样以最小判读窗口为 16×16 像素,迭代 2 次,最大判读窗口为 64×64 像素的 PIV 算法为例。如图 4.26 所示,在使用常规判读窗口时,为了保证各流速点均能完成设定的迭代次数,窗口按图中左侧方式设定,第一个流速点 1 距壁面 32 像素。在使用图右侧的偏心判读窗口时,将第一个流速点设在距壁面 8 像素处,按照这种设置方法,在进行初始运算和第一次迭代运算时,网格中均包含边壁以外区域的图像。为了避免边壁外图像对计算结果产生影响,流速点 1 不直接参与初始和第一次迭代,其流速由第 2 点和第 3 点的迭代结果进行线性外插得到。在最后一次迭代过程中,流速点 1 参与图像判读计算,具体判读方法可与其他点相同或单独指定。

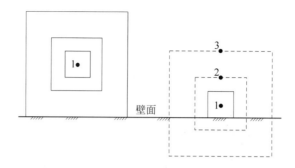

图 4.26　多重网格迭代算法中的常规窗口和偏心窗口

4.6　误差及优化准则

作为一种流速测量仪器,PIV 测量结果中总是存在各种各样的误差。首先,粒子图像拍摄过程中镜头成像质量不佳会产生各种像差和透视变形,这类误差可以通过使用高质量镜头,合理安排成像光路,标定并进行图像修正等方式消除。其次,粒子图像数字化过程中,光电转换、数模转换、图像读出等过程中会在输出的数字图像中产生各种噪声,这些噪声可以通过数字图像处理的方式进行消除。最后,即使在理想的成像和数字化条件下,粒子图像的形状和大小、粒子的位移以及算法本身也会造成测量误差,对于这类误差,前人通过理论分析和人工合成标准图像的方式进行了系统的研究,并提出了优化计算结果的精度的方法。

4.6.1　PIV 计算误差

根据误差的表现形式,通常将 PIV 计算结果中的误差分类为偏差(bias error)和随机误差(random error)。

偏差,是指测量值与实际值之间的趋势性差异。以某个速度分量为例,偏差在数学上通常表示为误差的均值,即

$$\varepsilon_b = \frac{1}{N}\sum_{i=1}^{N}(U_m - U_t) \tag{4.42}$$

PIV 计算结果的偏差与粒子图像的大小、亚像素插值方法有关。随机误差,是指测量值与实际值之间的非趋势性差异,其大小反映了测量值相对于实际值的分散程度,通常用误差

的均方根表示：

$$\varepsilon_{rms} = \sqrt{\frac{1}{N-1}\sum_{i=1}^{N}(U_m - U_t)^2} \tag{4.43}$$

随机误差与亚像素位移大小、亚像素插值方法、粒径大小等因素有关。

在图形像素化过程中，如果粒子图像的直径小于 1 像素，即 $d_\tau/d_r < 1$，则无论这个粒子图像的具体位置在哪里，在数字图像中都表现为位于像素中心。因此，因图像像素化产生的最大偏差可达 0.5 像素（Prasad et al.，1992）。相反，当粒子图像的直径大于 1 像素时，即 $d_\tau/d_r > 1$，随机误差起主导作用，且随机误差的大小与粒子图像的直径成正比。图 4.27 展示了 Westerweel（1997）通过理论推导得到的 PIV 测量误差随粒子图像直径的变化规律，在偏差和随机误差的综合作用下，PIV 测量误差在粒子图像直径约为 2 像素时达到最小，具体数值为 0.05～0.1 像素。

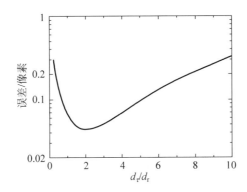

图 4.27　PIV 测量误差与粒子图像直径的关系（Westerweel，1997）

除粒子图像直径外，粒子的亚像素位移大小以及亚像素插值方法对 PIV 测量误差也具有较大的影响。Westerweel（1993）对不同粒子图像直径条件下测量误差随亚像素位移的变化规律进行了研究，并对比了质心法、抛物线法和高斯法三种插值方法，结果如图 4.28 所示。从图中可以发现，在三种粒子图像直径条件下，利用质心法和抛物线法进行亚像素插值产生的偏差都远大于高斯法。无论哪种插值方法，图中的偏差曲线在 $\Delta x = 0$ 处的斜率均为负，这说明实测的位移均会偏向相邻的整像素位移，这种现象称为像素锁定（pixel locking）。在使用高斯法的情况下，偏差在亚像素位移为 ± 0.25 时达到最大，约为 0.1 像素。

亚像素插值方法不仅会产生偏差，还会引起随机误差。图 4.29 展示了在使用高斯法进行亚像素插值时，随机误差随位移的变化规律。当位移小于 0.5 像素时，随机误差随位移线性增大，随后大致稳定在 0.05 像素左右。图 4.29 中的结果表明，在进行图像判读时使用窗口平移或图像变形方法使粒子在两个窗口之间的位移趋近于零，可以消除亚像素插值方法引起的随机误差。

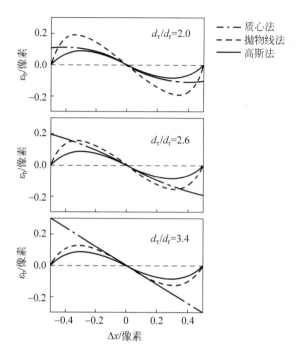

图 4.28　不同插值方法得到的偏差随位移的变化规律(Westerweel，1993)

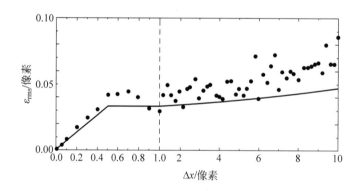

图 4.29　亚像素插值引起的随机误差随位移变化规律

4.6.2　判读窗口尺寸影响

除 4.6.1 节提及的粒子图像因素外,PIV 后处理过程中判读窗口的尺寸不仅对 PIV 的计算误差有影响,而且还决定了流场测量结果的空间分辨率,因此,本节重点讨论判读窗口尺寸这项因素的影响作用。判读窗口是指 PIV 在计算互相关算法前,在连续两帧图像上选定的具有一定尺寸(一般为矩形)的计算区域。运用互相关算法处理两帧图像对应的计算区域即可得到该区域的平均速度,并以此平均速度代表判读窗口中心处的瞬时速度。

关于窗口尺寸效应这方面的研究,Saarenrinne 等(2001)利用 PIV 研究紊流特性时发现,窗口尺寸对时均流速几乎没有影响。Shah 等(2008)利用 PIV 测量了渠道进口段的流场,结果表明,窗口尺寸对时均流速的影响很小,但对紊动强度的影响显著:当窗口从 32×32 像素增大为 64×64 像素时,紊动强度减小了 $10\% \sim 30\%$。目前,关于这方面的研究大都以描述性的说明为主,尚未见深入的机理探讨。本节通过明渠紊流实验,讨论了 4 种坡度下窗口尺寸和迭代参数对紊流的统计参数计算结果的影响,总结了窗口效应的规律以及坡度的大小对窗口效应的影响,并对窗口效应的机理进行了理论分析。

实验所采用的 PIV 系统是自主开发的二维高频 DPIV 系统。实验水槽全长 16.7 m,宽 0.3 m,高 0.3 m。PIV 的测量区域设置在距离尾门 4 m 的位置处。PIV 系统由激光光源、图像采集设备以及流场计算软件构成。摄像机 CCD 大小为 640×480 像素,采样频率 359 Hz。PIV 流场计算软件采用的是基于快速傅里叶变换的互相关算法,并运用了多级网格迭代亚像素平移法和亚像素精度拟合进行计算。研究分析了 4 种坡度下的明渠恒定均匀流,这 4 组水槽实验的坡度分别为:0.7‰、1‰、1.3‰ 和 1.6‰。各组实验的水深均为 3 cm,实验水温控制在 14℃ 左右,每组实验的样本容量均为 20 000 张连续图像。曝光时间为 400 μs,图片大小设置为 512×256 像素,成像分辨率为 $R_s = 17.6$ 像素/mm。

在选择判读窗口尺寸时,为了减小计算误差,要尽量遵循诊断窗口的 1/4 法则,即粒子的位移不能超过诊断窗口尺寸的 1/4。经过验算,初级迭代窗口设为 32×128 像素即满足该要求。之后根据多网格迭代算法中迭代次数的不同,即可设置不同的末级迭代窗口。设置重叠系数使不同窗口下每个流场中的流速矢量个数尽量相同。为了分析窗口尺寸对明渠紊流的统计参数的影响,设置了 4 组窗口参数,如表 4.2 所示。

表 4.2 窗口尺寸参数列表

末级迭代窗口/像素	迭代次数	初级迭代窗口/像素	重叠系数	流速矢量个数
4×16	3	32×128	1	121×9
8×32	2	32×128	2	121×9
16×64	1	32×128	4	121×9
32×128	0	32×128	8	121×9

为了进一步分析不同窗口间统计参数的差异,引入了函数的 1 范数做定量对比。例如,在分析窗口尺寸对纵向时均流速的影响时,定义 4×16 窗口下纵向时均流速 U_j 的 1 范数为

$$S_{U_j}^{4 \times 16} = \| U_j \|_1 = \sum_{i=1}^{n-1} \frac{\Delta h}{2} (| U_j^{4 \times 16} | + | U_{j+1}^{4 \times 16} |) \tag{4.44}$$

式中,$| U_j^{4 \times 16} |$ 表示 4×16 窗口下沿水深测线上第 j 个纵向时均流速的绝对值;n 表示测线上流速矢量的个数;Δh 表示测点间距。则以 4×16 窗口得到的计算值为基准值,定义 8×32 窗口下纵向时均流速 U_j 的相对偏差值为

$$\phi_{U_j}^{8\times32} = \frac{S_{U_j}^{8\times32} - S_{U_j}^{4\times16}}{S_{U_j}^{4\times16}} \tag{4.45}$$

同理,在分析窗口尺寸对紊动强度的影响时,可以按照类似方法进行计算。根据上面的定义,可以计算出各项紊动统计参数的相对偏差,即以 4×16 窗口迭代 3 次得到的计算值为基准值,分别计算出 8×32 窗口迭代 2 次、16×64 窗口迭代 1 次、32×128 窗口迭代 0 次的相对偏差,结果如表 4.3 所示。

表 4.3 不同坡度下各项紊动统计参数在不同窗口参数下的相对偏差

紊动统计值	窗口尺寸/像素	坡度			
		0.7‰	1‰	1.3‰	1.6‰
U	8×32	−0.08%	−0.08%	−0.08%	−0.09%
	16×64	−0.14%	−0.14%	−0.16%	−0.17%
	32×128	−0.32%	−0.34%	−0.37%	−0.39%
u'	8×32	−0.93%	−0.71%	−0.68%	−0.21%
	16×64	−2.41%	−2.02%	−2.21%	−1.73%
	32×128	−4.35%	−4.11%	−4.65%	−5.50%
v'	8×32	−2.58%	−2.20%	−2.00%	−1.80%
	16×64	−7.48%	−6.74%	−6.66%	−6.14%
	32×128	−19.38%	−17.67%	−17.51%	−16.86%

表 4.3 中的数据体现了窗口效应的一般规律:4×16 窗口迭代 3 次得到的紊动统计参数均为最大,8×32 窗口迭代 2 次的结果次之,16×64 窗口迭代 1 次的结果再次之,32×128 窗口迭代 0 次的结果最小,即末级窗口越大,得到的紊动统计参数越小;末级窗口越小,得到的紊动统计参数越大。分析相对偏差的大小可知,相同条件下垂向紊动强度的窗口效应最明显,纵向紊动强度的窗口效应次之,而纵向时均流速的窗口效应最小。横向分析坡度对这种窗口效应的影响,由表 4.3 可知,坡度对纵向时均流速 U 的窗口效应起到"放大"的作用(即坡度越大,窗口效应越明显);对纵向紊动强度 u' 则无统一规律;对垂向紊动强度 v' 则起到了"缩小"的作用(即坡度越大,窗口效应越不明显)。由此可见坡度对窗口效应的影响规律并不统一。

利用 PIV 计算流场流速时,每对判读窗口之间计算得到一个平均流速。假设每个窗口内含有 N 个示踪粒子,每个示踪粒子的速度用 u 表示,且流场数据共有 M 组,则流场时均流速 U 的计算式为

$$U = \frac{1}{MN}\sum_{i,j=1}^{MN} u_{ij} \tag{4.46}$$

由于 M 的取值通常较大(为了保证计算结果收敛,如本文中 $M=19\,999$),因此,N 的大小对时均流速的影响较小,即改变 N 对式(4.46)中 U 的影响较小,这与实验结果相符合。

同理,紊动强度的计算式为

$$u_{\mathrm{rms}} = \left[\frac{1}{M} \sum_{i=1}^{M} \left(\frac{1}{N} \sum_{j=1}^{N} u_{ij} - U \right)^2 \right]^{\frac{1}{2}} \tag{4.47}$$

此时,N 的大小就反映了诊断窗口的大小,即 N 越大,窗口也越大,则窗口内包含的示踪粒子个数越多。因此,分析窗口尺寸的改变对紊动强度的影响可以简化为分析式(4.47)中 N 的改变对 u_{rms} 的影响。

化简式(4.47)得

$$u_{\mathrm{rms}} = \left[\frac{1}{MN^2} \sum_{i=1}^{M} \left(\sum_{j=1}^{N} u_{ij} \right)^2 - U^2 \right]^{\frac{1}{2}} \tag{4.48}$$

当 N 的取值较大时,有 $\frac{1}{N} \sum_{j=1}^{N} u_{ij} \approx U$,即 $\sum_{j=1}^{N} u_{ij} \approx NU$,代入式(4.48)可知,此时紊动强度为

$$u_{\mathrm{rms}} \approx \left(\frac{1}{MN^2} MN^2 U^2 - U^2 \right)^{\frac{1}{2}} \approx 0 \tag{4.49}$$

这意味着当窗口过大时,窗口内的紊动特性将被平滑掉,因而计算得到的紊动强度值将偏小。

当 N 的取值较小时,例如 $N=1$(极端情况),即每个窗口内仅包含一个示踪粒子,此时

$$u_{\mathrm{rms}} = \left(\frac{1}{M} \sum_{i=1}^{M} u_i^2 - U^2 \right)^{\frac{1}{2}} \tag{4.50}$$

将 $U = \frac{1}{M} \sum_{i=1}^{M} u_i$ 代入式(4.50)得

$$u_{\mathrm{rms}} = \frac{1}{\sqrt{M}} \left[\sum_{i=1}^{M} u_i^2 - \frac{1}{M} \left(\sum_{i=1}^{M} u_i \right)^2 \right]^{\frac{1}{2}} \tag{4.51}$$

由于 u_i 是一组满足一定统计规律的随机数组,根据不等式定理,显然式(4.51)的结果大于零。这就证明了窗口尺寸减小时(从取较大的 N 值到取较小的 N 值),紊动强度的总体趋势是增大的。需要指出的是,由于分析中采用的是统计的概念,式(4.48)中 N 对 u_{rms} 的影响规律并不是严格数学意义上的单调递减关系。上面的分析方法大致解释了紊动强度的窗口效应机理,即窗口尺寸加大时,统计过程产生的平均效应增强,从而导致紊动统计参数减小。

诊断窗口的尺寸对 PIV 的测量结果会产生影响,将这种现象总结为窗口效应:窗口越大,紊动统计参数越小;窗口越小,紊动统计参数越大。研究表明,时均流速的窗口效应较不明显,不同窗口下时均流速的相对偏差值小于 1%;而紊动强度的窗口效应相对较明显,不同窗口下相对偏差值的幅度可达到 10%~20%。明渠紊流中坡度的大小对不同紊动统计参数窗口效应的影响规律并不统一,坡度对时均流速起的窗口效应起到放大作用;对垂向紊动强度的窗口效应起到缩小作用;而对纵向紊动强度的窗口效应则无统一规律。窗口效应的机理实际上由统计过程中的平均效应所致,大窗口下平均效应较强,从而平滑了更

多的紊动信息。

4.6.3 粒子拖尾影响

对于使用脉冲激光器的高频 PIV 系统,由于激光脉冲持续时间一般约为 100 ns,示踪粒子在曝光期间近似处于静止状态,高速相机可以捕获到近似圆形的清晰粒子图像。然而,对于使用连续激光器的高频 PIV 系统,由于激光输出的能量相对较低,通常需要将相机曝光时间设置为 100 μs 量级才可以使示踪粒子充分曝光。因此,当使用连续激光器的高频 PIV 系统测量速度较大的流动时,示踪粒子在曝光期间的运动距离可能超过 1 像素,导致相机捕获到长条状曝光图案,这种现象称为粒子拖尾。显然,如若粒子拖尾现象对 PIV 计算结果无影响或影响较小时,适当提高相机曝光时间以补偿激光器输出功率的不足具有极大的经济效益。因此,本节将定量分析粒子拖尾现象对 PIV 测量结果的影响,以指导高频 PIV 系统应用中相机曝光时间的设置。

利用 3.6 节所描述的方法人工生成了不同拖尾长度的 PIV 粒子图片,每种拖尾长度条件下分别生成 200 对相互独立的尺寸为 512×512 像素粒子图片。为消除其他因素对 PIV 测量结果的影响,设定粒子图像密度 N_I 为 12,且所有粒子在两帧图片之间的位移均为 $(u_r, v_r)=(8, 0)$ 像素。图 4.30 为利用上述方法实际模拟生成的粒子图像,其中图 4.30(a)为无拖尾现象的标准粒子图片,图 4.30(b)为拖尾长度为 5 像素的粒子图片。

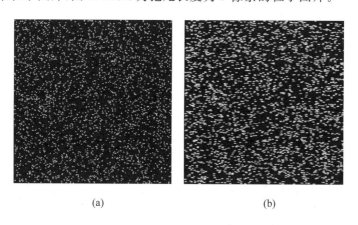

(a)   (b)

图 4.30　模拟生成的粒子图片

(a) 无拖尾；(b) 拖尾 5 像素

利用多级网格迭代图像变形 PIV 算法对不同拖尾长度的粒子图片进行了计算,判读窗口尺寸为 32×32 像素,窗口间不重叠时每对图片可得到 196 个流速矢量,每种拖尾长度条件下一共可获得 39 200 个独立的流速矢量。分别统计了每种拖尾长度条件下 PIV 计算结果的平均偏差和均方误差,其中平均偏差和均方误差的定义分别见式(4.42)和式(4.43)。

图 4.31(a)为不同拖尾长度条件下 PIV 计算结果的偏移误差,其中 x 方向的偏移误差均小于零且误差随着拖尾长度的增大而增大,而 y 方向则基本不存在偏移误差。图 4.31(b)中 PIV 计算结果在 x 方向的均方误差随着拖尾长度的增大而增大,而 y 方向的均方误差则不随拖尾长度发生趋势性改变。上述结果表明,粒子拖尾会导致 PIV 计算结果中同时产生平均偏差和均方误差,且误差随着拖尾长度的增大而增大。

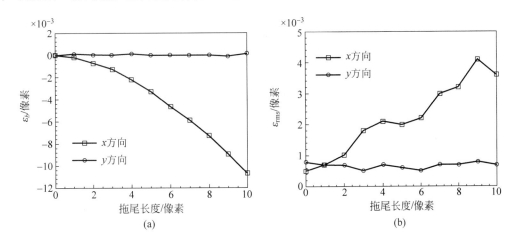

图 4.31 PIV 计算误差随着拖尾长度的变化规律

(a) 平均偏差;(b) 均方误差

应该注意的是,尽管图 4.31 直观地证实了粒子拖尾对 PIV 计算结果的影响,但图中得出的平均偏差和均方误差均不超过 0.01 像素,远小于实际应用中得出的绝大多数 PIV 测量结构的误差,这种差异反映了模拟 PIV 实验在处理实际应用问题时存在的不足。

4.6.4 PIV 优化准则

根据 4.2.3 节以及 4.6.1 节～4.6.3 节的分析,在实际使用 PIV 系统时,可以通过以下几个方面优化 PIV 计算结果:

(1) 设置粒子图像的曝光时间时,应保证粒子在曝光期间的运动距离小于 1 个像素。

(2) 设置成像分辨率时,应保证粒子图像的直径约等于 2 个像素。

(3) 设置判读窗口尺寸时,应保证最小窗口内至少拥有 10 个粒子图像。

(4) 设置图像拍摄间隔时,应保证粒子在两帧图像之间的位移小于判读窗口的 1/4,在使用多级网格迭代和图像平移(图像变形)算法的条件下,只需保证粒子位移小于最大判读窗口尺寸的 1/4 即可。

（5）选择三点高斯插值法作为亚像素位移插值方法。

（6）在进行流场计算时，引入图像平移或图像变形算法，并加入多次判读或多重网格迭代技术，使得判读窗口之间的粒子图像位移趋近于零，且不受流速梯度的影响。

在遵循以上准则的条件下，图像分析得出的粒子位移的精度约为 0.1 像素。如果判读窗口的尺寸设置为 32×32 像素，最大位移满足 $1/4$ 准则，则对应的测量误差为 $0.1/8 \approx 1\%$。

第5章 流场后处理

5.1 流场去噪

正如4.6节所述,PIV作为一种流速测量技术必然存在测量误差。在大多数情况下,测量误差总是以随机噪声的形式出现,虽然不会对平均流速等1阶统计量的分析产生影响,但可能会在高阶统计量中被放大。图5.1展示了一张PIV实测的瞬态流场及其对应的涡量云图,从图中可以看到,流场中的随机噪声降低了流场本身的光滑度,同时也使得涡量云图中出现较多的锯齿波动。因此,在利用PIV实测的瞬态流场进行深入分析之前,通常需要使用一定的方法,消除流场中存在的噪声。

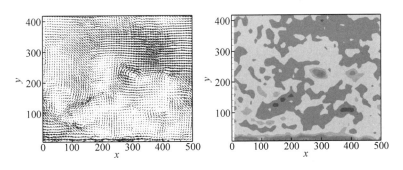

图 5.1　PIV 实测的瞬态流场及其涡量云图(见彩插)

参照数字图像处理中对噪声的处理方法,由于测量噪声往往具有高频特征,可采用适当的低通滤波器对流场进行滤波。在 PIV 分析中,最常用的滤波方法是高斯滤波方法,其具体做法是,将滤波点及多个相邻点的流速加权平均值作为该点的滤波结果,各点的权重值由各点距滤波点的距离确定,距离与权重值之间满足高斯函数关系。在滤波过程中,需要分别指定滤波模板的大小以及高斯函数的方差。滤波模板的大小确定滤波使用的邻域范围,过大的模板会显著降低 PIV 测量结果的分辨率,因而通常选择为 3×3 的模板。在 PIV 图像判读所采用的重叠率为 50% 时,使用 3×3 的模板对测量分辨率不产生影响。高斯函数的方差大小决定了领域内各点的权重分布,方差越大,各点权重分布越均匀。图 5.2 展示了利用模板大小为 3×3,方差为 0.8 的高斯滤波器对图 5.1 中的流场进行滤波后的结果,与图 5.1 对比可知,滤波后的流场及涡量云图均更加光滑。

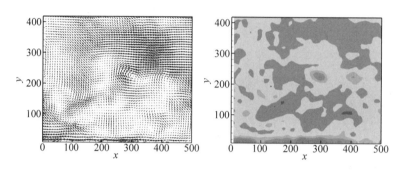

图 5.2　经高斯滤波后的流场及涡量云图(见彩插)

除高斯滤波器外,读者还可以使用更简单的局部平均滤波器,或者更复杂、更高级的拉普拉斯滤波器、Savitzky-Golay 滤波器等。但是,滤波器的使用需尽量保留流场中真实的流动信息,避免因滤波而使流场失真。

5.2　速度统计参数

5.2.1　平均流速

在紊流研究中,最常使用的统计参数是平均流速。一方面,由于紊流流速的脉动性,实际工程及科学研究中均主要以平均流速作为衡量水流特性的主要参数;另一方面,紊流的主要研究模式为雷诺分解模式,它将瞬态速度人为分解为平均流速和脉动流速两个部分。

设 U_i 表示 PIV 实测流场中任一点的三个瞬时速度分量,$\overline{U_i}$ 表示任一点的三个平均速度分量,u_i 表示任一点的三个脉动速度分量,其中 $i=1$、2、3。根据上述定义,任一点的瞬时速度 U_i、平均速度 $\overline{U_i}$ 和脉动速度 u_i 之间满足如下关系:

$$U_i = \overline{U_i} + u_i \tag{5.1}$$

其中,平均流速的计算公式为

$$\overline{U_i} = \frac{1}{N} \sum_{i=1}^{N} U_i \qquad (5.2)$$

在实际问题的分析中,计算平均流速的难题之一是瞬时速度样本的选取。在统计理论中,计算样本平均值的方法有系综平均、时间平均和空间平均之分。其中,系综平均又称统计平均,这种平均方法要求在相同的条件下反复进行 N 次实验;在每次实验过程中,在相同的时间和地点进行测量,测量结果即为一个样本;最后,将 N 次实验采集的样本进行算术平均,即为系综平均值。系综平均是一种理想的统计平均方法,是统计理论分析中最常使用的平均模式。但在实际的实验中,显然无法按照系综平均的要求进行样本采集,因此,实际实验中通常使用时间平均法或空间平均法。

时间平均法要求在固定点长时间采集样本,最后计算样本序列的算术平均值。在紊流研究中,时间平均法适用于时均流动是恒定的紊流,在明渠紊流的研究中,通常将这种流动称为恒定流。在利用 PIV 测量结果计算时间平均流速时,需要在相同流动条件下测量 N_f 帧流场,然后从所有流场中提取出相同点的流速作为样本进行算术平均。依次计算各点的时间平均流速,最终可得到整个测量范围内的时间平均流场。

空间平均法要求在同一时刻对空间中多个点进行测量,最后计算各点测量值的算术平均值。在紊流研究中,空间平均法适用于某个方向或在整个区域内的平均特性均一致的均匀紊流。例如,在明渠均匀紊流中,位于相同水深的各点的平均流速均相等,因而可以将PIV 实测流场中位于相同水深处的 N_c 个测点的流速进行平均。通常情况下,均匀紊流同时也是恒定流,因此,可以同时对恒定均匀流运用时间平均法和空间平均法。具体来讲,在明渠均匀紊流中就是将所有 N_f 帧流场中位于相同高程的 N_c 个测点的流速均作为样本,总样本容量为 $N_f \times N_c$ 个。

计算平均流速的另一个难点是样本容量的选取,即需要使用多少个瞬时速度进行平均,才能保证计算结果收敛。可以想象,由于速度的脉动性,若仅使用少数几个流速值进行平均,则使用不同的样本计算出的平均值之间会有较大的差异;反之,如果使用无穷多个流速值进行平均,则无论如何选择样本,均能得到相同的平均值。由于实际实验中测得的流速样本数是有限的,因而计算出的平均流速与真实平均流速之间总存在一定的差异,但只要这种差异小于一定的幅度,则认为计算结果已收敛。

借鉴统计理论中的研究成果,在 PIV 实验中,设利用 n 个相互独立的瞬时流速计算出的平均流速为

$$\bar{\bar{u}}_n = \frac{1}{n} \sum_{i=1}^{n} U_i \qquad (5.3)$$

显然, $\bar{\bar{u}}_n$ 本身也是一个随 n 而改变的变量,当实测的总样本数为 N_p 时,可计算出它的方差为

$$\mathrm{var}(\bar{\bar{u}}_n) = \frac{1}{N_p} \sum_{n=1}^{N_p} \left(\bar{\bar{u}}_n - \frac{1}{N_p} \sum_{i=1}^{N_p} \bar{\bar{u}}_i \right) \qquad (5.4)$$

根据上述定义,可定义根据有限样本计算出的平均流速的相对误差为

$$E_U = \frac{\text{var}(\bar{\bar{u}}_n)}{U} \tag{5.5}$$

显然,上述相对误差可作为衡量平均流速计算收敛度的变量。当实测流动的紊动强度远大于随机误差时,可推导得到(Adrian and Westerweel,2010)

$$E_U \approx \frac{u_{\text{rms}}}{U N_{\text{p}}^{0.5}} \tag{5.6}$$

式中,u_{rms} 为所测点处的紊动强度。在大多数壁面紊流的壁面附近和射流中部,紊动强度约为平均流速的 $10\%\sim20\%$,因此,根据式(5.6)可知,如果要求所测平均流速的误差小于 1%,则要求 PIV 实测的相互独立的流速样本数 N_p 为 $100\sim400$ 个。

需要特别指出的是,上述推导结果是基于样本相互独立得出的。在紊流研究中,衡量两个测量值是否相互独立的标准,是其空间距离或时间间隔是否大于积分尺度的 2 倍(Adrian and Westerweel,2010)。在 PIV 测量中,同一帧流场中相邻各点的流速一般是不独立的。例如,设明渠紊流实验中,PIV 测量范围沿水流方向的长度为 L_m,而所测流动的空间积分尺度为 L_i,则每帧流场中相互独立的测点数为 $L_m/2L_i$;同理,设 PIV 连续采样的历时为 T_m,而所测流动的时间积分尺度为 T_i,则相互独立的流场数为 $T_m/2T_i$。

5.2.2 高阶速度矩

除平均流速外,紊流分析中常用的统计参数还包括紊动强度、雷诺应力、偏态系数、峰态系数等高阶速度矩。这些统计参数均可以根据 PIV 测量结果进行计算。

紊动强度是瞬态速度的 2 阶中心矩,在数理统计中通常称为随机变量的标准差,它的数学意义是反映随机变量相对于均值的离散程度,在紊流中则表征了水流脉动所携带的能量。在许多书籍或期刊中,紊动强度又称为脉动速度的均方根,因此,常用脉动速度分量加下标"rms"表示。紊动强度可以根据 PIV 测量结果进行计算,例如,流向紊动强度的计算公式为

$$u_{\text{rms}} = \sqrt{\frac{1}{N-1} \sum_{i=1}^{N} u_i^2} \tag{5.7}$$

在紊流研究中,雷诺应力是指任意两个脉动速度分量的乘积的时均值,它反映了流体脉动引起的平均动量通量的大小。在数理统计中,雷诺应力相当于两个随机变量之间的协方差。根据雷诺应力的定义,雷诺应力是一个 2 阶张量,共有九个分量,包括三个方向的脉动速度的平方的时均值(紊动动能平均值的 2 倍)。在边界层流动、槽道流、管道流、明渠均匀紊流等流动中,如果流动近似满足二维流动条件,则雷诺应力通常专指流向脉动速度 u

和垂向脉动速度 v 的乘积的时均值。雷诺应力张量的计算公式为

$$-\overline{u_i u_j} = \frac{1}{N} \sum_{i=1}^{N} -u_i u_j \tag{5.8}$$

偏态系数是脉动速度的 3 阶中心矩,它反映了随机变量相对于平均值分布的对称程度。当偏态系数大于零时,则称随机变量为正偏的,反之则称随机变量为负偏的。对于紊流而言,如果脉动速度正偏,则表明流动中具有间歇性的强高速脉动,反之则存在间歇性的强低速脉动。纵向脉动速度的偏态系数计算公式为

$$S_u = \frac{1}{u_{\rm rms}^3} \frac{1}{N} \sum_{i=1}^{N} u_i^3 \tag{5.9}$$

峰态系数是脉动速度的 4 阶中心矩,它反映了随机变量的间歇性。间歇性的含义是大值随机变量以较高(相对于正态分布而言)的频率出现。形象地说,有间歇性的随机变量在时间序列中会不时出现很大的数值。由于正态分布的峰态系数等于 3,通常认为峰态系数大于 3 的随机变量具有间歇性。纵向脉动速度的峰态系数的计算公式为

$$K_u = \frac{1}{u_{\rm rms}^4} \frac{1}{N} \sum_{i=1}^{N} u_i^4 \tag{5.10}$$

5.2.3　相关与能谱

随机变量 $u(x,t)$ 在时刻 t 和时刻 t' 的乘积的统计平均值,称为随机变量的时间自相关函数,并表示为

$$R_{uu}(t,t') = \int u u' p(u, u'; t, t') {\rm d}u {\rm d}u' \tag{5.11}$$

对于平均值等于零的随机变量,如果在不同时刻完全独立,即 $p(u, u'; t, t') = p(u, t) p(u', t')$,则很容易证明它们的自相关函数等于零。因此,随机变量的自相关是用统计方法表示其在不同时刻之间的关系。一般来说,自相关函数是 t 和 t' 两个自变量的二元函数,通常用 $\tau = t - t'$ 和 t 来表示两个不同瞬间的自相关函数,即 $R_{uu}(t,t') = R_{uu}(t, \Delta t)$。显然,$\tau = 0$ 对应的相关函数就是脉动速度的 2 阶矩。

紊流研究中的时间自相关函数具有以下性质:

(1) $R_{uu}(t,t') = R_{uu}(t',t)$,即关于变量 t 和 t' 对称。

(2) $R(t,\infty) = 0$。紊流可看作是复杂的非线性动力系统,产生不规则运动的非线性动力系统,在相隔很长时间以后,初始状态的特征几乎完全消失,也就是说相隔很长时间后,随机变量和它的初值几乎是独立的。

(3) $\int_{-\infty}^{\infty} |R_{uu}(t,\tau)| {\rm d}\tau < 0$,即时间自相关函数绝对可积。

如果随机过程的时间自相关函数只和时间间隔 τ 有关,即 $R_{uu}(t,\tau)=R_{uu}(\tau)$,则称随机过程为平稳随机过程。平稳过程中随机变量的系综平均等于随机过程的时间平均,这一性质称为随机过程的各态遍历。满足平稳随机过程条件的紊流称为定常(恒定)紊流。

与时间自相关函数对应,也可以定义随机变量的空间自相关函数为

$$R_{uu}(x,x')=\int uu'p(u,u';x,x')\mathrm{d}u\mathrm{d}u' \tag{5.12}$$

空间自相关函数与时间自相关函数具有相同的性质。如果随机过程的空间自相关函数只与两点的相对位置有关,即 $R_{uu}(x,\xi)=R_{uu}(\xi)$,则称这种随机过程为空间平稳过程。空间平稳过程的系综平均等于全空间的体积平均,并且平均值在全空间是常数。满足空间平稳过程条件的紊流称为均匀紊流。

除时间自相关函数和空间自相关函数外,对应紊流这种时空演变的随机过程,通常还可以定义时空自相关函数为

$$R_{uu}(x,t,\tau,\xi)=\int uu'p(u,u';x,x';t,t')\mathrm{d}u\mathrm{d}u' \tag{5.13}$$

此外,还可以按照类似的方法,定义不同变量之间的互相关函数。此外,为了得到确切的衡量随机变量之间的相关关系,通常将相关函数除以相应随机变量的标准差之积,得到数值介于 $0\sim1$ 之间的相关系数,相关系数的数值越大,表示随机变量之间的相关程度越高。

在实际应用中,可以根据 PIV 实测结果直接计算各种相关函数(系数)。以明渠恒定均匀紊流为例,设 PIV 测得的连续两帧流场之间的时间间隔为 Δt,流速测点之间的间距为 Δx,N 表示流场帧数,M 表示水流方向的测点数,则纵向脉动速度的时间自相关系数计算公式为

$$R_{uu}(n\Delta t)=\frac{1}{M}\frac{1}{N-n}\sum_{m=1}^{M}\sum_{i=1}^{N-n}u(m,y,i)u(m,y,i+n)/u_{\mathrm{rms}}^2 \tag{5.14}$$

纵向脉动速度的流向自相关系数计算公式为

$$R_{uu}(m\Delta x)=\frac{1}{N}\frac{1}{M-m}\sum_{n=1}^{N}\sum_{j=1}^{M-m}u(j,y,n)u(j+m,y,n)/u_{\mathrm{rms}}^2 \tag{5.15}$$

纵向脉动速度的时空自相关系数计算公式为

$$R_{uu}(m\Delta x,n\Delta t)=\frac{1}{N-n}\frac{1}{M-m}\sum_{i=1}^{M-m}\sum_{j=1}^{N-n}u(i,y,j)u(i+m,y,j+n)/u_{\mathrm{rms}}^2 \tag{5.16}$$

纵向脉动速度和垂向脉动速度之间的纵向相关系数计算公式为

$$R_{uv}(m\Delta x)=\frac{1}{N}\frac{1}{M-m}\sum_{n=1}^{N}\sum_{j=1}^{M-m}u(j,y,n)v(j+m,y,n)/u_{\mathrm{rms}}v_{\mathrm{rms}} \tag{5.17}$$

能量谱密度,简称能谱,是一个沿用自信号分析领域的概念,它反映了不同的信号分量所携带的信号能量。紊流研究中的能谱有频谱和波谱之分,其中,频谱定义为脉动流速的时间相关函数的傅里叶变换,波谱定义为空间相关函数的傅里叶变换,分别表示湍动能在

频带和波数段中的分布。以纵向脉动速度为例,其频谱的数学定义为

$$E_u(\omega) = \frac{1}{2\pi} \int_{-\infty}^{\infty} R_{uu}(\tau) \exp(-i\omega\tau) d\tau \tag{5.18}$$

式中,$\omega = 2\pi f$ 为角频率。式(5.18)的逆变换为

$$R_{uu}(\tau) = \int_{-\infty}^{\infty} E_u(\omega) \exp(i\omega\tau) d\omega \tag{5.19}$$

频谱和时间相关函数是一一对应的,它们是统计量在时域和频域之间的转换。在式(5.19)中,令 $\tau = 0$,可得

$$R_{uu}(0) = \overline{u^2} = \int_{-\infty}^{\infty} E_u(\omega) d\omega \tag{5.20}$$

由于,$\overline{u^2}$ 是紊动动能时均值的两倍,式(5.20)表明能谱表示紊动能在频带中的分布,它在所有频段上的积分等于紊动能的时间平均值。需要特别说明,紊流研究中所指的紊动能实际上相当于信号分析领域所指的功率,因此,紊流研究中所指的能谱准确的称谓应为功率谱。

参照频谱的定义,可得纵向脉动速度的波谱的定义为

$$E_u(k) = \frac{1}{2\pi} \int_{-\infty}^{\infty} R_{uu}(\xi) \exp(-ik \cdot \xi) d\xi \tag{5.21}$$

式中,k 为波数。需要特别指出的是,由于空间相关函数的自变量 ξ 是空间变量,因此,根据 ξ 的维度,可相应地定义一维、二维和三维能谱。实际应用中最常见的是一维能谱,纵向脉动速度沿流向的波谱具有以下性质:

$$R_{uu}(0) = \overline{u^2} = \int_{-\infty}^{\infty} E_u(k_x) dk_x \tag{5.22}$$

在实际计算能谱时,通常不用按式(5.18)和式(5.21)进行计算,而是利用傅里叶变换的性质,将这两个式子进一步简化为

$$E_u(\omega) = \frac{4\pi^2}{T} \mid \Phi(\omega) \mid^2 \tag{5.23}$$

和

$$E_u(k_x) = \frac{4\pi^2}{L} \mid \Phi(k_x) \mid^2 \tag{5.24}$$

其中

$$\Phi(\omega) = \frac{1}{2\pi} \int_{-\infty}^{\infty} u(t) e^{-i\omega t} dt \tag{5.25}$$

$$\Phi(k_x) = \frac{1}{2\pi} \int_{-\infty}^{\infty} u(x) e^{-ik_x x} dx \tag{5.26}$$

式中,T 和 L 分别为测量序列的历时和长度。

波谱和能谱代表不同的物理意义。频谱表示紊流脉动量在时间尺度上的分布,频率的倒数是时间,频谱中的高频成分表示快变的脉动,或时间尺度小的脉动;低频成分表示慢变

的脉动,或时间尺度大的脉动。波谱则表示紊流脉动量在空间尺度上的分布,波数的倒数是长度尺度,波谱中的高波数成分表示长度尺度小的紊流脉动;波数中的低波数成分表示长度尺度大的紊流脉动(许春晓,2006)。

在紊流实验中,由于测量同一点脉动流速时间序列的难度远小于同时测量多点脉动流速,实验研究中所计算的能谱主要是频谱,但为了分析紊流的尺度特征,一般将恒定均匀条件下的频谱根据泰勒冻结假定转换为波谱。以纵向脉动速度的频谱为例,角频率 $\omega = 2\pi/T$,波数 $k_x = 2\pi/\lambda$ 为波数,其中 T 为周期,λ 为波长。泰勒冻结假定认为:$\lambda = TU_c$,其中 U_c 为迁移速度,一般取当地平均流速。由此可知角频率和波数之间满足关系

$$\omega = k_x U_c \tag{5.27}$$

将式(5.27)代入式(5.20),整理可得

$$\overline{u^2} = \int U_c E_u(\omega) \mathrm{d}k_x \tag{5.28}$$

与式(5.22)对比可知,频谱和波谱之间的变换关系为

$$E_u(k_x) = U_c E_u(\omega) \tag{5.29}$$

为了获得较为平滑的分布,可使用应用较广的 Welch 法计算能谱,其基本思想是将所有样本数据划分为相互交叠的若干子段,再将每段按式(5.18)求出的能谱取平均得到最终结果。

对能谱进行归一化需要计算紊流中耗散结构的最小尺度,即 Kolmogorov 尺度 η,其定义为

$$\eta = \left(\frac{\nu^3}{\varepsilon}\right)^{1/4} \tag{5.30}$$

式中,ε 为紊动能耗散率。直接根据定义计算耗散率 ε 需要已知速度梯度张量的全部分量,这在二维 PIV 实验中无法实现,但可以根据式(5.31)对其进行估算(Herpin et al.,2010)。

$$\varepsilon = 15\nu \overline{\left(\frac{\partial u}{\partial x}\right)^2} \tag{5.31}$$

同时,为了减少计算和测量误差对计算结果的影响,通常使用 Taylor 微尺度 λ 计算式(3.10)中的速度梯度项,即

$$\overline{\left(\frac{\partial u}{\partial x}\right)^2} = 2\frac{\overline{u'^2}}{\lambda^2} \tag{5.32}$$

Taylor 微尺度 λ 是耗散结构的特征尺度,可以根据纵向脉动流速的空间相关系数在原点的2阶导数进行计算:

$$\lambda = \sqrt{\frac{-2}{\left.\frac{\partial^2 R_{uu}}{\partial x^2}\right|_{x=0}}} \tag{5.33}$$

5.3 流速导出变量

5.3.1 速度梯度

在紊流的研究中,除了速度及其各阶矩外,速度梯度是最为常用的流动变量。速度梯度不仅直接出现在紊流的控制方程 N-S 方程组中,它还与流场中任一点的受力状态、运动形式和拓扑形态直接相关。在紊流中,任一点的速度梯度都可以表示为一个 2 阶张量的形式:

$$\nabla U = \begin{bmatrix} \dfrac{\partial U}{\partial x} & \dfrac{\partial U}{\partial y} & \dfrac{\partial U}{\partial z} \\[2ex] \dfrac{\partial V}{\partial x} & \dfrac{\partial V}{\partial y} & \dfrac{\partial V}{\partial z} \\[2ex] \dfrac{\partial W}{\partial x} & \dfrac{\partial W}{\partial y} & \dfrac{\partial W}{\partial z} \end{bmatrix} \tag{5.34}$$

对于平面二维 PIV,由于只能测得平面内的两个速度分量,一般只能通过有限差分的方法估算出速度梯度张量中的四个分量,如果所测流动满足不可压缩条件,还可以根据连续性方程推导出一个额外的分量。对于体视 PIV,由于平面内任一点的三个速度分量均可测得,则最多可以估算出速度梯度的七个分量。如果需要根据实测流场计算速度梯度的全部九个分量,要么需要使用两套体视 PIV 同步测量相邻两个平面上的瞬时流场,要么需要使用全息 PIV 或层析 PIV 等立体三维流场测量技术。

由于速度梯度是速度的 1 阶导数,而 PIV 实测的速度一般离散分布在规整网格节点上,因此,一种自然的选择是参照计算流体动力学(CFD)中常用的差分格式计算速度梯度。然而,PIV 数据与 CFD 计算结果之间有着极大的区别:一方面,PIV 数据对大尺度结构的空间分辨率受测量范围限制,而对小尺度结构的分辨率则受判读窗口尺寸制约,且与判读窗口间的重叠率无关;另一方面,PIV 数据中总是含有由于图像拍摄和图像分析引起的各种测量噪声,这些误差可能被差分格式放大,从而显著降低速度梯度的计算精度。因此,CFD 中使用的 1 阶导数差分方法不能简单移用到 PIV 数据的分析中。从信号分析角度看,对 1 阶导数进行数值差分相当于使用了带通滤波器,不同的差分格式具有不同的带宽。因此,选用的格式应当与所要分析的数据性质相互匹配,不合适的差分格式不仅有可能使流场中真实的信息失真,还可能会将流场中的误差放大。

在使用差分格式计算 1 阶导数时,格式的阶数、所需的流速点数、频率响应以及噪声放大率是通常需要进行综合考虑和权衡的因素。通常而言,差分格式的阶数随着使用流速点数的增多而提高,频率响应随着截断误差的减小而增大。在已有的文献中,许多用于计算速度梯度的格式均为中心格式,这种格式对称使用计算点周围的流速信息,且阶数为 2 的整数倍。在 1 个规则的网格上,位于编号为 j 的点上的 1 阶导数的中心差分格式,可以由下式进行统一表达:

$$\frac{\partial U}{\partial x}\bigg|_{j} = \frac{1}{a\Delta x}\sum_{i=1}^{n/2}a_i(U_{j+i}-U_{j-i}) + \sum_{i=n+1}^{\infty}a_i\frac{\Delta x^{i-1}}{i!}\frac{\partial^i U}{\partial x^i}\bigg|_{j} + \varepsilon\frac{\sigma_{\mathrm{u}}}{\Delta x} \tag{5.35}$$

式中,Δx 为网格间距;n 为格式的阶数;

$$a = 2\sum_{i=1}^{n/2}ia_i \tag{5.36}$$

$$\alpha_i = \frac{2}{a}\sum_{l=1}^{n/2}a_l k^i \tag{5.37}$$

σ_{u} 为 PIV 测量结果中噪声的均方差;k 表示波数;ε 为噪声放大系数,其表达式为

$$\varepsilon^2 = \frac{4}{a^2}\sum_{i=1}^{n/2}a_i^2 \tag{5.38}$$

可以证明,噪声放大系数随着格式阶数的增加而变大。式(5.35)右边的第二项表示格式的截断误差,最后一项表示噪声误差。常用的 2 阶、4 阶、6 阶及 8 阶差分格式中,各系数的取值见表 5.1。

表 5.1　各阶中心差分格式对应的系数

阶数	a	a_1	a_2	a_3	a_4	a_{n+1}	ε
2	2	1	0	0	0	1	0.71
4	12	8	-1	0	0	4	0.95
6	60	45	-9	1	0	36	1.08
8	840	672	-168	32	-3	576	1.17

从表 5.1 可以看出,中心差分格式对误差的放大系数随着阶数的增加而增大。事实上,Luff 等(1999)曾对 2 阶及 4 阶中心差分格式做过对比,他们的研究表明,在没有测量噪声的情况下,4 阶中心差分格式的精度高于 2 阶格式;但是,当在流场中加入随机噪声后,4 阶格式的误差反而显著大于 2 阶精度。

在许多情况下,噪声会成为计算速度梯度过程中的主要误差源。为了将差分格式中的误差放大系数最小化,Lourenco 和 Krothapalli (1995)提出了基于 Richardson 外插的差分格式,这类格式在差分时使用了更多远离待计算点的流速信息。基于 Richardson 外插的差分格式的基本原理,是将基于不同间距的 2 阶差分格式进行线性组合,其中各项的具体系数,则是基于截断误差最小化或者噪声误差最小化进行构造的。基于 Richardson 外插的差

分格式可统一表示为

$$\left.\frac{\partial U}{\partial x}\right|_j = \frac{1}{a}\sum_{i=1,2,4,8}a_i\frac{U_{j+i}-U_{j-i}}{2i\Delta x}+\sum_{i=n+1}^{\infty}\frac{\Delta x^{i-1}}{(n+1)!}\frac{\partial^i U}{\partial x^i}+\varepsilon\frac{\sigma_u}{\Delta x} \tag{5.39}$$

上式中的系数 a_i 即可以根据泰勒展开确定,也可以通过最小二乘方法确定,前者是为了提高格式的阶数,后者则是为了使噪声放大系数最小化。表 5.2 列举了为了使截断误差最小而构造的 2 阶、4 阶、6 阶和 8 阶差分格式以及为了使误差噪声最小而构造的 2 阶、4 阶和 6 阶差分格式的系数。

表 5.2　各种基于 Richardson 外插的差分格式的系数

阶　数	a	a_1	a_2	a_4	a_8	a_{n+1}	ε
2	1	1	0	0	0	1	0.71
4	3	4	−1	0	0	4	0.95
6	45	64	−20	1	0	64	1.18
8	2 835	4 096	−1 344	84	−1	4 096	1.35
2*	65	1	0	0	−64	63.03	0.088
4*	1 239	272	1 036	0	−69	214.5	0.334
6*	41 895	714	−14 063	41 356	13 888	3 156	0.425

"*"表示噪声最小化格式。

对比表 5.2 及表 5.1 可以看出,一方面,基于截断误差最小化的 2 阶和 4 阶格式与对应阶数的中心差分格式完全一致,且 6 阶和 8 阶格式所对应的误差放大系数均大于 1。另一方面,基于噪声误差最小化的三种格式,其对应的截断误差(a_{n+1})比其他格式大数十倍。

为了设计一种噪声放大系数与 Richardson 外插格式类似,但截断误差更小的差分格式,Raffel 等(1998)提出了一种最小二乘差分格式,其表达式为

$$\left.\frac{\partial U}{\partial x}\right|_j = \frac{-2U_{j-2}-U_{j-1}+U_{j+1}+2U_{j+2}}{10\Delta x}+3.4\frac{\Delta x^2}{3!}\frac{\partial^3 U}{\partial x^3}+0.316\frac{\sigma_u}{\Delta x} \tag{5.40}$$

Foucaut 和 Stanislas(2002)曾利用实测的紊流流场对上述几种格式进行了专门的对比研究。对比结果表明,由于使用窗口的原因,PIV 流场数据本身有一个固有的截断频率,因此,使用高阶差分格式并不能明显提高速度梯度的计算精度,普通的 2 阶中心差分格式即可满足要求。另一方面,如果 PIV 实测流场中的高频成分主要为测量噪声,则差分运算相当于一个噪声放大器。此时,要么在差分运算前先对流场进行滤波,要么使用具有与 PIV 相同截断频率的差分格式。在合理选择判读窗口的尺寸的基础上,2 阶中心差分格式仍然是最优的选择。

5.3.2　涡量

根据流体力学基本理论,涡量的定义为

$$\boldsymbol{\omega} = \nabla \times \boldsymbol{U} = \begin{bmatrix} \dfrac{\partial \boldsymbol{W}}{\partial \boldsymbol{y}} - \dfrac{\partial \boldsymbol{V}}{\partial \boldsymbol{z}} \\[2mm] \dfrac{\partial \boldsymbol{U}}{\partial \boldsymbol{z}} - \dfrac{\partial \boldsymbol{W}}{\partial \boldsymbol{x}} \\[2mm] \dfrac{\partial \boldsymbol{V}}{\partial \boldsymbol{x}} - \dfrac{\partial \boldsymbol{U}}{\partial \boldsymbol{y}} \end{bmatrix} \tag{5.41}$$

因此,理论上只要计算出速度梯度,就可以得到各点的涡量。以 5.3.1 节中提到的 2 阶中心差分格式为例,涡量的离散计算公式可表示为

$$\omega_z(i,j) = \frac{V(i+1,j) - V(i-1,j)}{2\Delta x} - \frac{U(i,j+1) - V(i,j-1)}{2\Delta y} \tag{5.42}$$

但在上面的分析中提到,大多数差分格式都有放大测量噪声的性质,因此,一些研究者根据涡量的特征,提出了一些不依赖于速度梯度的涡量计算方法。

Landreth 和 Adrian (1990)提出了一种根据环量计算涡量的方法。根据流体力学基本原理,流场中任一点的涡量分量与环量之间满足如下关系:

$$\omega_z = \lim_{A \to 0} \frac{1}{A} \oint \boldsymbol{U} \cdot \mathrm{d}\boldsymbol{l} \tag{5.43}$$

上式的离散形式为

$$\tilde{\omega}_z = \frac{1}{4\mathrm{d}x\mathrm{d}y} \begin{bmatrix} V(i+1,j)\mathrm{d}y + \dfrac{1}{2}\{V(i+1,j-1) + V(i+1,j+1)\}\mathrm{d}y \\[2mm] - U(i,j+1)\mathrm{d}x - \dfrac{1}{2}\{U(i-1,j+1) + U(i+1,j+1)\}\mathrm{d}x \\[2mm] - V(i-1,j)\mathrm{d}y + \dfrac{1}{2}\{V(i-1,j-1) + V(i-1,j+1)\}\mathrm{d}y \\[2mm] + U(i,j-1)\mathrm{d}x + \dfrac{1}{2}\{U(i-1,j-1) + U(i+1,j-1)\}\mathrm{d}x \end{bmatrix} \tag{5.44}$$

式(5.44)实际上等价于先利用如下的滤波器对流场进行滤波,再按 2 阶中心差分格式计算涡量:

$$U(i,j) = \frac{1}{2}\Big[U(i,j) + \frac{1}{2}\{U(i-1,j) + U(i+1,j)\} \Big]$$
$$V(i,j) = \frac{1}{2}\Big[V(i,j) + \frac{1}{2}\{V(i-1,j) + V(i+1,j)\} \Big] \tag{5.45}$$

为了对比上述基于环量的涡量计算方法与常规的速度梯度方法之间的差异,设 PIV 分析中使用的判读窗口对应的物理尺寸为 d_1,判读窗口之间的重叠率为 50%。如图 5.3 所示,使用基于 2 阶中心差分格式的速度梯度方法计算涡量时,计算结果所包含的流动区域的面积为 $3d_1^2$,而基于环量的涡量计算方法的计算结果所包含的流动区域的面积为 $4d_1^2$。因此,无论使用何种涡量计算方法,涡量计算结果的空间分辨率均低于速度,相比较而言,基

于 2 阶中心差分的速度梯度方法的空间分辨率略大于环量方法。但另一方面可以证明,利用环量方法计算的涡量的均方误差小于 2 阶中心差分格式。

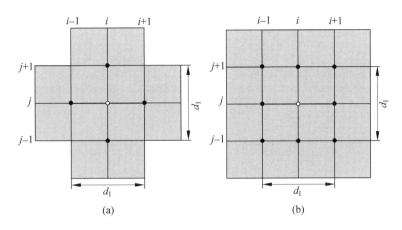

图 5.3 不同涡量计算方法的计算模板对比

(a) 2 阶中心差分格式; (b) 环量格式

图 5.4 展示了在不对实测流场进行滤波的情况下,采用不同方法计算出的涡量云图。图 5.4(a) 为基于 2 阶中心差分的速度梯度方法,图 5.4(b) 为环量方法,为了便于对比,两幅云图采用了相同的图例。可以发现,利用环量方法计算出的涡量云图更加平滑,表明该种方法的计算结果所携带的随机误差更小。

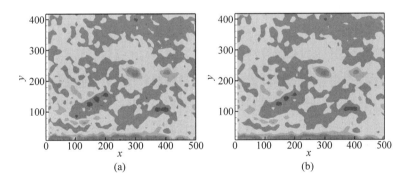

图 5.4 流场滤波前不同涡量计算方法的结果对比(见彩插)

(a) 2 阶中心差分格式; (b) 环量格式

为了分析流场滤波是否对两种方法的计算结果产生影响,图 5.5 进一步展示了先利用模板大小为 3×3、方差为 0.8 的高斯滤波器对流场进行滤波,再进行涡量计算得到的结果。对比图 5.5(a) 及图 5.5(b) 可以发现,经流场滤波后,不同涡量计算方法的结果之间的差异不大,整体而言,环量方法的结果略好于 2 阶中心差分格式;但与图 5.4 相比,无论使用哪种方法,对流场进行滤波均能很好地改善涡量计算结果。

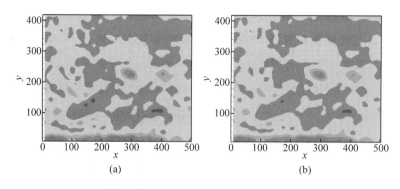

图 5.5　流场滤波后不同涡量计算方法的结果对比（见彩插）

(a) 2 阶中心差分格式；(b) 环量格式

5.3.3　压力场

　　流体力学及实际工程中都十分重视对流场压力的测量。比如，颗粒与流体的相互作用（包括拖曳力及上举力的产生、流体分离）、诱导的涡脱落及空穴现象，都由流场的压力变化而产生(Jaw et al.，2009)。结合速度场及压力场就能对流体动力特性进行完整的描述。当前的研究主要通过测量点压力及应用受力平衡，推求物体表面压力及积分荷载。到目前为止，还没有方法能同时测量瞬时压力及速度场。

　　由于早期实验条件的限制，远离边界层区域（像自由剪切紊流或涡旋内部）的瞬时压力分布的测量数据很少，而且还是通过毕托管类的探针测得的（如 5 孔或 7 孔探针）。但毕托管类探针为接触式测量，会干扰局部流场，且测量频率较低，仅能提供单点的压力数据(Liu and Katz，2006)。另一方面，流场中一些结构比较复杂的区域，压力测量装置安装困难，也使得压力测量难以实现。即使我们现在通过 PIV 可以测得很详细的流场速度分布，还是无法直接测量局部瞬时压力。在出现大尺度相干结构的流动中，为推求压力分布，一般假设速度和压力符合 Rankine 涡模型，由此推得的结论只能是定性的(Liu and Katz，2006)。

　　由于实验仪器及计算机硬件水平等条件的限制，早期 PIV 测量精度并不高，加上相关的压力计算方法不成熟，使得推导出的压力值与实验测量结果相去甚远。随着 PIV 测试技术的发展，图像存储及处理技术的进步，以及 PIV 数据后处理方法的不断完善，一些基于速度场的压力计算方法也不断地被改进。尽管利用 PIV 速度场来推导流场压力在理论上已经被证明可行，但距离实际应用却还有很长一段路要走，因为这种方法对 PIV 测量结果的精确性和方程离散格式的合理性等方面都有很高的要求，而对于这些问题的研究，目前尚处在探索阶段。

关于 PIV 在测量速度及涡量等导出量的报道很多,但关于用其推求压力场的报道还较少。当利用 PIV 获得速度场后,N-S 方程中压力便是唯一的未知项,所以将速度代入 N-S 动量方程便可求得压力梯度的空间分布,再积分便可得压力的空间分布,这是第一种压力求解方法,称为直接积分求解法,如式(5.46)。另一种算法是将压力梯度的 N-S 方程转化为泊松方程,再推求压力场,称为泊松方程求解法,如式(5.47)。

明渠二维流动的运动方程为

$$\begin{cases} \dfrac{\partial p}{\partial x} = \rho\Big[f_x + \nu\Big(\dfrac{\partial^2 U}{\partial x^2} + \dfrac{\partial^2 U}{\partial y^2} + \dfrac{\partial^2 U}{\partial z^2} \Big) - \Big(\dfrac{\partial U}{\partial t} + U\dfrac{\partial U}{\partial x} + V\dfrac{\partial U}{\partial y} \Big) \Big] \\ \dfrac{\partial p}{\partial y} = \rho\Big[f_y + \nu\Big(\dfrac{\partial^2 V}{\partial x^2} + \dfrac{\partial^2 V}{\partial y^2} + \dfrac{\partial^2 V}{\partial z^2} \Big) - \Big(\dfrac{\partial V}{\partial t} + u\dfrac{\partial V}{\partial x} + V\dfrac{\partial V}{\partial y} \Big) \Big] \end{cases} \tag{5.46}$$

假设不计质量力,且流动为不可压缩恒定流,式(5.46)可化为泊松方程:

$$-\Big(\dfrac{\partial^2 p}{\partial x^2} + \dfrac{\partial^2 p}{\partial y^2} \Big) = \rho f_{xy} \tag{5.47}$$

其中

$$f_{xy} = \Big(\dfrac{\partial^2 U}{\partial t \partial x} + \dfrac{\partial^2 V}{\partial t \partial y} \Big) + \Big[\Big(\dfrac{\partial U}{\partial x} \Big)^2 + 2\dfrac{\partial V}{\partial x}\dfrac{\partial U}{\partial y} + \Big(\dfrac{\partial V}{\partial y} \Big)^2 \Big]$$

由于流体经常受到压力梯度在多个方向的驱动,所以直接积分时积分路径的选择很重要。而当求解泊松方程推求压力场时,由于要使用 Neumann 型边界条件,导致计算较为复杂(Jaw et al.,2009)。尽管已有一些文献探求了由 PIV 数据推求压力场的可能性,但对压力场计算精度方面的系统性分析较少,主要影响参数应该包括:速度场的时间及空间分辨率,流体加速度的不同计算方法(欧拉及拉格朗日)及压力梯度的积分路径;而且由于速度场是由二维 PIV 获得,绝大多数的实验受制于二维流动的假定,目前该种假定对结果的影响尚不清楚(Kat and Oudheusden,2011)。

下面通过两个例子说明通过速度场求解压力场的过程。

(1) 无黏二维驻点流。速度 $U = -Cx$,$V = Cy$,其中 $-L \leqslant x \leqslant L$,$0 \leqslant y \leqslant L$,$C = -1$,$L = 100$。其压力场理论解为:$p(x,y) = \dfrac{\rho U_\infty^2}{2} - \dfrac{\rho C^2 (x^2 + y^2)}{2}$,令 $U_\infty = 150$,$\rho = 1000$。

(2) 无黏二维兰金涡。其速度及理论压力场分别为

$$p(r,z) = \begin{cases} \dfrac{\rho \omega^2 r^2}{2} - \rho g z + C_1, & r \leqslant a \\[2mm] -\dfrac{\rho \omega^2 a^4}{2r^2} - \rho g z + C_2, & r > a \end{cases}$$

本例取 $a = 1$,$\omega = 1$,$z = 0$,$C_1 = 0$,$C_2 = \rho = 1\,000$。

图 5.6 及图 5.7 分别给出了驻点流和兰金涡的理论解和数值解,以及理论解和数值解间的绝对误差和相对误差。由图 5.6 可知,理论解和数值解几乎完全一致,两者的相对误差在 10^{-8} ％量级。图 5.7 中,理论解与数值解的绝对误差很小,误差最大值集中在原点附近,

由于理论压力在原点附近为 0,导致相对误差在此处较大(约 80%),不过由图 5.7(d)可知,相对误差在原点以外的其他区域基本为 0。该两例表明了通过速度场求解压力场的可行性及准确性。

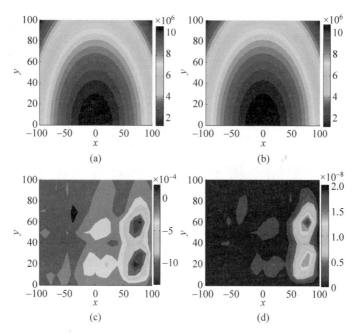

图 5.6　驻点流的压力场及理论解与数值解的误差

(a) 理论解;(b) 数值解;(c) 绝对误差;(d) 相对误差(%)

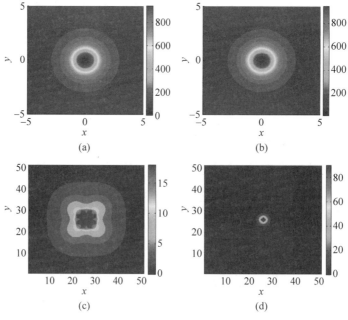

图 5.7　兰金涡的压力场及理论解和数值解的误差

(a) 理论解;(b) 数值解;(c) 绝对误差;(d) 相对误差(%)

5.4　涡识别方法

5.4.1　方法推导

与直接数值模拟不同,现有的大多 PIV 系统只能同时测得明渠紊流某个二维平面上的流场,因此,利用 PIV 只能观察到三维立体涡结构与测量平面相交形成的二维涡。尽管如此,基于已知的三维涡结构模型,PIV 测得的二维涡仍能合理地反映三维涡的运动学及动力学特征(Adrian et al. , 2000b)。与 DNS 数据可以同时提供速度梯度张量的全部 9 个分量不同,利用 PIV 数据一般只能计算出速度梯度张量在测量平面内的 4 个分量,因此,不能直接将基于三维速度梯度张量推导出的三维涡识别方法应用于二维涡的识别(Adrian et al. , 2000a)。

(1) Q 方法。在三维流场中,以速度梯度张量的第二不变量 Q 为涡识别变量的方法称为 Q 方法,由于变量 Q 的大小反映了流体中旋转运动与剪切运动的强度之差,因此,Hunt 等(1988)定义 $Q>0$ 的区域为涡。

(2) Δ 方法。以速度梯度张量的特征方程的根的判别式 Δ 为涡识别变量,当 $\Delta>0$ 时,速度梯度张量存在一个实特征值和两个共轭复特征值,具有这种速度梯度张量的流动的拓扑结构为拉伸或压缩型涡结构,因而 Chong 等(1990)定义 $\Delta>0$ 的区域为涡。

(3) λ_{ci} 方法。以速度梯度张量的共轭复特征值的虚部 λ_{ci} 为涡识别变量,并定义 $\lambda_{ci}>0$ 的区域为涡,由于 λ_{ci} 反映了涡结构旋转运动的强弱程度,λ_{ci} 方法也被称为旋转强度方法(Zhou et al. ,1999)。

(4) λ_2 方法。以压力的海森矩阵的第二特征值 λ_2 为涡识别变量,当 $\lambda_2<0$ 时,压力的海森矩阵具有两个负特征值,表明压力在由这两个负特征值对应的特征向量张成的平面内出现局部最小值,Jeong 和 Hussain (1995)定义具有这种流动特征的结构为涡。

为了将上述三维涡识别方法的基本思想推广至二维涡,定义平面二维流场中的速度梯度矩阵为

$$\nabla U = \begin{bmatrix} \dfrac{\partial U}{\partial x} & \dfrac{\partial U}{\partial y} \\ \dfrac{\partial V}{\partial x} & \dfrac{\partial V}{\partial y} \end{bmatrix} \tag{5.48}$$

相应地,该速度梯度矩阵的特征方程为

$$\lambda^2 + P\lambda + R = 0 \tag{5.49}$$

其中

$$P = -\operatorname{tr}(\nabla \boldsymbol{U}) = -\frac{\partial U}{\partial x} - \frac{\partial V}{\partial y} \tag{5.50}$$

为速度梯度矩阵的第一不变量。

$$R = \det(\nabla \boldsymbol{U}) = \frac{\partial U}{\partial x}\frac{\partial V}{\partial y} - \frac{\partial U}{\partial y}\frac{\partial V}{\partial x} \tag{5.51}$$

为速度梯度矩阵的第二不变量。式(5.49)的判别式为

$$\Delta = P^2 - 4R \tag{5.52}$$

当 $\Delta < 0$ 时,速度梯度矩阵具有两个共轭复特征值 $\lambda_{cr} \pm \lambda_{ci} i$ 及对应的复特征向量 $\boldsymbol{V}_{cr} \pm \boldsymbol{V}_{ci} i$。在这种条件下,速度梯度矩阵可以分解为

$$\nabla \boldsymbol{U} = \begin{bmatrix} \boldsymbol{V}_{cr} & \boldsymbol{V}_{ci} \end{bmatrix} \begin{bmatrix} \lambda_{cr} & \lambda_{ci} \\ -\lambda_{ci} & \lambda_{cr} \end{bmatrix} \begin{bmatrix} \boldsymbol{V}_{cr} & \boldsymbol{V}_{ci} \end{bmatrix}^{-1} \tag{5.53}$$

根据临界点理论(Chong et al. , 1990),在跟随临界点迁移但不旋转的局部坐标系 (x, y) 下,临界点附近任一点的运动轨迹的 1 阶展开式为

$$\frac{\mathrm{d}\boldsymbol{x}}{\mathrm{d}t} = \nabla \boldsymbol{U} \cdot \boldsymbol{x} \tag{5.54}$$

将式(5.53)代入式(5.54)并整理简化后可得

$$\frac{\mathrm{d}\boldsymbol{\xi}}{\mathrm{d}t} = \begin{bmatrix} \lambda_{cr} & \lambda_{ci} \\ -\lambda_{ci} & \lambda_{cr} \end{bmatrix} \cdot \boldsymbol{\xi} \tag{5.55}$$

其中

$$\boldsymbol{\xi} = \begin{bmatrix} \boldsymbol{V}_{cr} & \boldsymbol{V}_{ci} \end{bmatrix}^{-1} \boldsymbol{x} \tag{5.56}$$

由式(5.55)及式(5.56)可得,若将临界点附近的局部流动投影至向量 $\boldsymbol{V}_{cr}$ 和 $\boldsymbol{V}_{ci}$ 张成的坐标系 (ξ, η) 中,流线方程为

$$\begin{aligned} \xi &= \exp(\lambda_{cr}t)\big[C_1 \cos(\lambda_{ci}t) + C_2 \sin(\lambda_{ci}t)\big] \\ \eta &= \exp(\lambda_{cr}t)\big[C_2 \cos(\lambda_{ci}t) - C_1 \sin(\lambda_{ci}t)\big] \end{aligned} \tag{5.57}$$

其中,C_1 和 C_2 为积分常数。式(5.57)表示的流线的几何形状如图 5.8 所示,图中结果表明,若流体中某点的二维速度梯度矩阵具有共轭复特征值,则该点周围的流体微团随时间螺旋运动且环绕中心一圈所需的时间为 $2\pi/\lambda_{ci}$。

上述推导结果表明,平面二维流场中的速度梯度矩阵具有共轭复特征值时对应的流动拓扑结构与三维流场一致(Zhou et al. , 1999)。因此,可以将 Δ 方法和 λ_{ci} 方法直接应用于平面二维流场,并定义 $\Delta < 0$ 和 $\lambda_{ci} > 0$ 的区域为涡。另一方面,由于特征不变量的数量不同,二维速

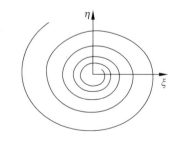

图 5.8　速度梯度矩阵具有复特征值的临界点附近的流线

度梯度矩阵的第二不变量 R 与三维速度梯度张量的第二不变量 Q 具有不同的物理含义,应用于三维流场中的 Q 方法不能直接应用于二维流场。为了与三维流场中的 Q 方法的物理含义保持一致,定义二维流场中的变量 Q 为

$$Q = \frac{1}{2}(\|\boldsymbol{\Omega}\|^2 - \|\boldsymbol{S}\|^2) \tag{5.58}$$

其中

$$\boldsymbol{\Omega} = \frac{1}{2}[\nabla\boldsymbol{U} - (\nabla\boldsymbol{U})^\mathrm{T}] \tag{5.59}$$

为旋转率矩阵,对应于流动中的纯旋转运动,是速度梯度矩阵的反对称部分;其中

$$\boldsymbol{S} = \frac{1}{2}[\nabla\boldsymbol{U} + (\nabla\boldsymbol{U})^\mathrm{T}] \tag{5.60}$$

为应变率矩阵,对应于流动中的纯剪切运动,是速度梯度矩阵的对称部分。在上述定义的基础上,二维流动中的 Q 方法定义涡为 $Q > 0$ 的区域。

为了推导二维流场中的 λ_2 准则,对二维不可压缩流动的 N-S 方程求梯度得

$$\frac{\mathrm{d}\,\nabla\boldsymbol{U}}{\mathrm{d}t} + \nabla((\boldsymbol{U}\cdot\nabla)\boldsymbol{U}) = -\frac{1}{\rho}\,\nabla(\nabla\boldsymbol{p}) + \nu\,\nabla^2(\nabla\boldsymbol{U}) \tag{5.61}$$

式中,$\nabla(\nabla\boldsymbol{p})$ 称为压力的海森矩阵。式(5.61)的反对称部分即为涡量输运方程,而对称部分则可以表示为

$$\frac{\mathrm{d}\boldsymbol{S}}{\mathrm{d}t} - \nu\,\nabla^2\boldsymbol{S} + \boldsymbol{S}^2 + \boldsymbol{\Omega}^2 = -\frac{1}{\rho}\,\nabla(\nabla\boldsymbol{p}) \tag{5.62}$$

λ_2 方法在忽略非恒定应变和黏性作用的基础上,定义涡核为流动中具有压力最小值的区域(Jeong et al. ,1995)。设矩阵 $\boldsymbol{S}^2 + \boldsymbol{\Omega}^2$ 的两个特征值为 $\lambda_2 \geqslant \lambda_1$,则二维流场中的 λ_2 方法定义 $\lambda_2 < 0$ 的区域为涡。由于实测的二维流场不能严格满足二维流动的要求,上述基于二维速度梯度矩阵推导的 λ_2 方法只是三维流场中的 λ_2 方法的一种近似。

5.4.2　方法对比

分别利用平面二维标准涡和从 DNS 数据库中提取的平面二维流场对上述涡识别方法进行验证和对比。其中,DNS 数据库是对摩阻雷诺数 $Re^* = 950$ 的槽道流的模拟结果,模拟过程中所使用的参数参见文献(Del Alamo et al. ,2004)。

Oseen 涡和 Burgers 涡是理论分析紊流涡结构的运动学和动力学特征时常被使用的标准模型,这两种涡都是不可压缩流动 N-S 方程的解析解,与 Burgers 涡相比,Oseen 涡没有考虑涡轴方向的拉伸作用,属于典型的二维涡(Eloy et al. ,1999)。因此,这里首先以 Oseen 涡为模型,验证和对比各种涡识别方法的识别能力。在笛卡儿坐标系下,Oseen 涡的流场可以表示为

$$\begin{cases} \boldsymbol{U} = \dfrac{\Gamma_{\mathrm{o}}}{2\pi}(1 - \mathrm{e}^{-\frac{x^2+y^2}{r_{\mathrm{o}}^2}})\dfrac{-y}{x^2+y^2} \\ \boldsymbol{V} = \dfrac{\Gamma_{\mathrm{o}}}{2\pi}(1 - \mathrm{e}^{-\frac{x^2+y^2}{r_{\mathrm{o}}^2}})\dfrac{x}{x^2+y^2} \end{cases} \tag{5.63}$$

式中,Γ_{o} 和 r_{o} 分别为涡的环量和半径。图 5.9 为一个环量 $\Gamma_{\mathrm{o}} = -50\pi$,半径 $r_{\mathrm{o}} = 5$ 的 Oseen 涡的流场分布图,从图中可以看出,Oseen 涡的切向速度沿半径方向先增大后减小,与实际流场中观测到的二维涡基本一致(Pirozzoli et al.,2008)。

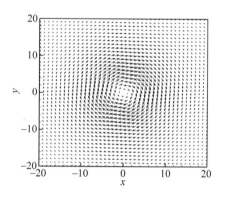

图 5.9　Oseen 涡的流场分布图

图 5.10 展示了利用图 5.9 中的流场计算出的 Δ、Q、λ_2、λ_{ci} 四种涡识别变量的分布图。尽管具有不同的空间分布形式,四种涡识别变量均有效地识别出了 Oseen 涡出现的区域,若分别定义 $\Delta < 0$、$Q > 0$、$\lambda_2 < 0$、$\lambda_{\mathrm{ci}} > 0$ 的区域为涡,则四种方法识别出的 Oseen 涡具有相同的大小。事实上,由于 Oseen 涡为理想二维流动中的涡结构,利用二维连续性方程和 5.4.1 节中的推导可知四种涡识别变量在这种条件下满足如下关系:

$$\Delta = -4Q = 4\lambda_2 = -4\lambda_{\mathrm{ci}}^2 \tag{5.64}$$

在实测的平面二维流场中,由于二维速度场的散度一般不等于零,式(5.64)中的等价关系一般情况下均不能严格满足。图 5.10 中各涡识别变量的峰值均出现在 Oseen 涡的中心,这是由于涡的中心旋转强度最大。上述分析表明,在理想平面二维流动中,以涡识别变量的局部峰值为涡的中心,以涡识别变量等于零的等高线作为涡的边界,不同的涡识别方法可以提取出完全相同的结构。

为了将上述涡识别方法应用于真实紊流的二维流场,从槽道流 DNS 数据库中提取一纵垂面上的二维流场和速度梯度场,并计算各种涡识别变量的分布,结果如图 5.11 所示。为便于比较,图中第一级等值线对应的数据均为零,然后等间隔依次增大或减小。对比图中彩色云图的分布可知,变量 Δ 和变量 λ_{ci} 不等于零的区域完全重合,而它们与变量 Q 和变量 λ_2 不等于零的区域之间均存在微小的差异。但是,对于具有明显涡旋特征的区域,四种变量均出现了明显的局部最大值,且识别变量的数值近似满足式(5.64)中的换算关系。

图 5.12 放大显示了图 5.11 对应的流场的左上角区域及其 λ_{ci} 分布,为便于显示流动结构,对流场进行了伽利略分解,即对所有测点减去一个相同的迁移速度。图中结果表明,出现涡的区域总会形成 λ_{ci} 局部峰值,且 λ_{ci} 的数值从涡的中心沿半径依次减小,进一步分析表明(结果未展示),通过使用不同的迁移速度进行伽利略分解,大多数 λ_{ci} 局部最大值附近均能观察到不同大小和强度的涡结构。上述结果表明,在实际二维流场中,Δ、Q、λ_2、λ_{ci} 四种涡识别方法均能有效识别出流场中蕴藏的涡结构,特别是对于那些强度较大的涡结构,在使

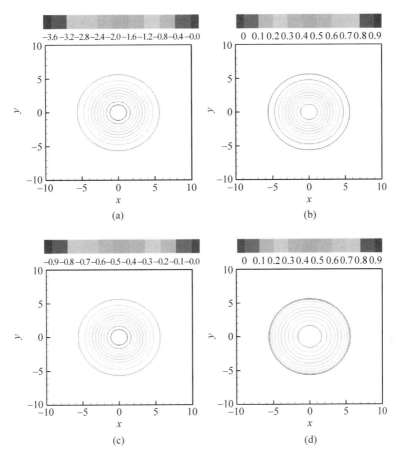

图 5.10　四种涡识别变量在 Oseen 涡流场中的分布(见彩插)

(a) Δ 分布图；(b) Q 分布图；(c) λ_2 分布图；(d) λ_{ci} 分布图

用适当阈值的条件下,不同涡识别方法的识别结果一致,与 Chakraborty 等(2005)在三维流场中得到的结果一致。

　　尽管涡识别变量有效地显示出了涡结构所在的位置,但与理想的 Oseen 涡不同,根据图 5.11 和图 5.12 中等值云图的分布难以准确界定实测流场中涡与背景流动之间的界限。一方面,由于流体黏性的扩散作用,涡核及其对应的涡量随时间不断扩散,随着扩散范围的增大,不同涡结构之间相互作用增强,使涡边缘的形状变得不规则(Jeong and Hussain, 1995；Chakraborty et al., 2005)。另一方面,实际流动中的涡结构总是位于具有一定剪切变形的背景流动中,而强剪切作用会使涡识别变量的数值发生变化,从而干扰了与涡结构对应的识别变量的数值分布(Maciel et al., 2012)。最后,在 PIV 实测流场中,利用实测流速计算涡识别变量时还会引入测量误差和计算误差(Carlier and Stanislas,2005)。因此,利用上述四种变量识别实测流场中的涡结构时总需要选择非零阈值,以排除黏性扩散、剪切作用和测量及计算误差对涡识别结果的影响,并以此为依据半经验地确定涡结构的尺寸(Wu and Christensen,2006)。

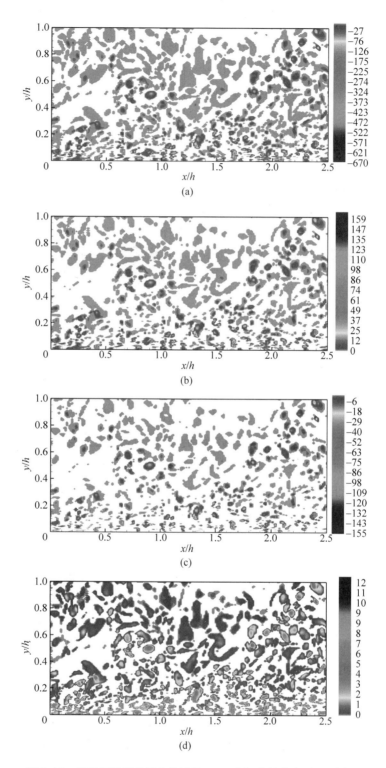

图 5.11　四种涡识别变量在槽道流 DNS 流场中的分布图（见彩插）

(a) Δ 分布图；(b) Q 分布图；(c) λ_2 分布图；(d) λ_{ci} 分布图

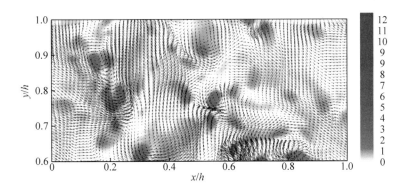

图 5.12　局部流场及 λ_{ci} 分布图

虽然紊流界还没有公认的关于涡的定义,但 Δ 方法和 λ_{ci} 方法严格满足流线的几何形状或流体微团运动轨迹呈螺旋状这一基本性质,符合涡结构最基本的流场拓扑特征(Marusic and Adrian,2013)。与 Δ 方法相比,λ_{ci} 方法直接以描述螺旋运动强度的参数作为涡识别变量,在数学基础和物理意义上更为明确。旋转强度大于剪切强度尽管是涡结构的基本特征,但流场中的剪切层有时也会具有这一特征,因而不是判别流动区域是否为涡的充分条件(Tanaka and Kida,1993)。同理,在非恒定应变和黏性作用下,压力局部最小也可能会出现在非旋转结构区域(Jeong and Hussain,1995)。基于上述原因,旋转强度(λ_{ci})方法在二维流场中的应用比其他三种方法更广泛,本书后续的分析也主要使用该方法。

5.5　样本参数分析

5.5.1　问题的提出

采样频率和采样历时是描述 PIV 系统测得的流场样本特征的两个重要参数。本节着重研究采样频率和采样历时对明渠紊流统计特征值的影响。在明槽中进行了 4 种不同比降的恒定均匀流实验,利用 PIV 系统测量了水流二维流场的时间序列,得到了不同采样频率和采样历时条件下的紊动统计特征值。通过对实测数据的分析,对明渠紊流实验中所需的最低采样频率和最短采样历时提出参考指标。

水流紊动由各种尺度的涡旋或涡体组成,这些涡体产生不同频率的脉动。根据采样定理,如果采样的频率为 $2f$,则采集到的脉动信息的频率最高为 f。可见,采样频率会直接影响采集到的水流脉动信息,因此有必要讨论不同的采样频率对紊动统计值的影响,以便找出合适的采样频率,为实验操作提供依据。

在统计方法里,平均值是表征一个变量最重要的统计特性。紊动的统计理论将紊动看作是一个平稳随机过程,应用概率统计理论来求平均,称为统计平均。要确定一个随机变量的统计平均值需要知道它的概率密度,但是一个变量的概率密度函数常常是事先不知道的。如通过实验的资料来求统计平均,则需要重复同样的实验很多次,这也是一般条件做不到的。实际上可以做到的是应用一次实验中所取得的数据,用时间平均来代替统计平均。根据平稳过程的遍历定理,对于时均流动为恒定的紊流,可以用较长时间内的时间平均来确定统计平均值(夏震寰,1992)。但是较长时间是多长是一个值得探讨的问题,即需要确定一个合适的采样历时。如果采样频率确定,采样历时实际上就转化为样本容量问题。

5.5.2 实验及方法

实验水流条件及 PIV 测量参数见表 5.3 和表 5.4。其中,i 为水槽底板坡度;Q 为流量;h 为水深;T 为水温;U_m 为断面平均流速;Re 为雷诺数;Fr 为弗劳德数。采集的图像宽 128 像素,高 320 像素,320 像素对应的实际范围为从水槽底面起向水面延伸 3.2 cm 的空间距离。图像采样频率为 600 Hz,即相邻两幅图像之间的时间间隔为 1/600 s。每一种比降的水流条件采样持续时间为 568 s,共得到 340 535 个流场样本。PIV 流场计算时采用的初始诊断窗口尺寸为 64×16 像素,迭代两次后至 16×4 像素。取一条垂线上的数据进行分析,沿垂向共分布有 77 个流速矢量,垂向空间分辨率为 0.4 mm。

表 5.3　水流条件

编号	$i/\%$	$Q/(L/s)$	h/cm	$T/℃$	$U_m/(cm/s)$	Re	Fr
No. 1	0.15	2.43	3.3	17.0	36.74	9 117	0.65
No. 2	0.2	2.83	3.3	18.3	42.80	10 620	0.75
No. 3	0.25	3.23	3.3	19.8	48.90	12 135	0.83
No. 4	0.3	3.47	3.3	20.1	52.61	13 053	0.93

表 5.4　PIV 测量参数

编号	采样频率 f/Hz	样本容量 N	采样历时 t/s	图宽/像素	图高/像素	图宽/cm	图高/cm
No. 1	600	340 535	568	128	320	1.28	3.20
No. 2	600	340 535	568	128	320	1.28	3.20
No. 3	600	340 535	568	128	320	1.28	3.20
No. 4	600	340 535	568	128	320	1.28	3.20

由统计理论中的大数定律可知,样本容量越大,得到的统计值越稳定。研究表明,一般情况下明渠紊流统计分析需要的样本容量不超过 100 000。这里用采样频率为 600 Hz、样本容量为 340 535 的序列流场数据(此时采样频率最高,样本容量最大)来计算实验中的紊动统计特征值,包括时均流速、紊动强度和雷诺应力,并将此结果作为紊动统计特征参考值,以此作为对比的参照基准。各统计参数的计算方法参考 5.2 节。

5.5.3 采样频率分析

保持采样历时固定为 568 s,用不同的频率对恒定均匀流样本进行重新采样,可以得到不同频率条件下的紊动统计特征值,由于恒定均匀流过程固定不变,采样历时不变,因此可以分析采样频率对紊动统计特征值的影响。

1. 不同采样频率的序列流场的获取方法

从频率 600 Hz、容量 340 535 的原始序列流场中依次取出第 1、3、5、7、…个流场重新按顺序编号即得到频率为 300 Hz 的序列流场;同理,从原始序列流场中取出第 1、5、9、13、…序列重新组合即得到频率为 150 Hz 的序列流场,按此方法也可得到其他频率的序列流场。这里对 22 种不同采样频率(1,2,3,4,5,6,8,10,12,15,20,25,30,40,50,60,75,100,120,150,200,300 Hz)的序列流场进行对比分析。

2. 采样频率对紊动统计特征值影响的表示方法

将各种不同采样频率情况下得到的紊动统计特征值与已经得到的紊动统计特征参考值进行对比。先求出垂线上 77 个测点的统计特征值和各自统计特征参考值的偏差,计算 77 个偏差的均方根(RMS)来表示与紊动统计特征参考值的垂线偏差。对某一采样频率下得到的数据,定义紊动统计特征值 T 的垂线平均偏差如下:

$$D(T) = \sqrt{\frac{1}{77} \sum_{i=1}^{77} \left(\frac{T_i^f - T_i^{\text{std}}}{T_i^{\text{std}}} \right)^2} \tag{5.65}$$

式中,上标 f 代表采样频率为 f 时得到的紊动统计特征值;上标 std 代表其对应的紊动统计特征参考值;$D(\ )$ 代表垂线平均偏差;i 的范围为 1~77,代表同一垂线上紊动统计特征值的点数。式(5.65)得到的为一无量纲参数,该参数数值越小,代表采样频率为 f 条件下的紊动统计特征值与紊动统计特征参考值的偏差越小。通过分析不同采样频率条件下紊动统计特征值的垂线平均偏差,就可以得知采样频率对紊动统计特征值的影响程度。

3. 垂线平均偏差随采样频率的变化

根据式(5.65)可求得不同采样频率下紊动统计特征值的垂线平均偏差,如图 5.13 及表 5.5 所示。各垂线平均偏差与采样频率的关系满足幂函数,图 5.13 中曲线为拟合曲线,各紊动统计特征值对应的垂线平均偏差与采样频率关系的拟合方程分别如下:

(1) 时均流速:$y=0.0036x^{-0.7314}$,相关系数为 0.9874。

(2) 纵向紊动强度:$y=0.0383x^{-0.6642}$,相关系数为 0.9911。

(3) 垂向紊动强度:$y=0.0411x^{-0.638}$,相关系数为 0.9932。

(4) 雷诺应力:$y=0.132x^{-0.5575}$,相关系数为 0.9851。

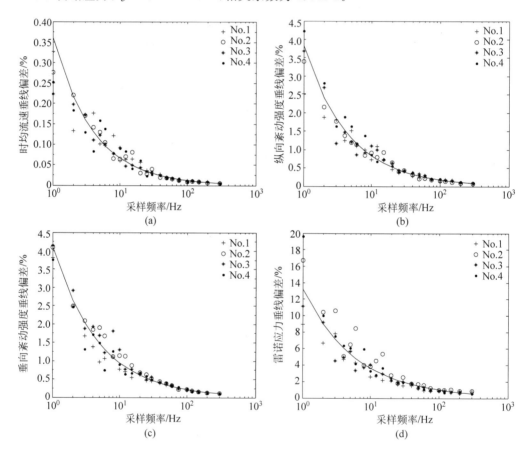

图 5.13　紊动统计特征值垂线平均偏差随采样频率的变化

(a) 时均流速;(b) 纵向紊动强度;(c) 垂向紊动强度;(d) 雷诺应力

分析图 5.13 和表 5.5 可以得到如下规律:

(1) 各种紊动统计特征值对应的垂线平均偏差与采样频率的关系符合幂函数分布。

(2) 相同频率对应的垂线平均偏差,雷诺应力最大,纵向和垂向紊动强度次之,时均流速最小,比如 105 Hz 时雷诺应力、纵向紊动强度、垂向紊动强度和时均流速对应的垂线平均偏差分别为 0.99％、0.17％、0.21％、0.01％；要达到同样的测量精度,时均流速对采样频率的要求最低,紊动强度次之,雷诺应力最高。

表 5.5　不同采样频率对应的各紊动统计特征值的垂线平均偏差

采样频率/Hz		1	2	4	6	8	10	15	25	30
垂线偏差	U	0.36	0.22	0.13	0.10	0.08	0.07	0.05	0.03	0.03
	u_{rms}	3.83	2.42	1.53	1.17	0.96	0.83	0.63	0.45	0.40
	v_{rms}	4.11	2.64	1.70	1.31	1.09	0.95	0.73	0.53	0.47
	$-uv$	13.20	8.97	6.09	4.86	4.14	3.66	2.92	2.19	1.98
采样频率/Hz		40	50	60	70	75	80	85	95	105
垂线偏差	U	0.02	0.02	0.02	0.02	0.02	0.01	0.01	0.01	0.01
	u_{rms}	0.33	0.28	0.25	0.23	0.22	0.21	0.20	0.19	0.17
	v_{rms}	0.39	0.34	0.30	0.27	0.26	0.25	0.24	0.22	0.21
	$-uv$	1.69	1.49	1.35	1.24	1.19	1.15	1.11	1.04	0.99

5.5.4　采样历时分析

保持采样频率为 600 Hz 不变,用不同的采样历时对持续时间为 568 s 的恒定均匀流样本进行重新采样,可以得到不同采样历时条件下的紊动统计特征值,由于恒定均匀流过程固定不变,采样频率不变,因此可以分析采样历时对紊动统计特征值的影响。

1. 不同样本容量的序列流场的获取方法

分别从频率 600 Hz、容量 340 535 的原始序列流场中依次取出前 600、1200、1800、…个流场重新按顺序编号即得到采样历时为 1s、2s、3s、…的序列流场。这里对 23 种不同采样历时(1,2,3,4,5,6,8,10,20,30,40,50,60,70,80,90,100,200,300,400,500 s)的序列流场进行分析。

2. 采样历时对紊动统计特征值影响的表示方法

采用与式(5.65)中类似的表示方法:

$$D(T) = \sqrt{\frac{1}{77}\sum_{i=1}^{77}\left(\frac{T_i^t - T_i^{std}}{T_i^{std}}\right)^2} \tag{5.66}$$

式中,上标 t 代表采样历时为 t 时得到的紊动统计特征值,其他各量的含义与式(5.65)相同。同样，$D(T)$也是一个无量纲参数，其数值越小，代表采样历时为 t 时得到的紊动统计特征值与紊动统计特征参考值的偏差越小。通过分析不同采样历时条件下的垂线平均偏差，就可以得知采样历时对紊动统计特征值的影响程度。

3. 垂线平均偏差采样历时的变化

根据式(5.66)得出各紊动统计特征值在不同采样历时条件下对应的垂线平均偏差，如图 5.14 及表 5.6 所示。各垂线偏差与采样历时的关系也满足幂函数分布，图中曲线为拟合曲线，各紊动统计特征值对应的垂线平均偏差与采样历时关系的拟合方程分别如下：

(1) 时均流速：$y=0.032\,2x^{-0.571}$，相关系数为 0.914\,7。

(2) 纵向紊动强度：$y=0.156x^{-0.575\,4}$，相关系数为 0.959\,8。

(3) 垂向紊动强度：$y=0.086x^{-0.534\,3}$，相关系数为 0.942。

(4) 雷诺应力：$y=0.444\,3x^{-0.573\,4}$，相关系数为 0.922\,4。

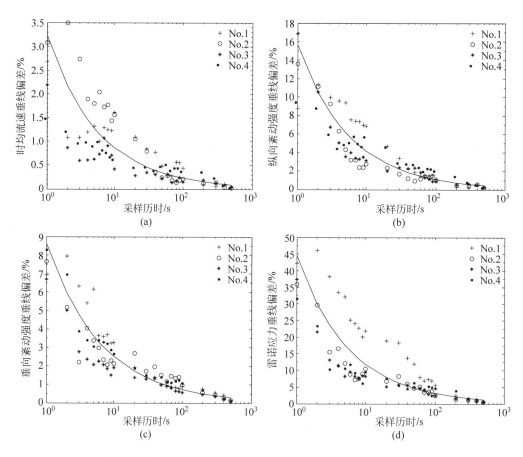

图 5.14　紊动统计特征值的垂线平均偏差随采样历时的变化

(a) 时均流速；(b) 纵向紊动强度；(c) 垂向紊动强度；(d) 雷诺应力

表 5.6　不同采样历时对应的各紊动统计特征值的垂线平均偏差

采样历时/s		1	2	4	6	8	10	15	25	30
垂线偏差	U	2.17	1.46	1.16	0.98	0.86	0.58	0.46	0.39	0.34
	u_{rms}	10.47	7.03	5.56	4.72	4.15	2.78	2.20	1.87	1.64
	v_{rms}	5.94	4.10	3.30	2.83	2.51	1.74	1.40	1.20	1.06
	$-uv$	29.86	20.07	15.90	13.48	11.87	7.97	6.32	5.36	4.72
采样历时/s		40	50	60	70	75	80	85	95	105
垂线偏差	U	0.31	0.28	0.26	0.25	0.23	0.16	0.12	0.11	0.09
	u_{rms}	1.48	1.35	1.25	1.17	1.10	0.74	0.59	0.50	0.44
	v_{rms}	0.96	0.89	0.83	0.78	0.73	0.51	0.41	0.35	0.31
	$-uv$	4.25	3.89	3.60	3.37	3.17	2.13	1.69	1.43	1.26

分析图 5.14 及表 5.6 可以发现:

(1) 各种紊动统计特征值对应的垂线平均偏差与采样历时的关系也符合幂函数分布。

(2) 在相同采样历时的条件下,雷诺应力的垂线平均偏差最大,纵向和垂向紊动强度次之,时均流速的平均偏差最小,比如采样历时为 50 s 时雷诺应力、纵向紊动强度、垂向紊动强度和时均流速对应的垂线平均偏差分别为 4.72%、1.64%、1.06%、0.34%;要达到同样的测量精度,时均流速对采样历时的要求最低,紊动强度次之,雷诺应力需要的采样历时最长。

5.5.5　参数耦合分析

给定一个采样频率和该采样频率下的采样历时,即可计算出与紊动统计参考值的垂线平均偏差,绘制成等值线图,综合分析采样频率和采样历时对紊动统计值的影响。

前述的分析结果表明,水槽底板坡度对不同采样频率和不同采样历时条件下的紊动统计特征值的垂线平均偏差的影响不大。因此,这里以实验组次 No.1 的数据为例来讨论不同采样频率和不同采样历时条件下的紊动统计特征值与紊动统计参考值的垂线平均偏差。

图 5.15(a)~(d)分别为不同采样频率和采样历时条件下的时均流速、纵向紊动强度、垂向紊动强度和雷诺应力对应的垂线平均偏差,各图有一个共同的特征:如果采样频率很低,采样历时即使很大,紊动统计特征值的垂线平均偏差依然很大;如果采样历时很短,采样频率即使很高,紊动统计特征值的垂线平均偏差也依然很大;只有采样频率和采样历时都大于一定值以后,紊动统计特征值的垂线平均偏差才会控制在较小的范围内。

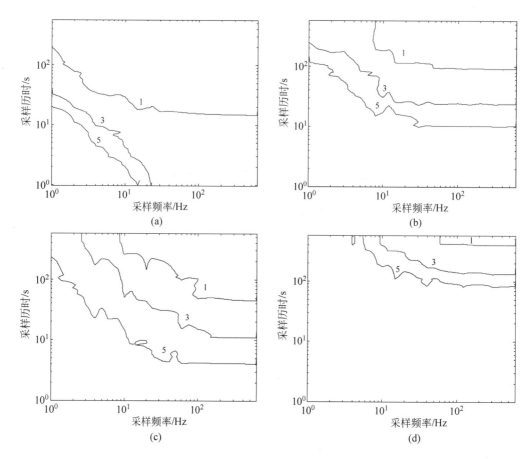

图 5.15　不同采样频率和采样历时条件下紊动统计特征值的垂线平均偏差(%)

(a) 时均流速；(b) 纵向紊动强度；(c) 垂向紊动强度；(d) 雷诺应力

5.5.6　小结

应用高频率、大容量的流场测量样本，分析了采样频率和采样历时对时均流速、纵向紊动强度、垂向紊动强度和雷诺应力的影响。研究结果表明采样频率和采样历时是影响恒定均匀流紊动统计特征值测量精度的两个重要因素。要想达到同样的测量精度，时均流速对采样频率和采样容量的要求最低，其次是紊动强度，而雷诺应力的要求最高。

定量给出了整个垂线上不同采样频率和采样历时条件下的平均测量误差。在采样频率为 15 Hz 和 200 Hz 的条件下，测量误差 1% 和 5% 两种情况所需的采样历时为：

(1) 时均流速。两种采样频率需要的采样历时为：1% 的精度需要 50 s；5% 的精度需要 2 s；不同的采样频率影响不大。

(2) 纵向紊动强度。1% 的精度：两种频率需要的采样历时为 150 s；5% 的精度：15

Hz 频率需要的采样历时为 30 s,200 Hz 频率的采样历时则只需要 10 s。

（3）垂向紊动强度。15 Hz 频率的采样历时为 500 s 时仍达不到 1% 的精度,200 Hz 频率需要的采样历时为 180 s；对于 5% 的精度,15 Hz 频率需要的采样历时为 60 s,200 Hz 频率的采样历时为 10 s。

（4）雷诺应力。对于 1% 的精度,15 Hz 频率的采样历时为 500 s 时仍不能满足要求,200 Hz 频率需要的采样历时为 450 s；对于 5% 的精度,15 Hz 频率需要的采样历时为 360 s,200 Hz 频率的采样历时为 180 s。

第6章 高频PIV系统实践

6.1 系统搭建方法

高频 PIV 系统与常规 PIV 系统的主要区别,在于使用了高帧频相机和高重复频率激光器或连续激光器。

6.1.1 激光器及光路

由 2.2.3 节的介绍可知,双脉冲激光系统实际上由两个独立的激光器组成,一方面需要使用复杂的光路系统将两个激光器发出的光束进行合束,以保证照明区域相互重叠(Prasad,2000);另一方面需要使用高精度时间同步器准确控制两个激光器的脉冲时间和相机的快门开启时间(Lai et al.,1998)。因此,双脉冲激光系统具有价格昂贵、构造复杂、脉冲光斑不一致、合束光路稳定性及抗干扰能力差等缺陷。由于高重复频率双脉冲激光系统属于科研级激光器,具有技术要求高、市场份额低等特点,目前在国内还没有专门的生产商。

实验室尺度的明渠紊流大多是典型的中低速流动($\leqslant 5$ m/s),因此,对明渠紊流的测量降低了对脉冲时间间隔 Δt 和脉冲持续时间 δt 的要求,使用单台高重复频率脉冲激光器或连续激光器即可满足测量要求。连续激光器价格便宜、稳定性好、光束性能优异,是本系统选用的光源。由 1.3.1 节的分析可知,连续激光器在 PIV 系统中有三种使用模式,其中,斩波模式与单脉冲激光器工作模式类似,不仅需要在光路中添加斩波器,还需要使用时间同步器控制相机和斩波器;扫描模式仅适用于低速均匀流,不适合用于测量速度较大的复杂流动；扩束模式光路结构简单，无须使用时间同步器，在高速相机的配合下可以满足中低速复杂流动的测量要求，是本系统选用的光路模式。

经过比较，本系统采用了国内某公司生产的功率 8 W、波长 532 nm 的连续激光器作为光源。该激光器的光斑横模近似为 TEM_{00} 模态，光束发散角为 $(2\pm0.2)\,mrad$，束腰直径 3.0 mm，M^2 因子小于 1.2，整体光斑和光束质量均较好。为形成激光片光，使用鲍威尔棱镜按照图 2.13 设计了光路，可以在与激光器出光口距离约 310 mm 的地方形成面积大于 120 mm×200 mm，厚度小于 1 mm 的均匀矩形片光。

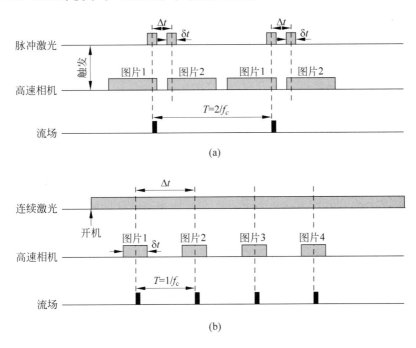

图 6.1 两种高频 PIV 系统的工作模式示意图

(a) 基于双脉冲激光器的高频 PIV 系统；(b) 基于连续激光器的高频 PIV 系统

为了对比基于双脉冲激光器和基于连续激光器的高频 PIV 系统之间的异同，图 6.1 展示了两种系统中高速相机和激光器的协同工作模式。如图 6.1(a)所示，在基于双脉冲激光器的 PIV 系统中，高速相机按设定的帧频连续工作，双脉冲激光器在同步器的控制下分别在第一帧曝光即将结束和第二帧曝光开始时输出激光照亮示踪粒子，相机采集到两张时间间隔 Δt 等于快门从关闭到重新开启的历时，曝光时间 δt 等于脉冲持续时间的粒子图片。利用上述两张图片可计算出一帧流场，流场的采集频率等于相机帧频 f_c 的 1/2。相反，图 6.1(b)中连续激光器一直处于工作状态，粒子曝光由相机快门的启闭进行控制，连续两张粒子图片之间的时间间隔 Δt 等于相机帧频的倒数，每帧图片的曝光时间 δt 等于相机快门处于开启状态的时间。由于利用任意两张连续图片均可以计算出一帧流场，基于连续激光器的高频 PIV 的流场采样频率等于相机帧频 f_c。

在光源强度方面,与脉冲激光器以单脉冲能量衡量激光强度不同,连续激光器的主要强度指标为输出功率,但二者之间可以进行互换。例如,若连续激光器的功率为 P,相机拍照时的曝光时间为 δt,则等效单脉冲能量 $E_p = P\delta t$。以本系统使用的 8 W 连续激光器为例,若相机的曝光时间设定为 250 μs,则单脉冲能量约为 2 mJ。

6.1.2　相机及镜头

为了论证不同类型的高速相机在高频 PIV 系统的使用方法及注意事项,基于 CCD 相机和 CMOS 相机分别搭建了两个版本的高频 PIV 系统。

1. CCD 相机版高频 PIV

受工作原理的制约,CCD 相机实现高帧频工作难度极大。经过比较,最终选择德国 AVT 公司生产的 Pike 032B 型相机,该相机的分辨率为 640×480 像素,满帧帧频为 208 fps,像元面积 7.4 μm×7.4 μm,输出图像深度为 8 位。相机与计算机通信时需要在主板 PCI-E 插槽安装图像采集卡,通信接口为 IEEE-1394b(火线),镜头接口为 C 口。相机支持局部拍摄模式,改变图像高度可增大频率,当画幅为 640×32 像素时,最大频率可达 1 200 Hz,可满足流速小于 0.5 m/s 的水流的精细测量。为了在激光功率有限的条件下增大曝光量,为相机配备了尼康 AF-50 mm-F$^\sharp$1.4 型镜头。镜头与相机机身通过 C 口转 F 口接环进行连接。

根据相机的帧频与画幅大小可知,当相机按全幅最大帧频采样时,对应的数据传输率约为

$$\frac{640 \times 480 \times 8}{8} \times 208 \text{ B/s} \approx 61 \text{ MB/s} \tag{6.1}$$

与之相对应,火线接口的数据传输速度约为 100 MB/s,普通 7 200 r/s 机械硬盘的写入速度约 100 MB/s。在实际测试时发现,连续高速采集图像时会发生丢帧现象,其主要原因是机械硬盘在连续写入数据时的速度不稳定。针对上述现象,一种方法是采用最新的固态硬盘或磁盘阵列存储技术提高硬盘写入速度(余俊 等,2009),另一种方法是在计算机内存中分配足够的缓存空间,使不能及时写入硬盘的数据先暂存在内存中。本系统使用了第二种方法。

图 6.2 展示了一种利用基于 CCD 相机的高频 PIV 系统测量方腔流的照片,具体应用成果详见 6.4 节。

2. CMOS 相机版高频 PIV

与 CCD 相机相比,CMOS 相机可以在高分辨率条件下实现高帧频成像,但其价格通常也高于 CCD 相机。经过比较,最终选择美国 IDT 公司生产的 NX5-S2 型高速相机作为成

图 6.2 利用基于 CCD 相机的高频 PIV 系统测量方腔流(见彩插)

像设备。该相机的分辨率为 2 560×1 920 像素,满帧帧频为 730 fps,像元面积 7.0 μm×7.0 μm,输出图像深度为 8 位。相机与计算机通信时无须图像采集卡,通信接口为千兆以太网,镜头接口为 C 口,自带 5 GB 内存。相机支持局部拍摄模式,当画幅为 2 336×32 像素时,最大频率可达 16 000 Hz,可满足流速小于 5.0 m/s 的水流的精细测量。为相机配备了尼康 AF-50 mm-F$^\#$1.4 型镜头,镜头与相机机身通过 C 口转 F 口进行连接。

由于相机自带内存,因而不存在与计算机通信时发生丢帧的现象。但是,相机连续工作的时间受内存大小影响。例如,当相机在满画幅条件下以最大频率工作时,数据产生量为

$$\frac{2\,560 \times 1\,920 \times 8}{8} \times 730 \text{ B/s} \approx 3.3 \text{ GB/s} \tag{6.2}$$

因此,一次连续采样的时间将不足 2 s。为了提高相机在高速采样条件下的工作历时,可以将相机外接时间同步器,以外触发模式工作。在不改变相机连续拍摄两张图像的时间间隔的前提下,延长相机拍摄每对图片之间的时间间隔。

图 6.3 展示了一种利用基于 CMOS 相机的高频 PIV 系统测量明渠均匀流的照片,具体应用成果详见 6.3 节。

图 6.3 利用基于 CMOS 相机的高频 PIV 系统测量明渠均匀流(见彩插)

6.1.3 测架

与双脉冲激光系统不同,功率低于 10 W 的连续激光器的体形及重量均较小。因此,基于连续激光器的高频 PIV 系统一般不需要光纤或导光臂,而是直接将激光器固定在测量平面的下方。这就需要设计专门的测架,以同时安装相机和激光器,并满足常规的调整和对齐要求。

如图 6.4 所示,本系统所使用的 PIV 测架由支撑框架、升降系统、移动定位平台、激光器安装口、相机安装平台所组成;其中升降系统安装在支撑框架上,可沿垂直方向移动;移动定位平台安装在升降系统上,跟随升降系统垂向移动,并可沿长度方向水平移动;激光器安装口布置在移动定位平台中部,由移动定位平台相应区域镂空而成,用于安装 PIV 激光片光源;相机安装平台布置在移动定位平台两端,用于架设 PIV 相机;激光器安装口及相机安装平台可跟随移动定位平台作二维移动,实现双自由度移动定位功能。

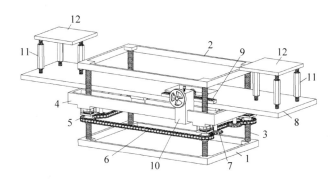

图 6.4　高频 PIV 系统的测架

支撑框架包括下框 1、上框 2、连接下框和上框的四根垂向导轨 3,上框和下框采用规格为 20 mm×10 mm×1.2 mm 矩形不锈钢管焊接而成,垂向导轨为 M16 滚珠丝杠螺杆,两端分别固定在上框 23 和下框 21 的四个角,用于安装升降系统。

升降系统包括基座 4、四个垂向传动结构 5、传动链条 6、四个辅助传动结构 7。基座由 35 mm×10 mm×1.2 mm 矩形不锈钢管焊接而成,底面焊接两个 300 mm×50 mm×10 mm 的不锈钢条,用于安装垂向传动结构和辅助传动结构,每个不锈钢条上有两个 M18 的钻孔,供垂向导轨通过。

移动定位平台包括面板 8、齿条 9、两根水平导轨、四个直线轴承、水平定位结构 10。每根水平导轨为 M16 不锈钢圆柱,两端焊接在基座的内表面,每根水平导轨布置两个 SCS-

16UU 型号的直线轴承；面板安装在直线轴承的上表面，可沿水平导轨直线移动；齿条安装在面板上表面一侧，与水平定位结构连接。

　　激光器安装口为移动定位平台的面板中部的镂空区域，用于安装 PIV 激光片光源。

　　相机安装平台对称布置在移动定位平台两端，包括六个微调组合杆 11、两块面板 12。微调组合杆的下端面固定在移动定位平台的面板上表面，上端面固定在面板的下底面。通过旋转螺杆，面板可小幅度升降，从而实现相机安装平台的微调。

6.1.4　分析软件

　　图 6.5 以流程图的形式展示了本章 PIV 算法的计算步骤。算法使用了基于图像变形的多次判读和多重网格迭代技术，在每次迭代计算后对预测流场进行错误矢量剔除和插值，再对预测流场进行滤波以防止计算结果发散。

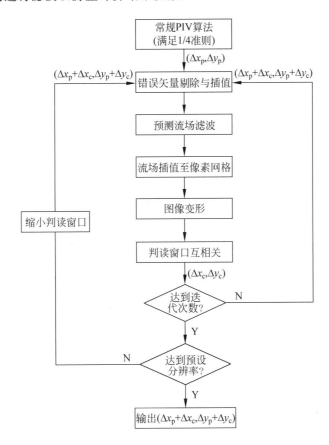

图 6.5　本章 PIV 算法计算流程示意图

6.2 系统测试

6.2.1 算法检验

为了验证本章 PIV 算法的精度,首先对 PIV Challenge 3 Case B 中时间步等于 10 的流场进行计算,该时间步的参考流场如图 6.6(a)所示,图中彩色云图表示流速大小,其分布反映了该流场具有结构复杂和动态速度范围大的特点。图 6.6(b)为本章算法的计算结果,与参考流场对比可以发现,计算结果较好地反映了流场中复杂的流动结构,但流场光滑度低于参考流场,说明计算结果存在一定误差。

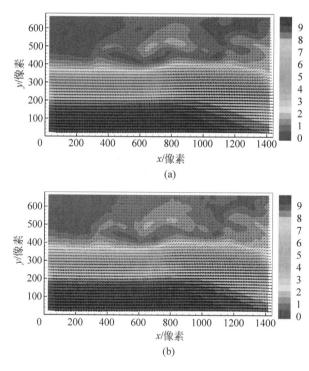

图 6.6　计算流场与参考流场对比图(见彩插)

(a) 参考流场;(b) 计算流场

为定量评估 PIV 算法的精度,参照 PIV Challenge 使用的误差分析方法,以 x 轴方向的速度分量 u 为例,定义计算结果的平均偏差为

$$\varepsilon_{b} = \frac{1}{N}\sum_{n=1}^{N}(u_{r} - u_{c}) \tag{6.3}$$

式中，u_{r} 为已知的参考流速；u_{c} 为 PIV 计算流速；N 为流场内的测点数。根据上述定义，图 6.6 中 u 分量和 v 分量的平均偏差分别为 0.01 像素和 -0.01 像素，这表明本章 PIV 算法不会导致计算结果整体偏大或偏小，计算流场的平均值与参考流场的平均值基本一致。

图 6.7 进一步展示了计算误差的累积分布函数（CDF），结果表明，本章 PIV 算法的最大计算误差约为 0.25 像素，与 PIV Challenge 3 大部分优秀参赛算法的计算结果基本一致。若以 95% 累积误差分布为界，则本章 PIV 算法的计算误差约为 0.15 像素，与当前主流 PIV 算法的计算精度一致（Westerweel et al.，2013）。为定性分析计算误差的产生原因，图 6.8 展示了 u 分量的计算误差在整个流场中的分布情况，与

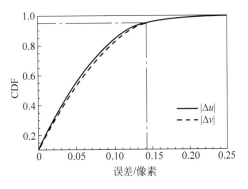

图 6.7　PIV 计算误差的累积分布函数

图 6.6 对比可以发现，PIV 计算误差 Δu 主要分布在速度梯度较大的区域，与 PIV Challenge 3 参赛算法所得结果一致（Stanislas et al.，2008）。

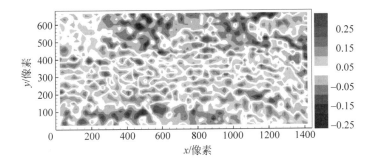

图 6.8　u 分量计算误差分布图（见彩插）

为进一步分析本章 PIV 算法的计算精度，对 PIV Challenge 2 Case B 提供的 100 对粒子图片进行计算，并根据计算结果统计了平均流速 U、纵向紊动强度 u' 和垂向紊动强度 v' 沿垂向的分布。如图 6.9(a) 及图 6.9(b) 所示，根据本章 PIV 计算结果得到的平均流速及纵向紊动强度与 DNS 参考数据吻合极好，但垂向紊动强度整体比 DNS 参考数据约大 0.02 像素，与 PIV Challenge 2 参赛算法中性能较好的算法所得结果一致（Stanislas et al.，2005）。图 6.9(c) 展示了利用 PIV 计算结果得到的纵向流速的能谱分布，与 DNS 数据相比，根据 PIV 计算结果得到的能谱分布均未能准确反映出高频紊动结构的能量分布特征，这主要是由于 PIV 测量结果的空间分辨率不足以分解流动中尺度较小的结构。与 TSI 和 Dantec 等主流商业化 PIV 软件的计算结果相比，就图 6.9(c) 中的能谱计算结果而言，本章 PIV 算法的整体性能优于 TSI，低频与 Dantec 基本一致，高频部分则稍优。

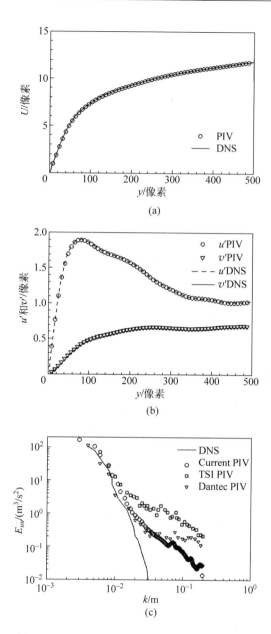

图 6.9 PIV Challenge 2 Case B 计算结果对比

（a）平均流速；（b）紊动强度；（c）能谱

6.2.2 综合检验

为了检验本章开发的高频 PIV 系统的整体性能，对专门设计的方腔流进行了测量，文献（陈槐 等，2013b）对方腔流实验的参数进行了详细说明。图 6.10 为方腔中垂面剖面图及 PIV 测量区域示意图,可以看到,测量区域的流动结构由紊动射流、后台阶流和腔体回流等多种流动耦合而成,对测量设备的动态适应能力要求极高。图 6.11 为利用本章开发的高频 PIV 系统采集的两张粒子图片,图中右下角的亮斑是由于水中杂质沉降后反光造成的,这种现象在水流实验中较为常见,这就要求 PIV 计算软件具有相应的适应能力。图 6.12 为利用图 6.11 中

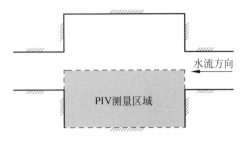

图 6.10 方腔中垂面及 PIV 测量区域示意图

粒子图片计算得到的二维流场,从图中可以看出,尽管流场中存在强剪切层和涡旋等复杂流动结构且流速变化剧烈,但本章使用的 PIV 算法依然得到了合理的流速场。上述结果表明,本章开发的高频 PIV 系统对复杂流动结构、高动态速度范围等工况具有良好的适应能力,综合性能满足绝大多数明渠流测量的要求。

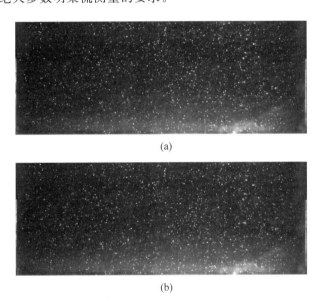

图 6.11 典型的方腔流粒子图片

(a) 图片 1; (b) 图片 2

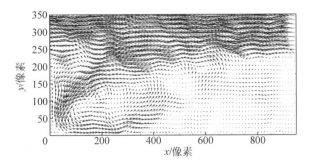

图 6.12 方腔流场计算结果

6.3　在明渠紊流研究中的应用

6.3.1　实验设备及水流条件

实验水槽长 20 m、宽 0.3 m、高 0.3 m，可调坡度范围为 0～1%，如图 6.13 所示。水槽侧壁及底板均由长 3.6 m 的超白玻璃拼接而成，玻璃接头由玻璃胶粘接以平滑过渡和止水，玻璃槽体的整体误差在±0.2 mm 范围内。水槽入口设 5 级孔径依次减小的蜂窝状整流格栅，具有整流和消除大尺度水流结构的作用；水槽出口设无级开闭活页尾门控制水深。水流循环由三相交流电机带动轴流水泵进行驱动，电机转速由计算机通过变频器进行自动控制；水流流量由安装在循环管道上的电磁流量计测量，测量精度为满量程的 0.5%；水深由沿程分布的 8 个超声水位计测量，精度为±0.2 mm，整套水流测控硬件由自主开发的控制软件驱动(陈启刚 等，2013)。流速测量剖面为水槽中垂面，测量段距水槽入口 12 m，可以保证紊流充分发展；距出口 5 m，可以消除尾门对水流结构的扰动(陈槐 等，2013a)。

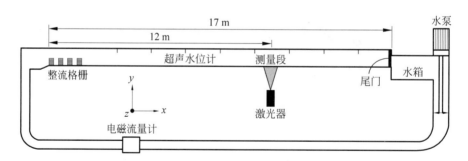

图 6.13　实验水槽示意图

共开展了 12 组次的恒定均匀流实验，各组次实验的水流条件见表 6.1，其中，S 为水槽底坡，B 为水槽宽度，H 为水深，U_m 为断面平均流速。各实验组次的水流宽深比 B/H 均大于 5，保证水槽中垂面的水流流态为准二维流动。水流弗劳德数 $Fr=U_m/\sqrt{gH}$ 均小于 1，属于缓流流态。$Re=HU_m/\nu$ 为雷诺数，ν 为运动黏性系数。$Re^*=Hu^*/\nu$ 为摩阻雷诺数或卡门数，反映了水流紊动结构的尺度跨度，其中 u^* 为摩阻流速。摩阻流速 u^* 通过对数区内的平均流速与对数律进行拟合得到，其中，明渠紊流流速分布符合对数律，卡门常数 $\kappa=0.412$，积分常数为 5.29(Nezu and Rodi，1986)。为便于叙述，后面称水深 H 为外尺度变量，摩阻流速 u^* 和黏性系数 ν 为内尺度变量，上标"+"表示利用内尺寸变量进行无量纲化的变量或常数。

表 6.1 明渠紊流实验条件

组次	S	H/cm	B/H	U_m/(cm/s)	Fr	Re	Re^*
OCF380	0.001	2.5	12.0	25.4	0.51	5 388	382
OCF610	0.001	3.5	8.6	30.6	0.52	8 510	609
OCF530	0.002	2.5	12.0	37.3	0.75	7 831	529
OCF685	0.002	3.0	10.0	40.6	0.75	10 050	686
OCF875	0.002	3.5	8.6	45.8	0.78	12 956	874
OCF1060	0.002	4.0	7.5	50.6	0.81	15 775	1 060
OCF550	0.001	3.5	8.6	29.4	0.50	7 416	551
OCF520	0.002	2.5	12.0	37.8	0.76	7 845	522
OCF690	0.002	3.0	10.0	42.3	0.78	10 370	692
OCF840	0.002	3.5	8.6	45.8	0.78	12 896	841
OCF1045	0.002	4.0	7.5	50.2	0.80	15 750	1 046

利用本章开发的高频 PIV 系统测量了水槽中垂面的二维流场,PIV 测量参数见表 6.2,其中,R_s 为成像分辨率,δt 为相机拍摄每张图片的曝光时间,Δt 为拍摄连续两张图片的时间间隔,N_f 为流场个数,Δx^+、Δy^+ 为沿 x、y 方向的流场网格内尺度间距。PIV 实验过程中使用的示踪粒子为平均粒径 $d_p = 10~\mu m$,密度 $\rho_p = 1.05 \times 10^3~\text{kg/m}^3$ 的空心玻璃微珠。水中施放的示踪粒子由功率为 5 W 的连续激光束经过片光光路形成的厚约 1 mm 的片光照亮,并由帧幅为 2 560×1 920 像素的高速相机记录。为了缩短相机拍摄连续两张图片的时间间隔 Δt,使得粒子在相邻两张图片中的位移小于判读窗口尺寸的 1/4,相机使用了局部拍摄模式。为避免粒子拖尾并保证示踪粒子充分曝光,拍摄每张图片的曝光时间均小于 200 μs。

表 6.2 PIV 测量参数

组次	R_s/(像素/mm)	$\delta t/\mu s$	f/Hz	$\Delta t/\mu s$	N_f	Δx^+	Δy^+
OCF380	15.0	150	1	2 500	5 000	8.1	8.1
OCF610	17.0	150	1	1 429	5 000	8.1	8.1
OCF530	19.9	100	1	1 250	5 000	8.4	8.4
OCF685	21.9	100	1	1 000	5 000	8.3	8.3
OCF875	23.9	100	1	833	5 000	8.3	8.3
OCF1060	24.8	100	1	667	5 000	8.6	8.6
OCF550	19.9	200	600	1 667	40 000	12.6	12.6
OCF520	18.0	100	600	1 667	4 800	9.3	9.3
OCF690	20.0	100	800	1 250	4 800	9.2	9.2
OCF840	21.0	100	1 000	1 000	4 800	9.2	9.2
OCF1045	21.9	100	1 200	833	4 800	9.5	9.5

为满足后续分析要求,同时开展了独立采样和高频采样两种 PIV 实验。进行独立采样实验的目的是保证连续两帧流场相互独立,以减少统计收敛所需的流场帧数,主要用于计

算明渠紊流的平均流速、紊动强度、雷诺应力等统计参数,改进横向涡识别方法,分析横向涡的基本特征及动力学作用。在独立采样模式下,相机以触发模式工作,每隔 1 s 按照设定的帧频连续拍摄两张粒子图片,每组实验共拍摄 5 000 对图片以获得 5 000 帧独立流场。开展高频 PIV 实验的目的是为了获得相互不独立的连续流场序列,以开展能谱以及涡的动态演化过程分析。在连续采样模式下,相机按设定的帧频连续拍摄图片,由于使用任意两张连续图片均可算出一帧流场,因此,流场采样频率等于相机帧频。在高频 PIV 实验中,OCF550 组次采集了 40 000 帧连续流场,其他组次分别采集了 4 800 帧连续流场。

6.3.2　明渠紊流统计参数

为了对明渠紊流 PIV 测量结果进行验证,将实测紊动统计参数与已公开报道的槽道流及边界层流动中的 PIV 和 DNS 数据进行了对比。其中,DNS 数据是摩阻雷诺数 $Re^* = 950$ 的槽道流模拟结果,数值计算方法及参数可参见文献(Del Alamo et al.,2004),该数据可以在网址 http://torroja.dmt.upm.es/ftp/channels 免费下载,这里将其编号为 CF950。PIV 数据分别为 Adrian 等(2000b)以及 Herpin 等(2010)在边界层流动中的测量结果,四组数据根据流动雷诺数的大小分别编号为 TBL820、TBL930、TBL2370 和 TBL2590。

图 6.14 展示了明渠紊流及槽道流的平均流速分布,为便于观察,仅绘出了四组雷诺数不同的明渠紊流实验结果。可以看到,PIV 实测平均流速与 DNS 数据在整个测量水深范围内均吻合得很好,平均流速分布在 $30 \leqslant y^+ \leqslant 0.2 Re^*$ 范围内满足对数律。与槽道流 DNS 数据相比,实测的明渠紊流的宽深比有限且存在自由水面,而宽深比及水面对于明渠紊流的影响均主要集中在靠近水面的区域(Nagaosa,1999)。明渠紊流与槽道流的平均流速分布在外区相互重叠的事实表明,在这里宽深比的条件下,明渠中垂面的平均流动几乎不受水槽侧壁影响,水面对平均流动的影响较弱。

图 6.15 为紊动强度及雷诺应力分布,图中各组次数据的图例与图 6.14 相同。对于雷诺应力 $\overline{uv}^+$,明渠紊流 PIV 测量结果与槽道流 DNS 数据在整个测量区域内均完全一致,说明测量区域的流动结构未受边壁二次流的影响,属于典型的准二维流动(Roussinova et al.,2008)。对于纵向紊动强度 u'^+ 及垂向紊动强度 v'^+,PIV 测量结果与 DNS 数据在 $y/H < 0.7$ 范围内吻合较好。但是,明渠紊流在水面附近的纵向紊动强度明显大于槽道流,而垂向紊动强度则小于槽道流,这种差异反映了边界条件的不同对水流结构的影响。对于明渠紊流,自由水面的存在抑制了垂向脉动,导致垂向紊动能在水流结构的作用下通过压力脉动向纵向和横向转移,实现紊动能的再分配(Komori et al.,1993a);对于槽道流,由于流动在槽道中心上下对称,垂向脉动不受制约,紊动能在这个区域不会发生重分配。因此,

明渠紊流的垂向紊动强度在靠近水面时会趋于零,而纵向紊动强度则由于接收了额外的紊动能而明显大于槽道流,Komori 等(1993b)及 Nagaosa (1999)在对明渠紊流的 DNS 研究中也观察到了相同的规律。

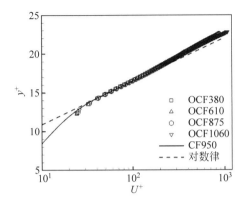
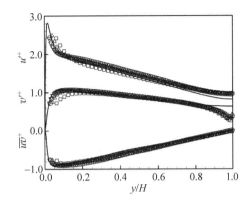

图 6.14　明渠紊流和槽道流平均流速分布(见彩插)　　图 6.15　紊动强度及雷诺应力分布(见彩插)

　　图 6.16 展示了横向涡量的均方差 $\omega_z'^2$ 沿垂向的分布,除槽道流 DNS 数据外,图中还展示了 Adrian 等(2000b)在边界层流动中的 PIV 实测数据。与槽道流 DNS 数据相比,除 TBL950 外,其他 PIV 实测数据在近壁区均偏小,说明 PIV 的测量分辨率不足以识别出流场中所有尺度的结构。值得指出的是,Adrian 等(2000b)所使用的 PIV 系统以胶片相机作为成像介质,成像分辨率显著高于 CMOS 相机,因此,TBL950 组次的测量结果优于这里的实测结果。

　　图 6.17 为利用 OCF550 组次的高频 PIV 数据计算的 Kolmogorov 尺度沿高度的分布,除槽道流 DNS 数据外,图中还展示了 Herpin 等(2010)在边界层流动中的 PIV 实测数据。在近壁区,明渠紊流、槽道流及边界层流动中的结果相互重叠,说明这一区域的耗能结构具有相同的尺度特征。在外区,PIV 测量数据与 DNS 数据之间出现了偏差,这可能与流动外边界、雷诺数及测量方法等因素有关。图 6.17 中的结果表明,近壁区耗能结构的最小

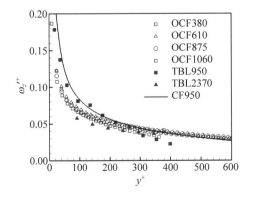
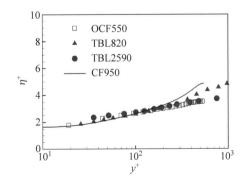

图 6.16　横向涡量的均方差沿垂向分布(见彩插)　　图 6.17　明渠紊流中 Kolmogorov 尺度沿
　　　　　　　　　　　　　　　　　　　　　　　　　　　　　　　　高度的分布(见彩插)

尺度约为 2 倍内尺度,小于绝大多数 PIV 系统的测量分辨率;随着高度的增加,耗能结构的尺度逐渐增大,对测量分辨率的要求也逐渐降低。由于 PIV 的测量分辨率沿垂向保持不变,因此,图 6.16 中近壁区横向涡量的测量误差远大于外区。

图 6.18 为 OCF550 组次对数区内的纵向脉动流速的能谱分布,图中实线为 Saddoughi 和 Veeravalli (1994) 在前人研究成果和大雷诺数边界层流动实测结果的基础上得到的一条标准能谱分布曲线,该分布几乎适用于所有已知的真实紊流。从图中结果可以看出,实测数据在 $0.01 \leqslant k_1 \eta \leqslant 0.5$ 范围内与标准能谱曲线相互重合;在 $k_1 \eta \leqslant 0.01$ 的低波数区,流动结构受边界条件影响,导致不同流动条件下的能谱分布相互分离;在 $k_1 \eta \geqslant 0.5$ 的高波数区,测量噪声强于真实脉动,能谱分布主要反映噪声的能量特征。前人研究表明,紊流中绝大多数能量耗散发生在 $k_1 \eta \leqslant 0.5$ 范围内(Bernard et al., 2003),这说明本应用实例高频 PIV 实验的时

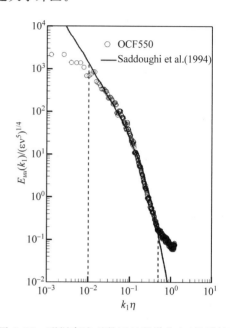

图 6.18　明渠紊流对数区的能谱分布(见彩插)

间分辨率和精度满足测量流动中绝大多数有意义的流动结构的要求。

图 6.14～图 6.18 中的结果表明,利用本章开发的高频 PIV 系统测得的明渠紊流流场数据是可靠的;与此同时,不同弗劳德数条件下的实验结果相互一致的事实也说明,在本应用实例所使用的水流条件下,弗劳德数对水流结构没有明显影响。因此,在后文的分析中将主要探讨雷诺数对实验结果的影响。

6.3.3　涡的演化特征

图 6.19 展示了实验组次 OCF520 中,从采样频率为 600 Hz 的连续流场中间隔 10 帧提取出的两帧流场中识别出的横向涡,流场之间的时间相隔 $\Delta t = 1/60$ s,图中流场为减去迁移速度后的伽利略分解结果,彩色云图表示与横向涡对应的涡识别变量 Λ_{ci} 的分布。仔细对比可以发现,图 6.19(a) 中编号为 $A_1 \sim L_1$ 的横向涡分别与图 6.19(b) 中编号为 $A_2 \sim L_2$ 的横向涡对应,说明这些涡的生存时间均大于 $1/60$ s;但是,经过 $1/60$ s 的演化后,涡的强度和大小均发生了改变,例如,涡 A_1 的强度明显变弱,而涡 D_1 的尺寸明显减小;同时,部分横向涡之间的相对位置也发生了改变,例如,涡 J_1 和涡 H_1 相互靠近并最终融为一体。另一方

面,图 6.19(a)和图 6.19(b)中部分横向涡互不匹配,例如,图 6.19(a)中的涡 M_1 在图 6.19(b)中已经消失,而图 6.19(b)中的涡 M_2 在图 6.19(a)中尚未形成。

上述变化形象地说明了明渠紊流中的横向涡具有随时间变化的特点,变化趋势构成了横向涡的动态演化特征。需要指出的是,在利用固定位置的二维 PIV 对三维涡结构进行测量时,涡结构沿横向的三维摆动也会导致测得的横向涡特征随时间发生变化。基于此,这里仅对横向涡的演化特征进行统计分析,在样本充足的条件下,统计分析可以排除测量方法本身的干扰。为定量描述横向涡的动态演化特征,分别定义强度变化量 Δ_λ 和尺度变化量 Δ_R 为

$$\Delta_\lambda = \lambda_{ci}(t + \Delta t) - \lambda_{ci}(t) \tag{6.4}$$

$$\Delta_R = R(t + \Delta t) - R(t) \tag{6.5}$$

式中,$\lambda_{ci}(t)$ 和 $R(t)$ 分别为横向涡在 t 时刻的强度和半径。

定量刻画横向涡的演化特征需要已知其强度和半径随时间的变化过程。一种可行的方法是在横向涡进入流场时开始对其进行跟踪,分别记录下其在后续所有流场中的强度和半径,直至涡被耗散或跑出测量区域。这种方法概念直观,但实施难度较大。这里使用一种简化的方法,该方法只关注横向涡在连续两帧流场中的强度变化和尺度变化,因而仅需要对连续两帧流场中的横向涡进行匹配,这可以借助粒子示踪测速技术(PTV)的基本原理得以实现。

为了使用 PTV 计算程序进行处理,将图 6.19 中横向涡的中心视为示踪粒子的质心,再进行涡匹配;为降低误匹配概率,对顺向涡和逆向涡分别进行处理。由于流场采样频率较高,横向涡在连续两张流场中的位移很小,强度和尺度变化不明显,因此,在实际计算时将第 N 帧流场和第 $N+10$ 帧流场中的横向涡进行匹配计算,在这种条件下,横向涡在两帧流场间的演化时间约为 $\Delta t^+ = 7$。PTV 算法采用匹配概率法,该算法的基本原理以及适用条件可参见李丹勋等(2012)的叙述,图 6.20 为 PTV 计算结果,箭头表示横向涡在连续两帧流场中的位移,对比图 6.19 可以发现,算法准确地匹配出了两帧流场中相互对应的横向涡。

许多研究表明,涡的生长伴随着尺寸的增大(Zhou et al.,1999),但关于涡的强度在生长过程中的变化规律则少有论述。根据亥姆霍兹涡管强度保持定理(章梓雄,1998),涡的强度会随着尺度的增大而减小,在真实流动中,黏性耗散还会进一步加剧强度的衰减速度。但是,涡的形成与生长是在具有相同方向的剪切层等有利因素的作用下完成的,这些因素对涡的增强作用大于黏性耗散等对涡的削弱作用,因此,涡的强度在生长过程中会不断增加。当背景流动不能继续提供生长所需的能量时,涡的强度开始在黏性耗散的作用下逐渐减弱,同时,涡所携带的涡量在黏性作用下逐渐向四周扩散(Chakraborty et al.,2005),因此,在衰减初期,涡的强度会减弱而尺寸则会继续增大。但是,随着衰减时间的增加,涡所携带的涡量在黏性作用下不断扩散和耗散,涡的边缘与背景流动之间的差异变得不明显,

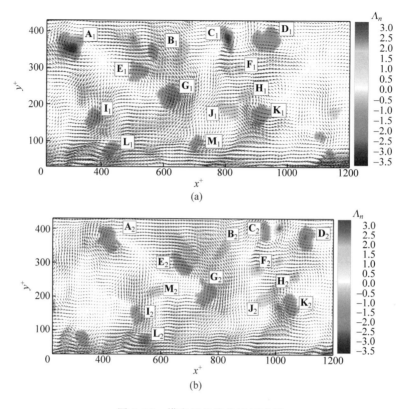

图 6.19　横向涡的演化特征示例

(a) $t=t_1$；(b) $t=t_1+\Delta t$

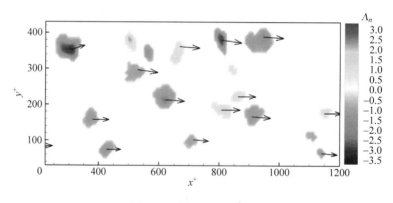

图 6.20　横向涡匹配结果

涡核所携带的涡量强度也不断减弱,具有明显旋转特征的区域逐渐缩小,使得有实际物理意义的涡核尺寸随时间逐渐减小。因此,在衰减过程的中后期,涡的强度和尺寸均会随时间逐渐减小。

图 6.21(a)和图 6.21(b)分别为横向涡的强度变化量 Δ_λ 与半径变化量 Δ_R 的概率密度函数(PDF),强度变化量与半径变化量的 PDF 关于零点近似左右对称,且不同组次的实验

点相互重合,这说明涡的演化特征在不同雷诺数的流动中具有相似性。表6.3分别统计了强度与半径增大和减小的概率,其中,强度增加和强度减小的概率基本相等,这说明所测流动等概率地发生着涡的生长和衰减,符合恒定均匀流的基本特征。与强度相比,表6.3中横向涡半径增大的概率大于半径减小的概率,这与上面关于涡的半径在生长和衰减初期随时间增大、在衰减中后期随时间减小的分析结果相符。

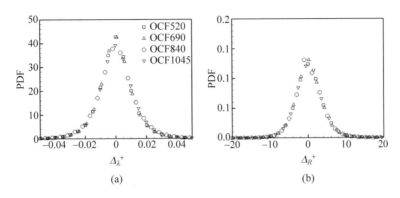

图6.21　横向涡强度变化量及半径变化量的概率密度函数

(a) 强度变化量；(b) 半径变化量

表6.3　横向涡强度和半径的变化趋势统计

组　　次	强度		半径	
	增大概率	减小概率	增大概率	减小概率
OCF520	0.498	0.502	0.489	0.453
OCF690	0.502	0.498	0.489	0.454
OCF840	0.506	0.494	0.493	0.451
OCF1045	0.509	0.491	0.495	0.449

图6.22(a)和图6.22(b)分别展示了OCF520组次中横向涡的强度与强度变化量以及半径与半径变化量之间的联合概率密度函数,为便于观察,图中用竖线表示了半径和强度的平均值。图6.22(a)表明,大部分小尺度横向涡的半径均随着时间逐渐增大,这说明尺度较小的横向涡主要处于生长阶段；相反,大尺度横向涡则更趋向于随时间逐渐变小,这说明大尺度横向涡主要处于衰减态的中后期。图6.22(b)表明,强度较弱的横向涡随时间增强的概率大于随时间减弱的概率,这说明强度较弱的横向涡主要处于生长阶段；同时,强度较大的横向涡随时间减弱的概率大于随时间增强的概率,这说明强度较大的横向涡主要处于衰减状态。综合上述结果可以发现,尺度较小且强度较弱的横向涡主要处于生长阶段,这部分横向涡的强度和半径均随着时间逐渐增大；相反,处于衰减状态的横向涡大多为强且大的涡旋,这些涡结构的强度和半径整体上均随着时间逐渐减小。

最后,图6.23(a)和图6.23(b)分别展示了OCF520及OCF1045组次中尺寸改变量与强度改变量之间的联合概率密度函数。根据强度改变量及半径改变量的正负可以将横向

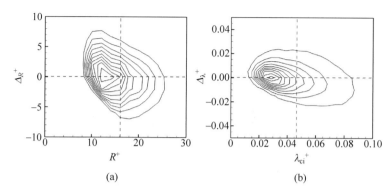

(a)   (b)

图 6.22   OCF520 中横向涡特征量的联合概率密度分布函数

(a) 半径与半径改变量；(b) 强度与强度改变量

涡的演化特征划分为四个象限,其中:第一象限表示强度与半径均随着时间增大,位于该象限的横向涡处于生长状态;第二象限表示强度增大但半径减小,这类横向涡仍然处于生长状态,但受到强烈的拉伸作用;第三象限表示强度和半径同时减小,这类横向涡处于衰减态的中后期;第四象限表示强度减小但尺寸增大,这类横向涡主要处于衰减态的早期。图 6.23 表明,涡的演变特征在各个象限的分布具有明显的不均匀性,且这种特性在不同雷诺数流动中均存在,对所有实验组次中各象限联合概率分布的统计结果表明(见表 6.4),横向涡的演变特征位于第一象限的概率最大,第三象限次之,第二象限最小。

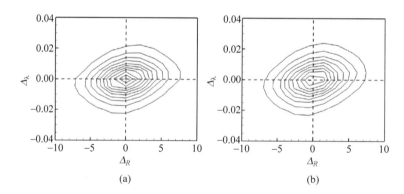

(a)   (b)

图 6.23   横向涡强度变化量与半径变化量的联合概率密度函数

(a) OCF520；(b) OCF1045

表 6.4   横向涡强度变化和半径变化的联合概率分布

组　　次	第 一 象 限	第 二 象 限	第 三 象 限	第 四 象 限
OCF520	0.283	0.187	0.267	0.206
OCF690	0.281	0.193	0.261	0.208
OCF840	0.290	0.189	0.262	0.203
OCF1045	0.296	0.185	0.264	0.198

6.3.4　横向涡对雷诺应力的贡献

在紊流统计理论中,流速脉动引起的雷诺应力是紊流区别于层流的主要特征,雷诺应力对平均流动中的变形所做的功是紊动能的产生源,但是,对雷诺应力的封闭却一直困扰着紊流统计理论的进一步发展(夏震寰,1992)。因此,从相干结构的视角研究雷诺应力,分析涡与雷诺应力之间的定量关系不仅有助于认识涡在紊流动力学过程中的作用,相关研究成果也可以推动紊流统计理论的发展。

在本节分析中,将顺向涡(逆向涡)对雷诺应力的贡献率定义为如下比例形式:

$$S_{p(r)}(y) = \frac{\tau_{p(r)}(y)}{-\rho \overline{uv}(y)} \tag{6.6}$$

其中

$$\tau_{p(r)}(y) = -\frac{1}{M}\sum_{i=1}^{M}\rho u(x_i,y)v(x_i,y)I_{p(r)}(x_i,y) \tag{6.7}$$

表示位于高度 y 处的顺向涡(逆向涡)携带的雷诺应力,$M=N_fN_x$,N_f 为各组次实验所测得的流场帧数,N_x 为所测每个流场沿水流方向的测点数。将测点是否位于顺向涡(逆向涡)内部的指示函数定义为:

$$I_{p(r)}(x_i,y) = \begin{cases} 1, & \text{若测点在涡内} \\ 0, & \text{若测点在涡外} \end{cases} \tag{6.8}$$

显然,在上述定义形式下,S_p+S_r 等于横向涡对雷诺应力的总贡献率。

图 6.24(a)和图 6.24(c)分别以内尺度坐标和外尺度坐标的形式展示了顺向涡对雷诺应力的贡献率 S_p。在明渠紊流近壁区($y^+<100$),S_p 从零迅速增大至 5.6% 的局部最大值;在明渠紊流外区,S_p 随着高度呈略微增大的变化趋势,数值在 5%~6% 之间。当绘制为 y^+ 的函数时,不同雷诺数条件下的 S_p 在近壁区具有明显相似性;与此同时,当绘制为 y/H 的函数时,除雷诺数最低的 OCF380 外,其余各组数据在外区均相互重叠。

逆向涡对雷诺应力的贡献率 S_r 如图 6.24(b)和图 6.24(d)所示,与 S_p 在对数区出现局部最大值不同,S_r 从床面开始沿水深先快速增大随后逐渐趋于稳定,最大贡献率约为 3%。在内尺度坐标系下,不同雷诺数条件下的 S_r 在整个水深范围内均重叠较好,反映了逆向涡对雷诺应力的贡献率在不同流动条件下的相似性。在外尺度坐标系下,S_r 具有微弱的雷诺数相关性,根据图 6.24(b)中曲线的走势可以推断,随着雷诺数继续增大,S_r 将逐渐趋于一致。在相同水流条件下,逆向涡对雷诺应力的贡献率在整个水深范围内均小于相同高度的顺向涡,与顺向涡数量多于逆向涡数量的规律一致。

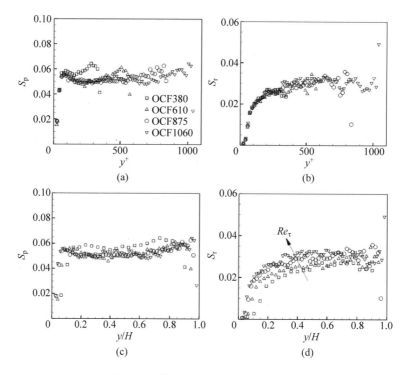

图 6.24　横向涡对雷诺应力的贡献率

(a) 顺向涡；(b) 逆向涡；(c) 顺向涡；(d) 逆向涡

　　整体而言,顺向涡及逆向涡对雷诺应力的贡献率均较低,二者对雷诺应力的总贡献率不足 10%。与这里的分析类似,Wu 和 Christensen(2006)曾利用边界层流动和槽道流 PIV 实测数据定量研究了顺向涡及逆向涡对总应力(雷诺应力与黏性应力之和)的贡献率,结果表明外区的顺向涡及逆向涡对总应力的贡献率分别小于 10% 和 5%,由于壁面紊流外区的总应力主要由雷诺应力组成,他们的结果也间接证实了横向涡本身对雷诺应力的贡献率较小。

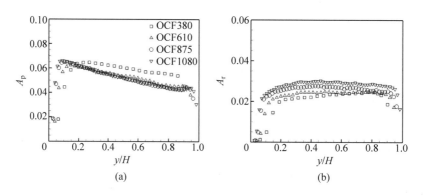

图 6.25　横向涡在明渠中的面积比例

(a) 顺向涡；(b) 逆向涡

　　为了分析横向涡对雷诺应力贡献微弱的原因,图6.25展示了顺向涡及逆向涡的面积占整个流场面积的比例A_p及A_r随高度的变化趋势,与图6.24对比可以发现,顺向涡和逆向涡的面积比例与雷诺应力贡献率之间近似满足关系:

$$S_{p(r)}(y) \approx A_{p(r)}(y) \tag{6.9}$$

若令τ_{cp}和τ_{cr}分别表示顺向涡和逆向涡内部的条件平均雷诺应力,则可以把式(6.7)改写为

$$\tau_{p(r)}(y) = \tau_{cp(cr)}A_{p(r)}(y) \tag{6.10}$$

将式(6.9)及式(6.10)代入式(6.6)并经化简可得,顺向涡及逆向涡内部的条件平均雷诺应力与明渠紊流雷诺应力之间满足关系:

$$\tau_{cp}(y) \approx \tau_{cr}(y) \approx -\rho\,\overline{uv}(y) \tag{6.11}$$

　　式(6.9)及式(6.11)表明,由于顺向涡及逆向涡的面积占整个流场面积的比例较小,而涡内部缺乏强烈的雷诺应力产生源,使得顺向涡及逆向涡对雷诺应力的贡献率较低。上述论断可以从图6.26中进一步得到证实,该图展示了从OCF380组次中提取的一张典型流场,流场中与顺向涡及逆向涡对应的涡识别变量Λ_{ci}分别由虚等值线和实等值线表示,瞬时动量通量$-uv$的大小则由彩色云图表示。从图中可以看到,尽管流场中分布有大量的顺向涡及逆向涡,但由于尺寸较小,涡结构仅占据了整个流场面积的一小部分区域。此外,图中大多数涡结构分布在正、负uv区域的交界带,使得涡内部携带的平均雷诺应力较少。

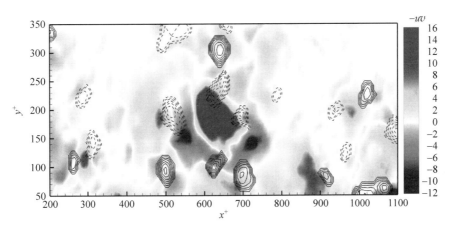

图6.26　组次OCF380典型流场中横向涡与$-uv$场之间的空间分布关系(见彩插)

　　尽管横向涡本身对雷诺应力贡献较小,但图6.26中的结果却显示,$-uv$数值较大的区域大多位于横向涡的周围。事实上,Wu和Christensen(2006)在分析顺向涡及逆向涡对总应力的贡献率时就曾发现,当将计算区域扩大至涡周围的区域时,顺向涡及逆向涡对雷诺应力的贡献率会随着计算区域的扩大而快速增大,说明对雷诺应力贡献较大的结构位于横向涡的周围。类似地,Ganapathisubramani等(2003)在利用SPIV分析位于边界层流动对数区内的水平面的三维流场时也发现,若将成对出现的垂向涡及涡对之间的低速等动量区视为发夹涡的特征,发夹涡周围的诱导流场虽然仅占据整个流场面积的4%,但对雷诺应力

的贡献率却高达 28%。因此,本节实验结果及已有研究结果均表明,尽管涡本身对壁面紊流雷诺应力的贡献率不大,但涡的诱导流场却是雷诺应力的重要贡献者。

6.3.5 横向涡与净力之间的关系

为了说明净力的定义并直观理解其在壁面紊流中的动力学作用,需要借助壁面紊流的基本控制方程。由流体力学基本理论可知,向量形式的明渠流 N-S 方程为

$$\frac{\partial \boldsymbol{U}}{\partial t} + (\boldsymbol{U} \cdot \nabla)\boldsymbol{U} = \boldsymbol{g} - \frac{1}{\rho}\nabla p + v\nabla^2 \boldsymbol{U} \tag{6.12}$$

式中,$\boldsymbol{U} = U\boldsymbol{i} + V\boldsymbol{j} + W\boldsymbol{k}$;$\nabla = \frac{\partial}{\partial x}\boldsymbol{i} + \frac{\partial}{\partial y}\boldsymbol{j} + \frac{\partial}{\partial z}\boldsymbol{k}$,$\nabla^2 = \frac{\partial^2}{\partial x^2} + \frac{\partial^2}{\partial y^2} + \frac{\partial^2}{\partial z^2}$;$\boldsymbol{g}$ 表示单位体积力;ρ 为水的密度。对于二维明渠恒定均匀层流,式(6-10)在 x 方向的分量可以化简为

$$0 = \rho g \sin\theta + \mu \frac{\partial^2 U}{\partial y^2} \tag{6.13}$$

同理,将式(6.12)系综平均可得到二维明渠恒定均匀紊流在 x 方向的控制方程为

$$0 = \rho g \sin\theta + \frac{\partial(-\rho \overline{uv})}{\partial y} + \mu \frac{\partial^2 U}{\partial y^2} \tag{6.14}$$

进行简单的量纲分析可知,式(6.13)和式(6.14)等号右边的各项分别具有单位力的量纲。其中,$\rho g \sin\theta$ 表示施加在流体微团(流团)单位体积上的重力,$\mu \partial^2 U/\partial y^2$ 表示流团表面单位面积所承受的黏性力。与式(6.13)相比可知,$\partial(-\rho \overline{uv})/\partial y$ 是明渠紊流中由于流速脉动而引入的新项,由于雷诺应力 $-\rho \overline{uv}$ 从一出现就是紊流统计理论的研究重点,因此,式(6.14)中多出的这一项通常被理解为伴随雷诺应力出现的附加项,并根据其直观形式将其称为雷诺应力的梯度项。事实上,由于 $\partial(-\rho \overline{uv})/\partial y$ 同样具有单位体积力的量纲,越来越多的研究倾向于将其视为与雷诺应力同等重要的独立元素进行研究,并将其命名为净力(net force)(Adrian,2007)。需要说明的是,净力不是真实意义上的物理作用力,而是一种雷诺平均形式的虚拟作用力,表征了水流脉动引起的动量输运对平均流动的影响。

从受力平衡的角度理解,式(6.13)说明二维明渠恒定均匀层流中任意点的运动状态是重力和黏性力相互平衡的结果,而式(6.14)则说明二维明渠恒定均匀紊流中任意点的平均运动状态是重力、黏性和净力三者相互平衡的结果。为了更形象地说明净力对平均流动的影响,图 6.27 示意了恒定均匀条件下二维明渠层流的平均流速分布、二维明渠紊流的平均流速、雷诺应力及净力分布,根据雷诺应力分布的形状可知,以雷诺应力最大值点 y_p 为界,净力在壁面紊流近壁区和外区分别大于零和小于零。对比分析可以发现,净力分布的形状与平均流速分布从层流到紊流的变化趋势具有极好的对应关系:壁面紊流近壁区的净

力大于零,对平均流动起推动作用;外区净力小于零,对平均流动起阻滞作用(Adrian,2007)。需再次强调的是,净力仅反映了水流脉动引起的动量输运对平均流动的影响,这些动量输运过程由大量的喷射和清扫运动完成,综合效果是近壁区低速流体被泵入外区,而外区的高速流体潜入近壁区,使得近壁区和外区的平均流动分别被推动和阻滞。

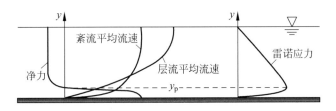

图 6.27　净力分布及其物理意义示意图

为了从理论上推导净力和相干结构之间的关系,可以将式(6.12)中动量方程的非线性项展开为如下涡量形式:

$$(\boldsymbol{U} \cdot \nabla)\boldsymbol{U} = \nabla\left(\frac{\boldsymbol{U}^2}{2}\right) - \boldsymbol{U} \times (\nabla \times \boldsymbol{U}) \tag{6.15}$$

将式(6.15)取平均,并将其 x 方向的分量展开后可得

$$\overline{U\frac{\partial U}{\partial x} + U\frac{\partial V}{\partial y} + U\frac{\partial W}{\partial z}} = \frac{\partial}{\partial x}\overline{\left(\frac{U^2+V^2+W^2}{2}\right)} - \overline{U\widetilde{\omega}_z} + \overline{W\widetilde{\omega}_y} \tag{6.16}$$

式中,$\widetilde{\boldsymbol{\omega}} = \nabla \times \widetilde{\boldsymbol{u}}$ 表示涡量。将 $U = \overline{U}+u, V = \overline{V}+v, W = \overline{W}+w$ 以及 $\widetilde{\omega}_y = \Omega_y + \omega_y, \widetilde{\omega}_z = \Omega_z + \omega_z$ 代入式(6.16)并假定流动条件为二维恒定均匀可得(Klewicki, 1989)

$$\frac{\partial}{\partial y}(-\overline{uv}) = \overline{v\omega_z} - \overline{w\omega_y} \tag{6.17}$$

这说明净力的产生是由于两个涡量通量的不一致导致的。由于携带涡量的流团是流动中最重要的相干结构之一,式(6.17)从理论上建立了净力与相干结构之间的动力学关系。

由于横向涡量占优和垂向涡量占优的结构既可能属于相同结构的不同组成部分,又可能属于不同类型的结构,以下将分别研究 $\overline{v\omega_z}$ 和 $\overline{w\omega_y}$ 对净力的相对贡献率。对于与这里相似的二维PIV实验,尽管无法直接测得横向脉动速度 w 和垂向脉动涡量 ω_y,但在不可压缩二维恒定均匀流条件下,可以将 $\overline{v\omega_y}$ 转化为其他可测或可计算变量的形式,具体推导过程如下:

$$\overline{w\omega_y} = \overline{w\frac{\partial u}{\partial z} - w\frac{\partial w}{\partial x}} = \overline{w\frac{\partial u}{\partial z}} - \frac{1}{2}\frac{\partial \overline{w^2}}{\partial x} \tag{6.18a}$$

在均匀流条件下 $\partial\overline{w^2}/\partial x = 0$,式 6.18(a)可化简为

$$\overline{w\omega_y} = \overline{w\frac{\partial u}{\partial z}} = \frac{\partial \overline{uw}}{\partial z} - \overline{u\frac{\partial w}{\partial z}} \tag{6.18b}$$

在准二维流动中 $\partial\overline{uw}/\partial z = 0$,将连续方程代入式 6.18(b)可得

$$\overline{w\omega_y} = \overline{u\frac{\partial v}{\partial y}} + \overline{u\frac{\partial u}{\partial x}} = \overline{u\frac{\partial v}{\partial y}} + \frac{1}{2}\frac{\partial \overline{u^2}}{\partial x} \tag{6.18c}$$

对式(6.18c)使用均匀流条件可得

$$\overline{w\omega_y} = \overline{u\frac{\partial v}{\partial y}} \tag{6.18d}$$

为了验证式(6.18d)的可靠性,图 6.28 展示了实验组次 OCF875 中分别利用 $\partial(-\overline{uv})/\partial y$ 和 $\overline{v\omega_z} - \overline{u\partial v/\partial y}$ 两种方式计算的净力分布。除极靠近壁面的区域外,两种计算方式得到的净力分布均相互重合,表明利用式(6.18d)可以准确计算 $\overline{v\omega_y}$。需要说明的是,尽管利用不同计算方法得到的净力剖面在近壁区相互偏离,但剖面趋近床面时的变化趋势完全一致,说明这一区间内的定量差异主要由近壁区 PIV 测量误差和计算速度梯度时引入的误差导致,应与计算方法无关。

图 6.28 中还分别绘出了 $\overline{v\omega_z}$ 及 $\overline{w\omega_y}$ 两条曲线沿垂向的分布,曲线之间的面积直观显示了净力的大小。从图中可以看到,在雷诺应力最大值点 y_p 以下的区域,由于 $\overline{v\omega_z}$ 的数值大于 $\overline{w\omega_y}$,使得这一区域的净力大于零,从而推动近壁区平均流动并形成较大的床面阻力。相反,由于 $\overline{w\omega_y}$ 沿垂向的增长速度大于 $\overline{v\omega_z}$,使得 y_p 以上区域产生负净力,阻滞流动核心区的平均流动。上述结果表明,明渠紊流的平均流动取决于 $\overline{v\omega_z}$ 与 $\overline{w\omega_y}$ 之间的微妙差异,在明渠紊流近壁区改变二者的相对大小可以增加或减少床面阻力。需要特别指出的是,尽管 y_p 点附近的净力为零,但并不意味着这一区域没有动量输运,而是由于携带不同涡量的结构在这一区域对动量输运的贡献相互平衡,事实上,由于雷诺应力在 y_p 附近达到最大值,这一区域的流动结构应当最为活跃。

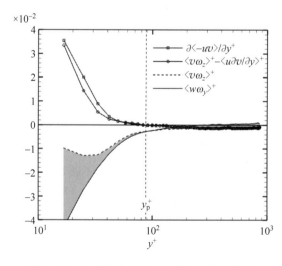

图 6.28　实验组次 OCF875 的净力剖面分布

为进一步揭示横向脉动涡量和垂向脉动涡量对净力的相对贡献率,图 6.29 展示了 OCF875 组次中构成净力的两个涡量通量项之比 $\overline{v\omega_z}/\overline{w\omega_y}$ 沿垂向的分布规律。根据图中结果,大致可以将明渠紊流沿垂向划分为三个区域:在雷诺应力最大值点 y_p 以下的近壁区,

$\overline{w\omega_y}$ 的绝对强度大于 $\overline{v\omega_z}$,主要起输出动量的作用;相反,在 $y^+ \geqslant y_o^+ \approx 0.8Re^*$ 的近水面区,尽管 $\overline{w\omega_y}$ 的绝对强度同样大于 $\overline{v\omega_z}$,但 $\overline{w\omega_y}$ 的数值由负变正,使得该区域主要消耗平均动量;最后,在明渠紊流的主流区内($y_p^+ \leqslant y^+ \leqslant y_o^+$),$\overline{w\omega_y}$ 的数值由负变正,$\overline{v\omega_z}$ 的绝对强度显著大于 $\overline{w\omega_y}$,起消耗平均动量的作用。Morrill-Winter 和 Klewicki(2013)在对槽道流进行分析时,尽管也发现了类似的分区结构,但槽道中心并没有 $\overline{w\omega_y}$ 占优的区域,这说明水面对明渠紊流 $y^+ \geqslant y_o^+ \approx 0.8Re_\tau$ 区域的流动特征产生了明显影响,对比近壁区和近水面区的 $\overline{v\omega_z}$ 及 $\overline{w\omega_y}$ 的相对强度可以发现,水面具有类似壁面的性质。对比三个区间的相对大小可以发现,由于雷诺应力出现最大值的位置大致满足 $y_p^+ \approx 1.9\sqrt{Re^*}$ (Wei et al.,2005)当 $Re^* \to \infty$ 时,$y_p^+ / Re^* \to 0$。因此,随着雷诺数的增大,床面附近 $\overline{w\omega_y}$ 占优的区间越来越小,而主流区 $\overline{v\omega_z}$ 占优的区域会进一步扩大。

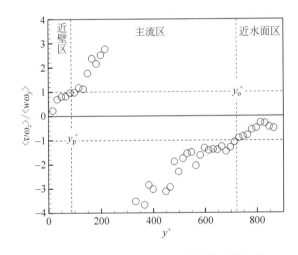

图 6.29   实验组次 OCF875 中涡量通量之比

最后,图 6.30 展示了不同实验组次中涡量通量沿垂向的分布规律。图 6.30(a)中 $\overline{v\omega_z}$ 在整个测量范围内均小于零,在靠近床面的过程中,$\overline{v\omega_z}$ 先快速减小并在过渡区出现局部最小值。在更靠近床面的区域,Crawford 和 Karniadakis(1997)的 DNS 结果显示,$\overline{v\omega_z}$ 将逐渐由负变正,并在 $y^+ \approx 5$ 附近出现极大值。当绘制为 y^+ 的函数时,图 6.30(a)中内尺度无量纲化的 $\overline{v\omega_z}$ 在近壁区随着雷诺数增大而增大,与 Klewicki(1989)以及 Priyadarshana 等(2007)在中、高雷诺数边界层流动中的实测结果一致。图 6.30(b)中 $\overline{w\omega_y}$ 在靠近床面的过程中由正值逐渐减小为负值,但不同实验组次对应的 $\overline{w\omega_y}$ 分布由正变负的位置会随着雷诺数的增大而升高。受测量区间的制约,图 6.30(b)中并未观察到 $\overline{w\omega_y}$ 出现极值的位置,但 Crawford 和 Karniadakis(1997)的 DNS 结果表明,$\overline{w\omega_y}$ 大致在 $y^+ \approx 10$ 附近达到最小,并在趋近床面的过程中逐渐增大至零。在相同垂向位置,不同实验组次的 $\overline{w\omega_y}^+$ 在近壁区相互重叠,在外区则表现为随着雷诺数的增大而减小。

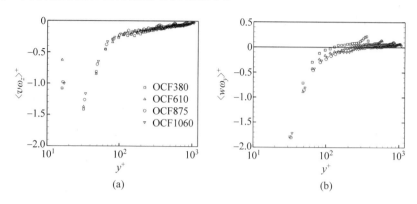

图 6.30　速度与涡量相关量沿垂向分布规律

(a) $\langle v\omega_z\rangle^+$ 剖面；(b) $\langle w\omega_y\rangle^+$ 剖面

由于 $\overline{v\omega_z}^+$ 在近壁区随雷诺数变化,在外区与雷诺数无关;而 $\overline{w\omega_y}^+$ 在近壁区与雷诺数无关,在外区随雷诺数增大而减小,使得净力在整个水深范围内会随着雷诺数发生改变,这与雷诺应力分布随雷诺数发生变化的趋势一致(Abe et al.，2001)。尽管如此,对本节其他实验数据的分析发现,$\overline{v\omega_z}$ 在大多数水深范围内对净力的形成起主导作用的规律不会随雷诺数发生改变,说明携带横向涡量的结构始终在塑造明渠紊流主流区平均流动的过程中起着重要作用。因此,下面将主要研究携带横向涡量的横向涡与净力之间的关系。

尽管 $\overline{v\omega_z}$ 在明渠主流区的强度优势凸显了携带横向涡量的相干结构的重要作用,但由于横向涡量可能被不同类型的相干结构所携带,尚有必要探讨不同类型的相干结构与净力之间的动力学关系。已有研究表明,壁面紊流中携带涡量的结构根据其几何形态可分为涡丝(vortex filament)、涡片(vortex sheet)及涡团(vortex blob)三种主要类型(Chakraborty et al，2005)。其中,涡丝是指由一束长而细的涡线组成的三维结构,在随着涡丝运动的局部坐标系下观察时,垂直于涡丝中心轴的截面上的局部流场呈螺旋状旋转(Marusic and Adrian，2013),因此,涡丝是本节所指的涡结构的不同称谓。涡片是二维片状结构,主要是指携带涡量的剪切层,这类结构在壁面紊流中较为常见,近年来,已有部分研究关注剪切层在壁面紊流中的动力学作用(Pirozzoli et al.，2010)。涡团是指各方向尺寸基本一致的三维块状结构,在紊流相干结构研究中鲜有报道。

这里主要分析横向涡与净力之间的动力学联系,由于横向涡是三维涡结构与纵垂面相交的截面,横向涡内部主要携带大量的横向涡量,因此,横向涡与净力之间的定量关系表示为横向涡对 $\overline{v\omega_z}$ 的贡献率,定义如下:

$$F_{p(r)}(y) = \frac{\langle v\omega_z\rangle_{p(r)}(y)}{\overline{v\omega_z}(y)} \tag{6.19}$$

其中,位于垂向位置 y 处的顺向涡(逆向涡)携带的平均涡量通量的计算公式为

$$\langle v\omega_z \rangle_{p(r)}(y) = \frac{1}{M} \sum_{i=1}^{M} v(x_i, y)\omega_y(x_i, y) I_{p(r)}(x_i, y) \tag{6.20}$$

其中,指示函数 $I_{p(r)}$ 的定义见式(6.8)。在上述定义方式下,横向涡对 $\overline{v\omega_z}$ 的总贡献率为 $F_p + F_r$,而涡片及涡团等其他结构对 $\overline{v\omega_z}$ 的贡献率等于 $1 - F_p - F_r$。

图 6.31(a)及图 6.31(c)分别展示了顺向涡对 $\overline{v\omega_z}$ 的贡献率 F_p 在内尺度坐标和外尺度坐标下的分布规律。沿水深方向,F_p 在近壁区增长迅速而在外区基本维持稳定;当绘制在内尺度坐标系下时,F_p 在 $y^+ \leqslant 120$ 范围内具有明显的相似性,这一范围大致相当于 $\overline{w\omega_y}$ 占优的内区,而在 $\overline{v\omega_z}$ 占主导的主流区内,虽然数据点较为分散,但 F_p 在内尺度及外尺度坐标系下均表现出随着雷诺数的增加而增大的规律。具体而言,顺向涡对 $\overline{v\omega_z}$ 的贡献率从 OCF380 条件下的约 60% 迅速提高到 OCF1080 条件下的约 90%。

图 6.31(b)及图 6.31(d)分别为逆向涡对 $\overline{v\omega_z}$ 的贡献率 F_r 在内尺度和外尺度坐标系下的分布规律。与顺向涡始终对 $\overline{v\omega_z}$ 做正贡献不同,逆向涡在整个水深范围内对 $\overline{v\omega_z}$ 的贡献率均为负,但绝对贡献率随水深和雷诺应力的变化区域与顺向涡一致。例如,F_r 的绝对值在近壁区快速增大,但在外区基本维持稳定,当绘制在内尺度坐标系下,F_r 在 $y^+ \leqslant 120$ 范围内具有明显的相似性,但在 $\overline{v\omega_z}$ 占主导的主流区内却随着雷诺数的增加而明显增大。在本节实验的雷诺数范围内,逆向涡在这一区间内对 $\overline{v\omega_z}$ 的贡献率由 OCF380 条件下的 -20%

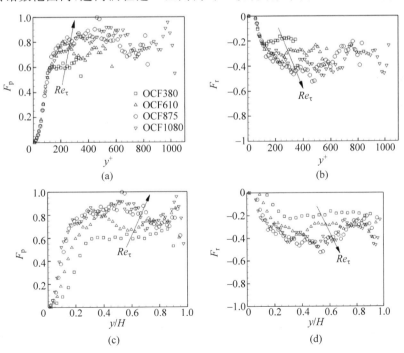

图 6.31 顺向涡及逆向涡对 $\overline{v\omega_z}$ 的贡献率

(a)(c) 顺向涡;(b)(d) 逆向涡

增大为 OCF1080 条件下的约 -40%。

结合图 6.25 中的结果可知,尽管顺向涡及逆向涡在明渠紊流外区所占据的体积分别不足 6% 和 3%,但它们对于净力的绝对贡献率却分别大于 60% 和 20%,这表明横向涡内部的条件平均 $\overline{v\omega_z}$ 至少为系综平均值的 10 倍。为了解释横向涡对 $\overline{v\omega_z}$ 产生高贡献率的原因,图 6.32 展示了从实验组次 OCF380 中提取出的一张典型流场,其中,流场中与顺向涡和逆向涡对应的 Λ_{ci} 分别由虚等高线和实等高线表示,瞬时涡量通量 $v\omega_z$ 则由彩色云图表示。从图中可以明显看到,瞬时涡量通量强度较大的区域大多位于横向涡内部,但是,许多横向涡内同时分布有正、负涡量通量,这种现象与横向涡本身的脉动流速及脉动涡量分布特征是一致的。

如图 6.32 中的插图所示,由于垂向脉动流速在横向涡的左右两侧正负各异,而顺向涡和逆向涡内的横向脉动涡量分别小于零和大于零,使得顺向涡和逆向涡内均同时出现正负涡量通量。然而,如果所有横向涡内部的垂向流速分布均左右对称,则横向涡对 $\overline{v\omega_z}$ 的总贡献率将为零,这与图 6.31 中的实验结果不符。由此可以推断,实际流场中的横向涡在沿主流往下游运动的过程中,还应当具有垂向运动分量。根据顺向涡对 $\overline{v\omega_z}$ 的贡献率为正而逆向涡对 $\overline{v\omega_z}$ 的贡献率为负可以判断,顺向涡及逆向涡在平均意义上均有从床面向水面抬升的运动趋势。

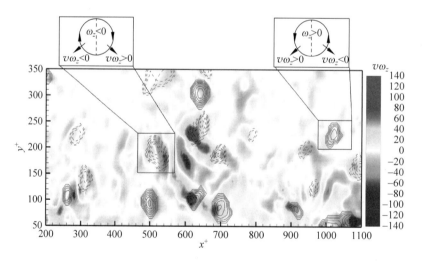

图 6.32　组次 OCF380 典型流场中横向涡与 $v\omega_z$ 场之间的空间分布关系(见彩插)

最后,图 6.33 展示了横向涡对 $\overline{v\omega_z}$ 的总贡献率。从图中可以看到,横向涡对 $\overline{v\omega_z}$ 的总贡献率在近壁区增长迅速,并在 $200 \leqslant y^+ \leqslant 0.9Re_\tau$ 范围内维持在 45% 左右,这说明占据流场面积不足 10% 的横向涡是净力的重要产生源,与明渠主流区平均流动特征的形成密切相关。与槽道流、管流以及边界层流动等其他壁面紊流相比,尽管还没有关于涡与净力之间定量关系的专门报道,但 Guala 等(2006)以及 Balakumar 和 Adrian (2007)对雷诺应力以及净力的谱分析结果表明,虽然尺度小于大尺度结构的涡结构对雷诺应力贡献甚微,但它们

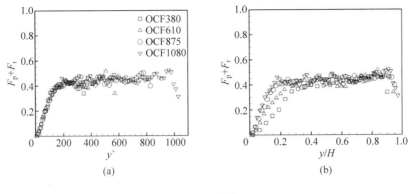

图 6.33　横向涡对 $\overline{v\omega_z}$ 的总贡献率

(a) 内尺度坐标；(b) 外尺度坐标

对净力的贡献率超过 50%，这与本节的研究结果是相符的。由于横向涡的总贡献率在主流区内不随流动雷诺数发生变化，这说明即使是在高雷诺数壁面紊流中，横向涡依然是塑造主流区平均流动的关键结构。

6.4　在方腔流中的应用

6.4.1　实验系统及实验条件

带有方腔的槽道流动测量系统由两部分组成，分别为自循环式方腔槽道水流系统及高频 PIV 系统，如图 6.34 所示。自循环式方腔槽道水流系统由大水箱、栅格、水管、水泵、流量开关、过渡槽道段及方腔组成，如图 6.34(a) 所示。大水箱的作用类似小型水库，用以提供充足的水源，其较大的表面积能保证系统内水位的稳定性。水流的动力系统采用 LRS 25-6 型屏蔽式增压泵，其最大流量为 3 m³/h，对应的雷诺数（以进口处水力半径及平均流速衡量）可达 5 000。为精细调整系统的流量，添加流量开关，实验时可充分模拟水流从层流至紊流的变化过程。为保证水管的圆形断面（$d=2.5$ cm）平稳过渡至方腔入口的矩形断面（4 cm×2 cm），采用长为 25 cm 的过渡段连接水管及方腔。出水口处设有栅格，用以整流及消除大尺度结构，并减小水面的波动。

本系统中方腔槽道尺寸为 8 cm×4 cm×6 cm，由上下对称的方腔及中间的主流区组成，其中方腔长度 $L=8$ cm，宽度 $W=4$ cm，深度 $D=2$ cm。由 Sarohia(1976) 和 Ahuja 和 Mendoza(1995) 的研究可知：当 $L/W>1$ 时，方腔内水流形态主要为三维，反之为二维；当

$L/D>8$ 时,方腔为封闭式,反之为敞开式;当 $L/D<1$ 时,方腔为深腔,反之为浅腔。故这里的方腔属于三维敞开式浅腔,即剪切层在方腔入口的台阶处分离,在未冲撞下游边壁前接触凹腔底面,并沿展向具有一定的摆动。方腔的背面为不锈钢材料,上下和前面是玻璃,以便于激光从方腔底面往上垂直照射,高速摄像机透过方腔拍摄激光照亮区域获取实验图片。

方腔中垂面的二维瞬时流速场测量采用自主开发的二维高频 PIV 系统,由高速摄像机、连续激光器、示踪粒子及 PIV 计算软件组成,如图 6.34(b)和图 6.34(c)所示。PIV 技术可以无干扰地测量平面内各点的二维流速矢量,是目前实验流体力学领域应用最广泛的流速测量技术。NR3-S3 高速摄像机的 CMOS 大小为 $1\,280\times1\,024$ 像素,采样频率最高可达 $2\,500$ Hz;为兼顾进光量和图像变形两方面的要求,为高速相机配备了佳能 EF 85 mm f/1.2L IIUSM 镜头;采用功率为 2 W 的 Nd-YAG 型连续激光器,波长 532 nm;示踪粒子为 HGS-10 型空心玻璃微珠,粒径为 10 μm;采用自主编写的 PIV 软件计算流场,算法为多级窗口迭代的定网格图像变形算法,通过不断减小诊断窗口的尺寸,并同时利用流场信息对诊断窗口进行变形来提高计算的精度。

具体实验步骤为:①先在水箱中注入充足的水量,打开水泵使系统中形成某一较小的流量;②按照预设的雷诺数,调节水泵的功率及流量开关,使实验雷诺数接近预设值;③向水流中加入适宜浓度的示踪粒子,等待 15~20 min 至水流系统充分稳定;④调节激光使其照亮测量区域,示踪粒子在激光的照射下发生散射,形成较好的可视化图形;⑤调整镜头与激光片光间的距离、镜头与相机间的距离改变图像分辨率,调节相机至清晰成像,利用相机的高频采样能力拍摄并存储实验图片序列。

本实验采样频率为 800 Hz,采样容量为 80001 帧,图片分辨率为 12 像素/mm(83.3 μm/像素)。共进行了七组不同雷诺数的实验,实验条件见表 6.5。雷诺数定义为 $Re=RU_{mean}/\nu$;ν 为运动黏滞系数,水力半径 R 由方腔进口断面(未扩大前)计算而得,平均流速 U_{mean} 为方腔进口断面(未扩大前)处速度的平均值。由 Holman(2011)可知,当 $Re<575$ 时,槽道内流态为层流;当 $575<Re<1\,000$ 时,为过渡流;当 $Re>1\,000$ 时,为紊流。故本实验中测次 1 为层流,测次 2 为过渡流,其他测次为紊流。

表 6.5 实验水流条件

测　次	温度/℃	$\nu/(\times10^{-6}\,\text{m}^2/\text{s})$	流量/(m³/h)	$U_{mean}/(\text{cm/s})$	Re
1	18.0	1.058	0.11	3.8	240
2	17.5	1.084	0.29	9.9	610
3	18.0	1.058	0.49	17.0	1 070
4	18.0	1.058	0.89	30.9	1 950
5	18.5	1.045	1.22	42.2	2 670
6	19.3	1.024	1.58	54.7	3 560
7	19.0	1.032	1.87	64.9	4 190

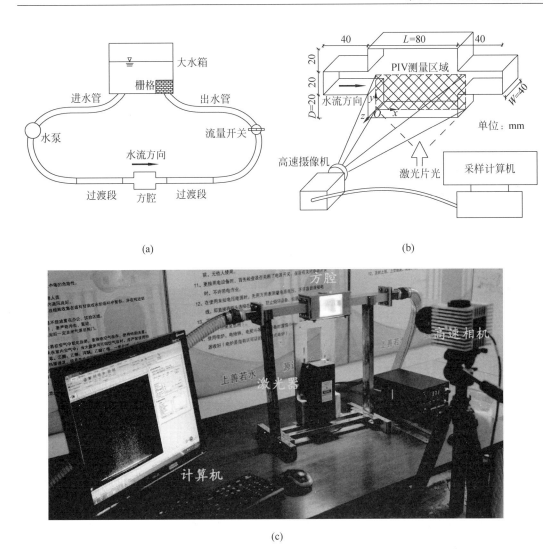

图 6.34　自循环式方腔槽道流动测量系统(见彩插)

(a)自循环式方腔槽道水流系统；(b)高频 PIV 系统；(c)系统实物图

6.4.2　时均流场结构

当获得实验图片后,利用 PIV 软件计算可获得测量平面 xy 内的二维速度点阵,其后可进行各种参数的时均统计(如时均流速 $\overline{U}$、$\overline{V}$,紊动强度 $u_{\rm rms}$、$v_{\rm rms}$,雷诺应力 $\tau_{\rm R}$,涡量 ω_z 等)、谱分析(如傅里叶变换、本征正交分解等)及涡旋的提取(如密度、半径等)。综合分析各种参数间的相关性,建立方腔槽道紊流相干结构的唯象模型,加深对方腔流动物理现象及其机理的理解。

图 6.35 给出了带有方腔的槽道流动示意图,槽道上游来流在导边处分离,其中绝大部分来流仍以较大的速度向下游水平运动,即槽道主流;在导边处分离的剪切层,往下游运动及发展的过程中可能与方腔底部、下游边墙及随边冲撞,导致这一区域的流态十分复杂。为下面叙述方便,带有方腔的槽道简称"方腔"。

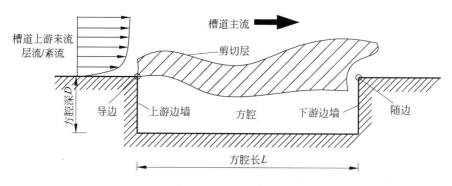

图 6.35 带有方腔的槽道流示意图

图 6.36 给出了 $Re=240$ 与 $Re=4190$ 组次的时均流场,两者的流场结构基本一致。由图 6.36(a)可知,流速较大的区域主要集中在主流区,而方腔内的流速较小;方腔上游边墙附近的流速很小,但由于剪切层在随边冲撞,导致一部分流速较大的流体沿着方腔下游边墙潜入方腔底部,再返回主流区,形成类似的环流结构,对应图 6.36(b)中的大环流。此外,方腔的左下角存在一个小环流,大小环流的旋转方向相反,小环流可能由大环流局部上升的流体所诱导产生。对比方腔内的复杂流态,主流区的流线基本水平。

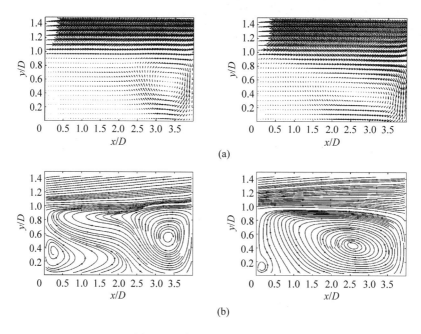

(a)

(b)

图 6.36 方腔内的时均流速场

(a) 流速矢量图(左:$Re=240$,右:$Re=4190$);(b) 流线图(左:$Re=240$,右:$Re=4190$)

图 6.37 为 $Re=240$ 与 $Re=4\,190$ 组次的紊动强度、雷诺应力及涡量场,各参数都用相应组次的时均流速进行无量纲化。层流流态下,紊动强度高值区主要分布在主流区内,由于剪切层轻微冲撞随边,导致随边附近亦有少量高值区存在,见图 6.37(a)及图 6.37(b)的左子图。紊流流态下,紊动强度基本沿 x 方向增大,从导边处以锥形向下游扩散,由于剪切层

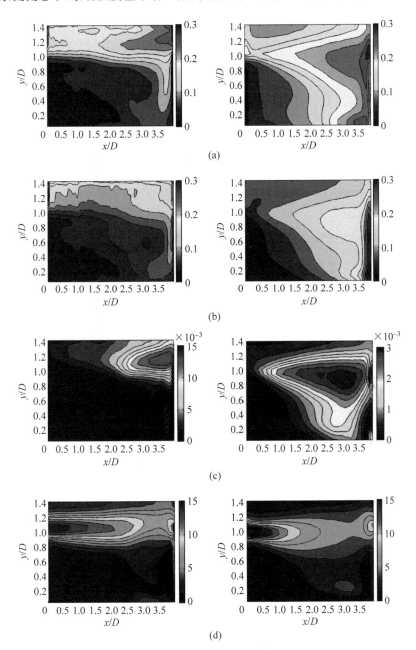

图 6.37 方腔内的紊动强度、雷诺应力及涡量场

(a) 纵向紊动强度 u_{rms}/U_{mean}(左:$Re=240$,右:$Re=4\,190$);(b) 垂向紊动强度 v_{rms}/U_{mean}(左:$Re=240$,右:$Re=4\,190$);

(c) 雷诺应力 $|-\overline{uv}|/U_{mean}^2$(左:$Re=240$,右:$Re=4\,190$);(d) 涡量 $|\omega_z|L/U_{mean}$(左:$Re=240$,右:$Re=4\,190$)

与随边及下游边墙发生强烈冲撞,导致此区域内的紊动强度最大,如图 6.37(a)及图 6.37(b)的右子图所示。另外由于一部分沿下游边墙下潜的流体再次冲撞在方腔底部,导致此处也存在较大的紊动强度,如图 6.37(a)右图中方腔底部的极值区所示。对比纵向及垂向紊动强度可知,两者的差异主要在导边及随边附近,剪切层在流过导边后突然失去固壁边界的束缚发生分离,随后又冲撞在随边,因剪切层主要为水平运动的流体,故相应位置处纵向紊动强度大于垂向紊动强度。

图 6.37(c)为雷诺应力在方腔内的分布,其表征了流体间掺混的强弱。层流流态下,剪切层仅冲撞随边,导致雷诺应力高值区出现在随边上游,见图 6.37(c)左图。紊流流态下,雷诺应力的最大值出现在随边的稍上游处,并向上游逐渐减小。由于一部分流体沿下游边墙下潜,导致方腔内也存在掺混较大的区域,而方腔上游部分的掺混程度则较小,如图 6.37(c)右图所示。

由图 6.37(a)~图 6.37(c)可知,层流与紊流间差异主要由剪切层与随边及下游边墙冲撞的强度不同所致。

涡量在空间的分布如图 6.37(d)所示,在剪切流中涡量主要反映剪切强度的大小。层流与紊流流态下的涡量分布基本一致,因为剪切层在导边处分离,而主流区与方腔内存在较大的流速梯度,故导致涡量的高值区主要集中在方腔与主流的交界线($y/D=1$)附近,且最大值位于导边附近。

6.4.3　大尺度环流

方腔内存在两个旋转方向相反、大小不同的时均环流,且这两个环流在所有实验测次($Re=240\sim4\,190$)中均存在,如图 6.38 所示。为与已有文献(Uijttewaal et al.,2001;Sanjou et al.,2012)中的命名一致,这里将顺时针旋转的大环流命名为 PG(primary gyre),而将逆时针旋转的小环流命名为 SG(secondary gyre)。大环流 PG 由剪切层与随边及下游边墙冲撞形成,它反映了方腔与槽道主流间的动量交换;PG 主要位于方腔的下游部分,且紧贴下游边墙。小环流 SG 位于方腔的左下角,紧贴上游边墙。观察可知,SG 总是位于 PG 左下方的抬升流附近,故推测 SG 是由 PG 诱导产生的。以上实验结果与 Grace et al.(2004)以及 Kang and Sung(2009)的结论一致。

两个环流与雷诺数间存在密切的联系,即随着雷诺数的增大,大环流 PG 逐渐增大并向上游迁移,而小环流 SG 却不断减小并向方腔左下角靠近,这种现象在一些文献中被定性地提到过。为量化环流随雷诺数的变化,引入三个特征参数,分别为:环流的中心位置、名义半径及两环流间的距离。这里用旋转强度法从时均流场中提取环流,将 $\lambda_{ci}/\lambda_{ci\,MAX}\geqslant0.9$ 的区域定义为环流的核心区,$\lambda_{ci\,MAX}$为流场中旋转强度的最大值;并将核心区的几何中心定义为环流的中心。两环流间的距离定义为 PG 中心与 SG 中心的距离。图 6.38 中的椭圆虚线能基本刻画环流所在的区域,故将环流的名义半径定义为$R=\sqrt{R_x R_y}$,其中R_x、R_y分别为环流中心与上下游边墙及方腔底部的距离。

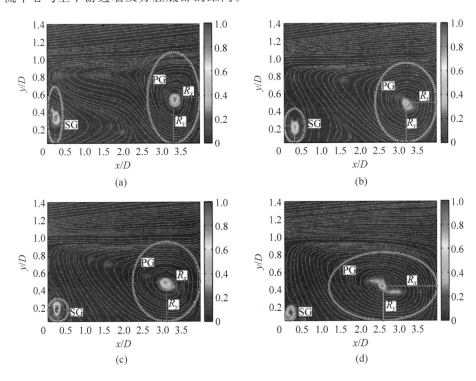

图 6.38 旋转强度场(彩色云图)及大尺度环流(流线)(见彩插)

(a) $Re=240$;(b) $Re=610$;(c) $Re=1\,070$;(d) $Re=4\,190$

环流的特征参数随雷诺数的变化如图 6.39 所示,参数数值都以方腔深度 D 为单位。图 6.39(a)中,为清晰显示大环流中心位置的变化,中心纵坐标采用了较小的比例;PG 的中心 x 及 y 坐标都随雷诺数的增大而减小,表明大环流不断向上游及方腔内部运动。与大环流相似,小环流 SG 不断向上游及方腔左下角运动,如图 6.39(b)所示。当 $Re>2600$ 后,环流中心位置便不再改变,大小环流中心分别稳定在$(2.53D,0.43D)$及$(0.17\,D,0.13D)$。图 6.39(c)中,随着雷诺数的增大,PG 的半径不断变大,而 SG 的半径不断减小;且当 $Re>2600$ 后,两环流的半径分别稳定为 $0.80D$ 及 $0.15D$。PG 与 SG 间的距离也随着雷诺数的增大而减小,并最终稳定在 $2.4D$ 附近。三个特征参数都在 $Re>2600$ 后趋于稳定,该结果是否适用于其他类型的方腔流还有待进一步检验。

图 6.40 为方腔内雷诺应力场,以雷诺应力最大值进行归一化。当雷诺数较小时,雷诺应力的高值区仅出现在随边附近,如图 6.40(a)所示;随着雷诺数的增大,如图 6.40(b)~图 6.40(d)所示,高值区不断变大,并沿着槽道主流与方腔的交界线向上游不断迁移,且雷

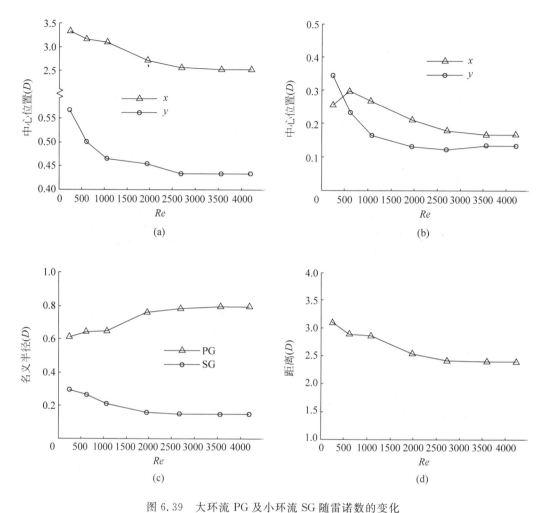

图 6.39 大环流 PG 及小环流 SG 随雷诺数的变化

(a) PG 的中心位置；(b) SG 的中心位置；(c) 环流的名义半径；(d) 两环流的距离

诺应力的最大值位于导边下游 $3L/4$ 的位置,与文献(Haigermoser,2009)以及(Manovski et al.,2007)的结果一致。

为定量研究雷诺应力随雷诺数的变化规律,及其与环流间的联系,定义以下特征参数。定义"p 值区"为 $|\tau_R/\tau_R^{MAX}| \geqslant p$ 的区域；A_r 为 p 值区的面积与 PIV 测量区域面积的比值；r_p 为与 p 值区面积相等的圆的等效半径。不同 p 值下,特征参数随雷诺数的变化如图 6.41 所示。

在图 6.41(a)中,不同 p 值下,随着雷诺数的增大,A_r 呈现不断增长的趋势；但当 $Re>2\,000$ 后,p 值较大条件下的 A_r 却很快稳定,表明雷诺应力的高值区的范围随着雷诺数的增大很快稳定。图 6.41 (b)中给出了 p 值区的等效半径,为相互比较,也给出了大环流 PG 的名义半径。可见,当 $Re=240\sim1\,000$ 时,r_p 随雷诺数不断增大；但当 $Re>2\,000$ 后,r_p 基本趋于稳定。除了 $Re=1\,000\sim2\,000$ 区间,r_p 的变化趋势基本与 PG 半径一致。图 6.41(c)~

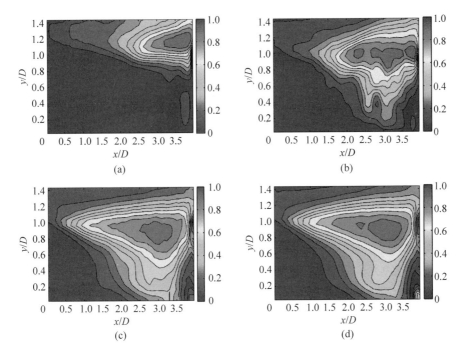

图 6.40 归一化的雷诺应力场 $|\tau_R/\tau_R^{MAX}|$

(a) $Re=240$; (b) $Re=610$; (c) $Re=3\,560$; (d) $Re=4\,190$

图 6.41(d)为 p 值区中心坐标随雷诺数的变化,中心 x 及 y 坐标都在 $Re=240\sim1\,000$ 区间内呈现下降趋势,并在 $Re>1\,000$ 后趋于稳定。以 $p=0.9$ 为例,稳定的雷诺应力高值区中心坐标为(2.90D, 0.90D),半径为 0.25D。对比图 6.41(c)与图 6.41(d)可知,相比中心 x 坐标,雷诺应力高值区中心 y 坐标与大环流 y 坐标间存在更好的相关关系。

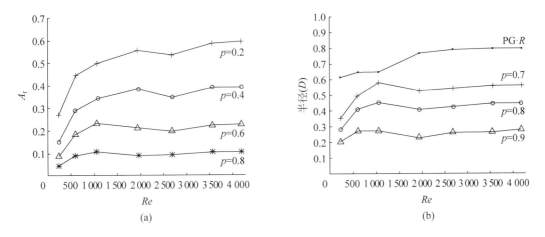

图 6.41 雷诺应力场随雷诺数的变化

(a) p 值区的相对面积; (b) p 值的等效半径; (c) p 值区中心横坐标; (d) p 值区中心纵坐标

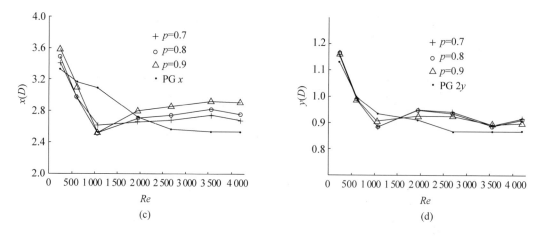

图 6.41(续)

6.4.4 涡旋的空间分布

利用旋转强度法提取 xy 面内每个瞬时流场中的瞬时涡旋,并统计涡旋的密度。为确保样本信息的独立性,以 80 帧为间隔从原流场序列中抽取以下序列 $80n+1(n=0,1,2,\cdots,999)$ 计算涡旋密度。新样本中相邻两个流场间的时间间隔为 $t=80/800$ s$=0.1$ s,远大于涡旋在方腔内的时间尺度。

图 6.42 给出了四种雷诺数下涡旋密度在方腔内的分布,其中每个子图中,左一为逆时针旋转的涡旋密度,中间为顺时针旋转的涡旋密度,右一为前两者的拼接图。当槽道内流态为层流($Re=240$)时,逆时针涡旋主要集中在方腔下半部分的中部,而顺时针涡旋出现在槽道主流及下游边墙附近,如图 6.42(a)所示。随着雷诺数的增大,逆时针涡旋逐渐向上游迁移,并向方腔左下角聚集;而顺时针涡旋则不断发展直至几乎覆盖整个方腔,如图 6.42(b)～(d)所示。

当流态为层流时,方腔内仅存在一个涡旋密度高值区,如图 6.42(a)中的 B 区所示;但当流态为紊流后,方腔内出现了两个涡旋密度高值区,一个为导边下游的 A 区,另一个为下游边墙上游处的 B 区;随着雷诺数的增大,A 区的位置似乎保持稳定,而 B 区的位置在不断向上游移动,如图 6.42(b)～(d)所示。B 区位置随雷诺数的增大而向上游迁移的现象与文献(Özsoy et al.,2005)的结果一致。

如图 6.42(a)～(d)右图所示,逆时针涡旋与顺时针涡旋在空间的分布几乎可以被完美地拼接在一起,而逆时针涡旋总位于顺时针涡旋密度的高值区附近,故可推测,逆时针涡旋由顺时针涡旋诱导产生。顺时针涡旋的 B 区中心位于大环流 PG 的左下角,而逆时针涡旋中

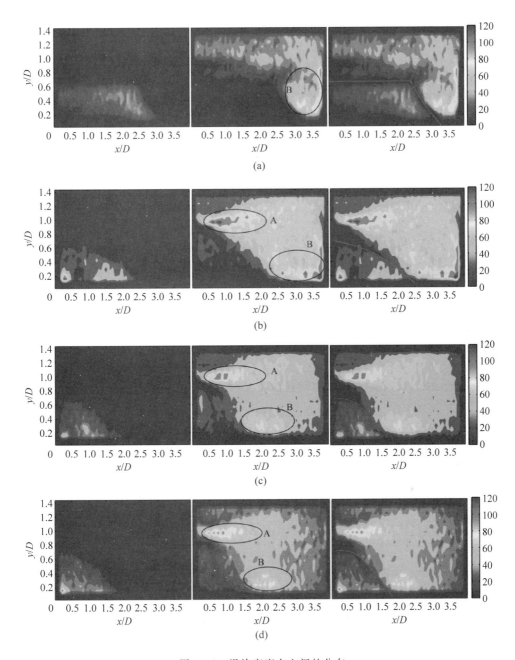

图 6.42 涡旋密度在空间的分布

(a) $Re=240$(左:逆时针涡旋;中:顺时针涡旋;右:两者拼接图);(b) $Re=1\,070$(左:逆时针涡旋;中:顺时针涡旋;右:两者拼接图);(c) $Re=2\,670$(左:逆时针涡旋;中:顺时针涡旋;右:两者拼接图);(d) $Re=4\,190$(左:逆时针涡旋;中:顺时针涡旋;右:两者拼接图)

心位于小环流的右上角,涡旋被相同旋转方向的环流所束缚,并在环流中引起了强烈的掺混。

涡旋引发了周围流体间的动量交换,因此,涡旋密度总被认为与雷诺应力间存在很强的相关性,如 Lin 和 Rockwell(2002)认为雷诺应力可能由涡旋的作用而产生;Özsoy 等

(2005)发现在槽道主流与方腔的交界线上,雷诺应力高值区与涡旋密度高值区的空间位置较为接近。

图 6.43 给出了涡旋密度(彩图)与雷诺应力(等高线)的比较,两者都以各自的最大值进行了归一化。顺时针涡旋与雷诺应力在空间上分布较为接近,而逆时针涡旋与雷诺应力的相关性很差。与雷诺应力的 p 值区一致,本节定义顺时针涡旋密度的 p 值区,并定义 $R_A = A_1/A_2$,其中 A_1、A_2 分别为雷诺应力及顺时针涡旋密度 p 值区的面积。

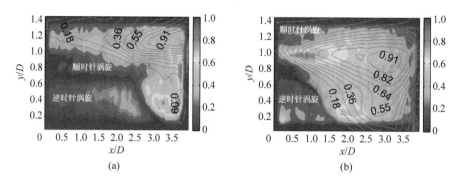

图 6.43 涡旋密度与雷诺应力在空间分布位置的比较(见彩插)

(a) $Re=240$; (b) $Re=4\,190$

图 6.44(a)给出了两者面积比值 R_A 随雷诺数的变化,当 p 值较小时($p \leqslant 0.5$),R_A 取值接近 1,并几乎不随雷诺数发生变化;当 p 值增大后($p \geqslant 0.7$),R_A 迅速增大,但与雷诺数的关系变得十分复杂。总的来说,当 p 较小时,雷诺应力与顺时针涡旋的面积较为接近,且 p 越大,两者的面积差异越大,这种差异和雷诺数不存在相关关系。

图 6.44(b)给出了 $p=0.7$ 时两者中心位置,可见雷诺应力高值区和顺时针涡旋密度高值区完全不重合。雷诺应力和涡旋密度虽然在顺直槽道中存在相关关系,但在带有方腔的槽道中几乎不存在相关性,这种差异主要由剪切层在随边和下游边墙的冲撞引起。

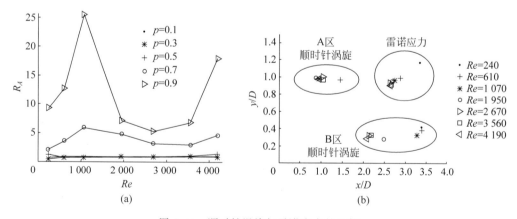

图 6.44 顺时针涡旋与雷诺应力的比较

(a) 两者面积比值随雷诺数的变化;(b) 两者中心位置的差异

第7章 超高分辨率高频PIV系统

7.1 基本原理

普通 PIV 系统采用常规摄像技术。常规摄像技术具有正常的放大率,能够满足一般实验的要求。例如常用的 50mm f/1.8D AF 尼康镜头,在正常使用情况下其放大率为 $1:6.6$,即在标准条件下使用这款镜头进行拍摄时,物理尺寸 10 mm 的物体在相机感光元件上实际成像尺寸为 1.52 mm。若相机每个像素尺寸为 $7.24\ \mu m \times 7.24\ \mu m$(以 IDT Y7-S3 相机为例),则最终图片中 1 mm 物体有 21 个像素对应。设 PIV 最小诊断窗口为 8×8 像素,则每个流速测点对应测量体的尺寸为 0.4 mm。这一测量体尺寸与激光流速仪的测量体尺度在同一量级上,能够满足普通测量的要求。

但是在一些特殊情况下,需要更加精细的测量,这时,普通 PIV 系统的测量体尺寸不能满足要求。以明渠紊流黏性底层流速分布测量为例,对于水深为 5 cm,$Re_\tau = u^* h/v = 1\,000$ 的中等雷诺数明渠紊流,黏性底层厚度约为 0.25 mm。要在这一极小区域内得到流速分布数据,对测量方法是一个极大的挑战。激光流速仪测量体的尺度在最理想条件下约 0.1 mm (Czarske,2001;Czarske,2000),即在 0.25 mm 的黏性底层内仅能得到约 3 个测点的数据,无法获得可信的流速分布曲线,难以满足黏性底层测量的要求。上述常规 PIV 方法流速测点对应测量体的尺寸为 0.4 mm,已经大于了黏性底层厚度,远远低于测量要求。因此,对于这些特殊测量要求,需要更高空间分辨率的测量方法。

超高分辨率粒子图像测速系统利用微距摄影技术提高摄影放大率,从而最终提高分辨率。图 7.1 绘制了微距摄影的基本原理。从图中可以看出,普通摄影的物距远大于像距,实际成像大小也小于物体。而微距摄影在焦距不变的情况下,通过缩短物距,使得像距增大,成像大小显著增加。所以,微距摄影的基本方式是拉近镜头与被摄物体的距离,同时增加镜头与相机感光元件的距离。在将微距摄影这一方法应用于超高分辨率粒子图像测速系统中时,会带来很多具体的问题,下面首先介绍超高分辨率粒子图像测速系统的硬件搭配,之后详细介绍系统涉及的关键技术。

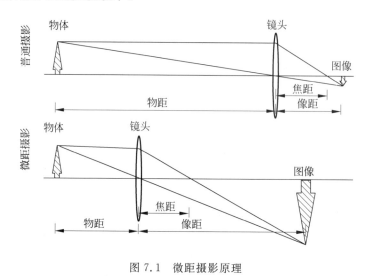

图 7.1   微距摄影原理

7.2   硬件系统

7.2.1   摄像系统

超高分辨率粒子图像测速系统的摄像系统分为镜头、近摄腔和相机三个部分。镜头起成像作用;近摄腔为一封闭腔体,置于镜头和相机之间,增加镜头与相机感光元件的距离,即增加像距,其长度一般可调节以便于对焦;相机可选用 PIV 专用帧转移相机,也可使用频率足够高的高频相机。

在所需放大率不大时,可使用一般的摄影镜头配套近摄腔实现微距成像。常规摄影镜头的设计工况是在特定卡口系统上工作。例如佳能 EF 卡口,尼康 F-AF 卡口和工业相机领域最常用的 C 卡口等。卡口系统的主要作用是固定镜头后端与相机感光元件的距离,像距通过镜头调焦环进行微调。这使得镜头像距的变化范围很小,设计镜头时能够基于比较固定的像距对各种参数进行优化。当镜头在卡口系统上使用时,存在一个最近对焦距离。如图 7.2 所示,当调整调焦环使得镜头光心距离相机感光元件平面最远,刚好能够成像时,物体与相机感光元件的距离为最近对焦距离。当物体距离镜头更近时,其真实成像平面将位于相机感光元件平面之后,并且此时镜头调焦环已经不能进一步增加光心与感光元件的距离,所以这种情况下将无法得到准确对焦的照片。

当配合近摄腔使用时,近摄腔增加了镜头与相机感光元件的距离,如图7.2所示,通过调整近摄腔的长度,使得感光元件恰好位于像平面上,即可得到对焦清晰的图片。需要指出的是,从图7.2中可以看出,当物距小于最近对焦距离时,像距的大小变化范围将急剧增加,因此,镜头对焦环的作用在微距摄影中基本丧失,主要靠调整近摄腔的长度使得感光元件与像平面吻合。近摄腔长度与图像放大率存在以下关系:

$$K = \frac{L}{F} \tag{7.1}$$

式中,K 为放大率;L 为近摄腔长度;F 为镜头焦距。

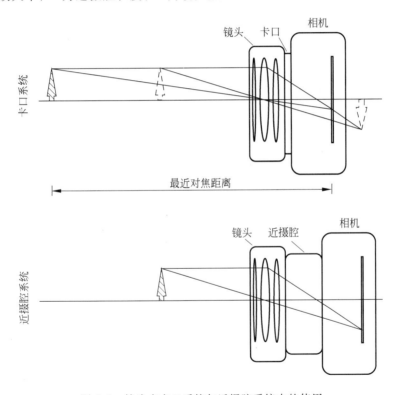

图 7.2　镜头在卡口系统与近摄腔系统中的使用

图7.3为一些常见的近摄腔。市面上主要有两种常用的近摄腔:一种为近摄接圈;另一种为近摄皮腔。近摄接圈是一系列长度不同的金属圈,前端卡口可与镜头连接,后端卡口可与相机连接。使用时根据需要组合出不同的长度安装在镜头与相机之间。近摄接圈的优点是坚固稳定,相机与镜头之间定位精度较高。但是其缺点也是非常显著的,即近摄腔的长度不能连续调整,只能是一系列固定值,实验中使用时灵活性不高,不便于调试。近摄皮腔是使用可伸缩的材料制作而成的近摄腔,在外部机械结构的牵引下皮腔长度连续可

调,便于实验中使用。但是由于其结构刚度低于整体铸造而成的近摄接圈,相机和镜头间的定位精度较低,容易出现镜头光轴和相机感光面垂线不平行、中心不匹配等问题。

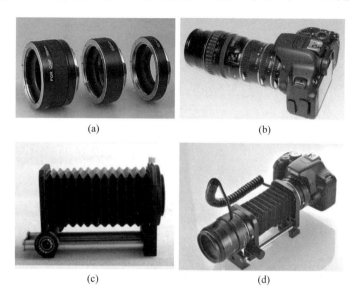

(a)　　　　　　　　　　　(b)

(c)　　　　　　　　　　　(d)

图 7.3　常见的近摄腔

(a) 近摄接圈;(b) 近摄接圈的使用;(c) 近摄皮腔;(d) 近摄皮腔的使用

　　针对目前常用近摄腔存在的问题,出现了一种专门为超高分辨率粒子图像测速系统设计的近摄腔,如图 7.4 所示。相机被安装在一个全金属的腔体内,四周安装滑轮,金属腔体内部对应位置设置导轨,使得相机除沿导轨移动外,其他方向的位置固定。金属腔体前端为镜头卡口。在金属腔体内安装定位螺杆,相机上安装定位块穿过定位螺杆。定位螺杆通过调节轮控制转动时,定位块内部螺纹使得相机向前或者向后连续移动,改变镜头与相机感光元件之间的距离。这种近摄腔整体具有足够刚度,滑轮与导轨保证了相机感光面垂线与镜头光轴平行,同时能够方便地连续调节像距,在实际实验操纵中灵活易用。配合近摄接圈使用,可以增大可调节像距的范围。

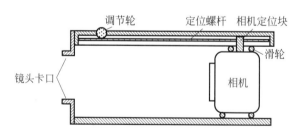

图 7.4　超高分辨率粒子图像测速系统近摄腔

　　上述普通摄像镜头配合近摄腔的方案在对放大率要求不高时能够满足实验要求。但是,由于普通摄像镜头是按物距远大于像距的工况来进行优化设计的,一般在镜头前端距物体距离(微距摄影中的镜头前端工作距离)为镜头焦距的 $100\sim500$ 倍时镜头表现最好,各类像差得到很好的平衡；偏离这个距离时，各类像差的平衡将被破坏，镜头的表现能力也会随之降低，成像质量下降。因此，当需要较高放大率时，像距进一步增加而物距进一步减小，成像质量将急剧下降，特别是像场弯曲极为明显，图像变形剧烈，无法得到满足实验要求的图片。

一种解决方案是使用微距镜头。此类镜头专门为微距摄像设计，特点是像场平直和有足够的反差。微距镜头可分为可无限远合焦微距镜头和专用微距镜头两种。常见的可无限远合焦微距镜头有三类焦距：标准镜头、中焦和长焦，常见焦距是 50/55/60 mm、90/100/105 mm、180/200 mm(图 7.5 第一行)。这些镜头的最大放大倍率都可以达到 1∶1 和在无限远合焦，所以既可作为微距镜头使用，也可以作为普通摄影镜头使用。当需要更大放大率时，需要使用专用的微距镜头，比如佳能 MP-E 65/2.8 Macro 和美能达 AF 1X-3X/1.7-2.8 Macro(图 7.5 第二行)，这些镜头最小放大倍率都是 1∶1，最大放大倍率达 5∶1 和 3∶1，不能无限远合焦，因此一般不作为普通摄影镜头使用。一般微距镜头的焦距越短，最近对焦距离也就越短。因此，需要针对不同实验条件选用不同焦距的镜头。例如，当需要精细测量水槽中垂面的流场时，若水槽宽度不大，镜头可布置在距离目标平面较近的位置，可以选用短焦镜头；若水槽规模很大，镜头只能布置在距离目标平面较远的位置，则宜选用长焦镜头。微距镜头是专为微距摄影设计，在设计工况下能够将图像变形控制在可接受范围内。但是一般价格昂贵，如佳能 MP-E 65/2.8 Macro 的价格在 8 000 元左右，并且不同焦距的镜头只适用于特定工况。

AF微距尼克尔60 mm f/2.8D

佳能EF 100 mm f/2.8L IS USM

AF微距尼克尔200 mm f/4D IF-ED

佳能MP-E 65 mm f/2.8 1-5X

Minolta AF 1X-3X/1.7-2.8 Macro

图 7.5 几种微距镜头
第一行：可无限远合焦；第二行：专用微距镜头

另一种解决方案是使用专用放大镜头配合近摄腔使用(图 7.6 第一行)。放大镜头的常规用途是翻拍照片或者将底片冲印成正常尺寸的照片。这些用途要求镜头像场平直，不能弯曲,否则翻拍或者冲印照片将发生畸变而失真。所以,在高放大率摄影中,使用放大镜头替代普通镜头配合近摄腔使用,其图像效果远远好于普通摄影镜头(图7.6第二行)。

尼康EL-Nikkor50 mm f/2.8　　罗敦司得Apo-Rodagon 50 mm F/2.8

美能达MD Rokkor　　　　罗敦司得Apo-Rodagon
50 mm F/1.2 镜头接近摄腔　50 mm F/2.8镜头接近摄腔

图 7.6　放大镜头

第一行:两种放大镜头;第二行:放大镜头与普通镜头效果对比

　　超高分辨率粒子图像测速系统的相机主要需要考虑单个像素尺寸与图片对之间的时间间隔。单个像素尺寸影响测量的空间分辨率。例如,同为放大率为 1∶1 的微距摄像系统,若两种相机感光元件单像素尺寸分别为 7.24 μm×7.24 μm(IDT Y7-S3)、20 μm×20 μm(Photron FASTCAM SA-X2),则在图像中 1 mm 物体分别有 138 个像素和 50 个像素对应。当 PIV 最小诊断窗口有 8×8 像素时,每个测点测量体的尺寸分别为 0.058 mm 与 0.16 mm。因此,选用单个像素尺寸较小的相机能够获得更高的空间分辨率。但是,单个像素尺寸较小时,每个像素接收光子的面积减小,感光能力将低于单个像素尺寸较大的相机。在微距摄像中,有效光圈值 f 会显著增大,镜头进光能力会大幅下降,所以微距摄像所得图片质量对光照强度和相机感光能力要求较高,光照强度大、相机感光能力强的条件下才能得到质量良好可供分析的图片。因此,在选用相机时,需要综合考虑单个像素尺寸对测量的空间分辨率和感光能力的影响。另外,在光照强度能够满足的条件下,可以主要考虑对测量的空间分辨率的影响,选用单个像素尺寸较小的相机。具体光照强度的要求,将在7.2.2节详细讨论。

　　图片对之间的时间间隔在超高分辨率粒子图像测速系统中将会急剧缩短,选用相机时需要考虑这一因素。由于帧转移相机图片对之间的时间间隔能够达到纳秒量级,一般都能满足要求,所以在普通分辨率 PIV 系统中使用的帧转移相机也可直接应用到超高分辨率系统中。当系统采用高速相机作为记录设备时,与普通分辨率 PIV 系统相比,测量完全相同的流动,超高分辨率系统中相机的采样速率也需要大幅增加。这主要是由 PIV 计算中的

1/4 法则决定的。PIV 计算时,互相关图片之间粒子的平均运动速度一般不能超过诊断窗口的 1/4,才能保证有足够的信息,得到准确的相关峰值。图片对之间的时间间隔具体计算公式如下:

$$\Delta t = \frac{\Delta x W}{4MU} \tag{7.2}$$

式中,Δt 为图片对之间的时间间隔(s);M 为摄像系统放大率;U 为待测流动的平均速度(m/s);Δx 为相机单个像素在平均流动方向上的尺寸(m/像素);W 为 PIV 计算最大诊断窗口尺寸(像素)。若 $W=64$ 像素,$U=2$ m/s,在普通分辨率系统中,$M=1:6.6=0.152$,$\Delta x=7.24$ mm,则图片对之间的时间间隔为 3.81×10^{-4} s,对应相机采样速度只需 2 624 fps。在超高分辨率系统中,若 $M=1:1=1$,则图片对之间的时间间隔为 5.79×10^{-4} s,则相机采样速度需达到 17 265 fps。

7.2.2 光源系统

超高分辨率粒子图像测速系统的光源与普通分辨率系统没有本质区别,但是其能量密度要求更高。这主要是由于微距摄像系统中有效光圈值会随放大率的增加而增大。每支镜头上标记的光圈值 f 是指物距无限远时的数值 f_∞,当物距小于无限远时,实际的光圈有效值会增大:

$$f = f_\infty(1+M) \tag{7.3}$$

在普通分辨率系统中,由于放大率 M 很小,有效光圈值与镜头标称值差别不大。但是在高分辨率系统中,放大率 M 一般大于 1,导致有效光圈值大于镜头标称值。由于光圈 f 值=镜头的焦距/光圈口径,f 值越大光圈口径越小,实际进光量越小。

事实上,由于微距摄影中 M 增大导致像场弯曲,经常需要进一步减小光圈值以增加景深,以抵消像场弯曲造成的图像变形(图 7.7)。这会使得微距摄影中进光量进一步减小。假设光源系统完全一致,普通分辨率系统光圈标称值为 f_o 时达到良好拍摄效果,微距摄影中光圈标称值为 f_M,则微距摄影中镜头实际进光量与普通分辨率系统之比为:

$$B = \left[\frac{f_o}{f_M(1+M)} \right]^2 \tag{7.4}$$

当 $M=1$ 时,$f_o=2.8$,$f_M=5.6$ 时,微距摄影中实际进光量只有普通分辨率系统的 1/16。要使得微距摄影所得图片亮度与普通分辨率系统一致,光源系统在测量区域提供的能量密度需为普通系统的 16 倍。

PIV 系统一般采用激光器作为照明光源,数十倍地提高激光功率在经济上一般是不可行,更高功率的激光器体积也会更大,各种条件保障也会更加严苛。缩小照明面积是一个有效可行的方案。如图 7.8 所示,由于超高分辨率系统放大率增加,实际拍摄范围也相应缩小,所以所需照明面积实际上缩小了。在激光器功率不变的情况下,通过改变透镜组合,使得最终形成的矩形片光宽度刚好对应拍摄范围,单位面积内的激光能量密度将增加。例如,假设常规分辨率下,$M=1:6.6$,$R_o=10$ cm,高分辨率时,$M=1:1$,则 $R_M=10/6.6$ cm $=1.52$ cm,照明区域内单位面积内激光能量密度为常规分辨率的 6.6 倍。因此,在这种光路设计的基础上,只需将激光功率再增大 2.4 倍,即可在测量区域提供 16 倍于常规分辨率系统的能量密度。

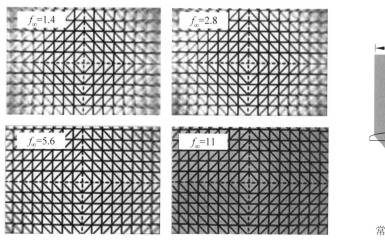

图 7.7　微距摄影不同光圈值效果

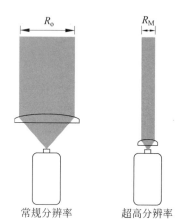

图 7.8　缩小照明面积

7.3　图像处理与计算方法

7.3.1　图像处理

高分辨率粒子图像测速系统所得图像存在一些普通系统中没有的问题,难点主要集中在图像极暗导致信噪比很低和粒子图像存在像差。

如 7.2 节所述,由于常用微距摄像方法均存在场曲、成像反差低、景深小等问题,需要缩小光圈以提高成像质量。在控制变形和提高图像质量的同时,小光圈会导致相机进光减少,图片变暗。可以通过大幅增加激光强度或者增加曝光时间来增加图片亮度。但是多数时候,激光器的功率由于经济性及实验布置等因素不能显著增加,增加曝光时间会导致粒子拖尾,影响计算精度,造成测量误差。图 7.9(a)是高分辨率粒子图像测速系统所得图片,图 7.9(b)是常规系统图片。对比图片可见,高分辨率图片整体较暗,肉眼可分辨的粒子稀少,仔细观察可见有一些亮度极低的粒子,接近于背景噪声。这将对粒子图像二值化带来极大困难。

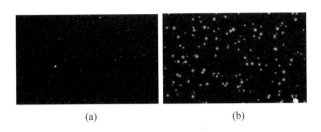

(a)   (b)

图 7.9 高分辨率与普通分辨率粒子图像对比

(a) 高分辨率 PTV 图片;(b) 常规 PTV 图片

PTV 图像二值化中需要确定阈值,常用的方法有固定阈值法、双固定阈值法、直方图门限选择、迭代阈值分割(李丹勋 等,2012)和大津法(Ohtsu,1979)等。但直接使用这些方法处理信噪比极低的高分辨图片均难以得到良好的效果。图 7.10(a)是对图 7.9(a)使用大津法二值化后的图像,可见大量随机噪声被错划为粒子图像。本节提出了阈值递增的新方法。首先根据粒子图像的实际情况确定图片包含粒子个数的上限 Num_{max},之后使用大津法确定初始阈值 TI_0,使用 TI_0 对图像二值化,提取粒子个数 Num_0,若 $Num_0 < Num_{max}$,则认为阈值合理,若不满足条件,则按下式确定新的阈值,直至粒子个数满足条件:

$$TI_i = TI_{i-1} + TI_{i-1} \cdot \frac{Num_{i-1} - Num_{max}}{Num_{i-1}} \tag{7.5}$$

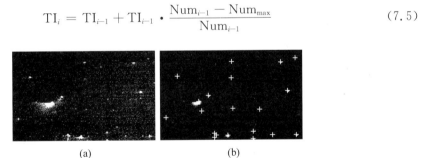

(a)   (b)

图 7.10 图像二值化阈值选择方法对比

(a) 大津法;(b) 阈值迭代增加法

按照此方法对图 7.9(a)进行处理得到的最终结果如图 7.10(b)所示。对比图 7.10(a)与(b)可见,阈值迭代增加法在信噪比极低的情况下合理地确定了二值化阈值,分割出较为理想的粒子图像。

在微距摄像中,除了信噪比低的问题,还存在像差的问题。常用光学镜头成像均存在一定像差。各种像差中,彗差对 PTV 粒子识别影响最为显著。彗差是距主光轴较远的粒子反射的远轴光线经光学系统后,在象平面上形成的弥散光斑。常规摄像中,彗差可通过缩小光圈、使用高折射率玻璃与非球面镜等方法控制,但也很难彻底消除。在微距摄像中,由于放大率较高,像场弯曲明显,加剧了彗差的严重程度。图 7.9(a)中小箭头所指的粒子即存在彗差,从对应的二值化图片图 7.10(b)中可以看到,彗差形成的弥散光斑无法与粒子区分开,若直接计算粒子的形心会造成极大误差。因此按照粒子灰度进行截断,仅采用明亮区域计算粒子形心,以避免误差:

$$\begin{cases} x_{\text{center}} = \dfrac{1}{N_{\text{p}}} \sum_i^N x_i \\ y_{\text{center}} = \dfrac{1}{N_{\text{p}}} \sum_i^N y_i \end{cases} \quad i \in \{P \mid I(P) > 0.5 I_{\text{peak}}\} \tag{7.6}$$

式中,$I(P)$ 为 P 点处的灰度值;I_{peak} 为粒子范围内灰度的最大值;N_{p} 为集合包含的总点数。对于某些彗差特别严重的粒子,需要直接剔除,避免产生计算错误。由于彗差会造成粒子图像变形并拉出光带,所以基于粒子图像的形状,设定椭圆度与充实度指标对粒子进行剔除。

$$\begin{cases} \sigma = \dfrac{L_{\max}}{L_{\min}} < T_\sigma \\ \varepsilon = \dfrac{L_{\max} \cdot L_{\min}}{d_0^2} < T_\varepsilon \end{cases} \tag{7.7}$$

式中,σ 为粒子椭圆度指标;$L_{\max}$ 为粒子图像的最大长度;$L_{\min}$ 为最小长度;ε 为充实度指标;d_0 为与粒子图像面积相等的圆形直径。ε 越大,说明粒子图像内部空洞的区域越多,越不充实,表明彗差产生的光带影响越严重。T_σ 与 T_ε 为合理选取的阈值。

经过上述流程处理后,即可得到图像中粒子的质心坐标,图 7.10(b)中十字符的中心即为计算得到的质心坐标位置。由图可见,本节处理方法不仅得到了较为明亮且存在彗差的粒子的合理的质心,也找到了大量与背景噪声同量级的粒子的准确位置。

7.3.2　粒子匹配算法

得到每张图片中的粒子质心坐标后,需要运用 PTV 匹配算法对 1 对图片中的粒子进行匹配,用得到的匹配粒子的速度来代表当地流速。根据匹配算法的原理,可将常见的 PTV 匹配算法分为四类,李丹勋等(2012)对主流的 6 种算法进行了全面对比,对比结果表明,匹配概率法相较于其他算法优势明显,在各种典型流动的测试中均保持低误匹配率和高计算速度。本节采用匹配概率法对粒子图像进行匹配。

针对明渠紊流的特点,在传统匹配概率法的基础上增加了以下两个约束条件:

$$\begin{cases} u > 0 \\ \dfrac{v}{u} < 4 \end{cases} \tag{7.8}$$

式中，u 为纵向瞬时流速；v 为垂向瞬时流速。第1约束条件控制粒子匹配时始终向正方向匹配，保证纵向流速方向的正确性；第2约束条件限制垂向运动速度，使得仅在垂向上合理范围内寻找匹配粒子。另外，需要指出的是，由于黏性底层流速梯度很大，因此本节放宽了匹配概率法中的共同运动准则，以保证测量数据的流速梯度。图7.11为对图7.9(a)及其配对图片计算的结

图 7.11 匹配概率法匹配结果

果。图7.11中将两张图片的灰度直接叠加，由此能直观看到粒子移动前后的光斑位置，短线连接匹配粒子的质心，表示实测运动速度，由图7.11可见，本节方法在信噪比极小、存在较大像差的情况下得到了良好的粒子运动速度数据。

7.4 黏性底层测量中的应用

7.4.1 研究背景

明渠紊流中，黏性底层与壁面直接接触，是全流区剪切应力与涡量的来源，在紊动的产生与发展、传热传质等过程中起着关键作用。在黏性起主导作用的近壁区的剪切应力满足牛顿流体本构方程(Pope，2000)：

$$\tau = \rho \nu \left(\frac{\mathrm{d}\overline{U}}{\mathrm{d}y} \right) \tag{7.9}$$

式中，ν 为黏滞系数；$\overline{U}$ 为时均流速。一般使用摩阻流速 u^* 表征壁面剪切应力的大小：

$$\tau_w = \rho u^{2*} = \rho \nu \left(\frac{\mathrm{d}\overline{U}}{\mathrm{d}y} \right)_{y \to 0} \tag{7.10}$$

并认为在极靠近壁面的区域，存在：

$$\tau \approx \tau_w = \rho u^{2*} \tag{7.11}$$

将式(7.11)代入式(7.9)，并结合无滑移条件，可得壁面附近流速满足(Pope，2000)：

$$\overline{U}^+ = y^+, \quad \overline{U}^+ = \frac{\overline{U}}{u^*}, \quad y^+ = \frac{yu^*}{\nu} \tag{7.12}$$

式(7.12)得到了极低雷诺数下的实验和直接数值模拟数据的反复验证,满足式(7.12)的区域即被称为黏性底层。

随着雷诺数的增大,黏性底层实际物理尺度急剧减小,对其流速分布进行测量变得极其困难。例如,对于水深为 5 cm, $Re_\tau = u^* h/v = 1\,000$ 的中等雷诺数明渠紊流,黏性底层厚度约为 0.25 mm。要在这一极小区域内得到高分辨率的流速分布数据,对测量方法是一个极大的挑战。如先进的激光流速仪和常规 PIV 方法在常规流动中能测得准确数据。但激光流速仪测量体的尺度在最理想条件下约为 0.1 mm(Czarske, 2001),即在 0.25 mm 的黏性底层内仅能得到约 3 个测点的数据,无法获得可信的流速分布曲线,难以满足黏性底层测量的要求。

常规 PIV 方法使用普通摄像技术,镜头的放大率一般较小,难以达到黏性底层测量所要求的精度。常用的 50 mm f/1.8D AF 尼康镜头,在正常使用情况下其放大率为 1∶6.6,即在标准条件下使用这款镜头进行拍摄时,物理尺寸为 10 mm 的物体在相机感光元件上实际成像尺寸为 1.52 mm。若相机每个像素尺寸为 7.24 μm×7.24 μm(以 IDT Y7-S3 相机为例),则最终图片中 1 mm 物体有 21 个像素对应。设 PIV 最小诊断窗口为 8×8 像素,则每个流速测点对应测量体的尺寸为 0.4 mm。这一测量体尺寸远远低于黏性底层测量的要求。

在常规方法均无法满足要求的情况下,本节将高分辨率粒子图像测速系统应用于黏性底层的测量,在中高雷诺数条件下得到了时均流速、紊动强度、雷诺应力、偏度以及峰度系数沿垂线的分布。

构建了高分辨率与常规 PIV 耦合的测量系统,布置如图 7.12 所示。在水槽左右两侧分别架设二维 PIV 和高分辨率系统。高分辨率系统由功率 8 W 的 532 nm 连续激光器、光路系统和高速摄像机组成。采用高质量片光生成光路(钟强 等,2013)将激光束在实验段调整为厚度小于 1 mm、宽度 3 cm 的矩形片光。高速摄像机全画幅分辨率 2 560×1 920 像素,全画幅帧频为 730 Hz。相机配用佳能 EF 135 mm f/2L USM 镜头。为了得到高分辨率图像,使用微距摄像方法增加近摄接圈,得到满足要求的放大率。

常规 PIV 系统与高分辨率系统共用激光器和光路系统。PIV 相机全幅为 1 280×1 024 像素,全画幅帧频为 2250 Hz,配用佳能 EF 50 mm f/1.2L USM 镜头。PIV 软件为自主研发的 Joy Fluid Measurement 2.0。软件以快速傅里叶变换互相关算法为基础,引入亚像素插值、多级网格迭代和窗口变形等技术,使得算法能够在流速变化较大、流速梯度较大的条件下获得足够精度的流场。

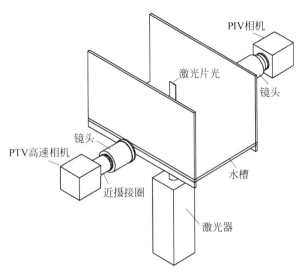

图 7.12　高分辨率与常规 PIV 耦合系统布置图

7.4.2　实验条件

实验在总长 20 m、宽 30 cm 的水槽中进行,水槽进口到尾门段的侧壁和底板均为长 16.8 m,侧壁和底板均为超白玻璃,误差小于 0.2 mm(钟强 等,2012)。高分辨率和普通 PIV 耦合测量系统布置在距入口 12 m 处,以保证紊流完全发展并避开尾门扰动。高分辨率系统主要测量黏性底层的精细流场,普通 PIV 测量全流场。由于采用大功率激光器,在底板玻璃与水的界面处的折射光、反射光会在图像中造成光带,影响 PIV 计算,采用遮挡方法消除光带的影响(Zhong et al.,2012)。实验采用 PSP 示踪粒子,粒径 5 μm,密度 1.03 g/mm³。纵向流速方向为 x 方向,垂直于水槽底面向上为 y 方向。

进行了两组恒定均匀流实验。实验水流条件与相应的高分辨率、常规系统参数见表 7.1 与表 7.2。表 7.1 中,u^* 为拟合高分辨系统所得黏性底层流速分布得到。采样频率为每秒钟采得流场个数。高分辨率系统使用高速相机连续采集,PIV 采用双曝光模式,每秒双曝光一次得到一个流场。Δy^+ 为以内尺度(v/u^*)无量纲化的测点垂向间隔,使用高分辨率系统测量的组次垂向测点间隔为 3 个像素,使用 PIV 时最小一级判读窗口为 16×16 像素,纵垂向均重叠 50%,故垂向测点间隔为 8 个像素。

表 7.1　实验水流条件参数

组次	$T/{}^\circ\!C$	J	h/mm	$u^*/(mm/s)$	$Re=Uh/v$	$Re_\tau=u^*h/v$
T1 & I1	16	0.001	40.6	22.0	13 700	803
T2 & I2	16.5	0.003	35.0	31.8	17 800	1 010

表 7.2　高分辨率及常规 PIV 参数

组次	测量方法	拍摄范围	采样频率/Hz	采样容量	分辨率/(像素/mm)	$\Delta y/m$	Δy^+
T1	高分辨率	10.5 mm×2.23 mm	2 535	17 305	223.1	13.4[①]	0.27
T2		10.5 mm×1.80 mm	3 130				0.39
I1	常规	11.3 mm×39.8 mm	1	5 000	22.7	352.4[②]	6.96
I2		11.3 mm×32.4 mm					10.20

注：①表示垂向测点间隔为 3 个像素；②表示垂向测点间隔为 8 个像素。

7.4.3　时均流速

图 7.13(a)为高分辨率系统测得的两组流动在 $y<0.5$ mm 范围内的流速分布。处理数据时,垂线方向以 3 个像素划分区间计算区域内流速数据的均值。由图 7.13(a)可见,在十分接近壁面的区域,流速梯度极大,$y=0$ 处由无滑移条件可知流体速度为 0,T2 测次在 0.5 mm 范围内流速急剧增加到约 0.35 m/s(T2 的断面平均流速为 0.65 m/s),T1 测次也增加到了约 0.15 m/s。在这一区域,流速基本呈线性增长趋势。根据式(7.12)可知,可以利用黏性底层时均流速分布的斜率得到摩阻流速 u^*。使用 $\sqrt{ghJ}$ 估算摩阻流速 u^* 的初值,之后使用式(7.12)对 $2<y^+<5$ 的流速分布进行拟合,得到新的 u^*,再根据新的 u^* 重新计算 y^+,之后再对 $2<y^+<5$ 的流速分布进行拟合,反复迭代直到得到稳定的 u^* 值。选择 $2<y^+<5$ 进行拟合是为了避免示踪粒子和水流在床面无滑移条件上的差异对拟合结果造成影响。图 7.13(b)为高分辨率系统所得黏性底层无量纲化的时均流速分布与理论直线 $\overline{U}^+=y^+$(实线)的对比。由图 7.13(b)可见,在 $y^+<5$ 的范围内,实测时均流速分布与理论分布基本重合,随着 y^+ 增加,流速逐渐偏离理论直线,可确定明渠紊流黏性底层的范围为 $0<y^+<5$。这一实测结果证实了黏性底层内水流剪切应力由黏性应力主导的理论假设。图 7.13(c)为使用图 7.13(b)中拟合得到的 u^* 对常规分辨率与高分辨率系统测量所得时均流速无量纲化的结果。由图中可见,PIV 测得的外区流速满足对数率。同时,在常规分辨率与高分辨率系统测量范围的重叠部分,流速很好地吻合在一起,这证明了本节构建的耦合测量系统所得数据的准确性,也证明了两个区域 u^* 的一致性。

7.4.4　紊动强度与雷诺应力

图 7.14(a)与图 7.14(b)分别为高分辨率系统所得黏性底层的紊动强度与 PIV 所得全

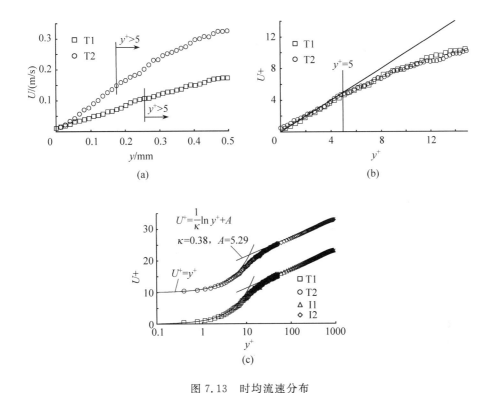

图 7.13　时均流速分布

（a）高分辨率系统所得流速；（b）无量纲化流速分布；（c）高分辨率与常规 PIV 所得全流场分布

流场的紊动强度。其中在上者为 u'/u^*，在下者为 v'/u^*，实线为封闭槽道流直接数值模拟数据（Del Alamo et al.，2004）。封闭槽道流与明渠紊流的唯一区别为明渠紊流具有自由水面，自由水面的影响范围一般认为在 0.5 h 以上（Nezu and Nakagawa，1993），所以在黏性底层二者情况应该类似。从图 7.14（a）看到，高分辨率系统测得的两组纵垂向紊动强度很好地重合在一起，并且与槽道流 DNS 数据较好地吻合。这一方面说明高分辨率系统测得的紊动强度数据质量良好，另一方面说明根据高分辨率系统测得的黏性底层流速分布推求得到的摩阻流速具有较高的准确度。在图 7.14（a）中，纵向紊动强度在 $y^+=10\sim15$ 之间达到最大值，之后缓慢下降。垂向紊动强度在 $y^+<50$ 的范围内一直上升。从图 7.14（b）可以看到，PIV 实测全流场紊动强度与槽道流 DNS 数据在 $y/h<0.5$ 内吻合良好。当 $y/h>0.5$ 时，明渠紊流的 u' 略大于槽道流，在 $y/h>0.9$ 后，v' 明显下降，低于槽道流。这一现象称为水面紊动能重分配。图 7.14（c）为高分辨率系统所得黏性底层的雷诺应力分布，图 7.14（d）为 PIV 所得全流场的雷诺应力分布。由图可知，耦合测量系统测得的雷诺应力分布在内区与槽道流 DNS 数据较好地吻合，在外区与理论直线较好地吻合。

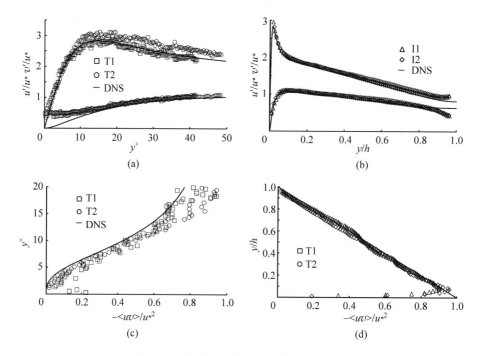

图 7.14 纵垂向紊动强度与雷诺应力分布

（a）高分辨率系统所得紊动强度分布；（b）PIV 所得全流场紊动强度分布；

（c）高分辨率系统所得雷诺应力分布；（d）PIV 所得全流场雷诺应力分布

7.4.5 偏态和峰度系数

图 7.15(a) 为高分辨率系统得到的黏性底层的 S_k 与 K_u，图 7.15(b) 为 PIV 得到的全流场的 S_k 与 K_u。图中实线为封闭槽道流 DNS 数据，虚线为标准正态分布的 $S_k(S_k=0)$ 与 K_u 值 $(K_u=3)$。从图 7.15(a) 中可见，高分辨率系统实测的两组数据相互吻合，并与槽道流 DNS 数据也基本一致。偏态系数 S_k 在床面处为 1，之后逐渐下降，在 y^+ 约为 15 时降至 0，之后转为负偏，S_k 维持在 -0.2 左右。这是由于 $y^+<15$ 时，时均流速极小，同时瞬时流速一般不会为负值，而且黏性底层常会在"清扫"的作用下出现较大的瞬时流速，所以这一区域的纵向流速概率密度在均值右侧的尾部比左侧长，呈现正偏。进入外区后，S_k 缓慢减小。在 $y/h<0.5$ 的区域，明渠紊流与槽道流吻合良好。之后，明渠紊流的 S_k 逐渐增大，而槽道流的 S_k 保持下降趋势，在 $y/h=0.8$ 附近转为上升，最终 $y/h=1$ 处明渠紊流的 S_k 略大于槽道流。

对于 K_u，在 $y^+<6$ 的范围内，$K_u>3$，相对于正态分布，更多的事件集中在均值附近，远离均值的极端事件出现的概率减小，因此这些极端事件在出现频率上表现出间歇性。结合

S_k 的情况,可以知道"清扫"在黏性底层的间歇性很强。在 $y^+=10$ 左右,K_u 取得全水深范围内的最小值,约 2.5,之后一直缓慢增加,在 $y/h=0.5$ 附近重新回到 3。在 $y/h<0.5$ 的区域内,明渠紊流与槽道流的 K_u 较好地吻合。之后,二者逐渐分离,槽道流的 K_u 值在 $y/h>0.8$ 的范围内均大于明渠紊流。结合以上分析,可以认为水面存在特殊的作用机制,影响了明渠紊流 $y/h>0.5$ 的流动,改变了紊动强度、S_k 与 K_u 各阶速度矩的分布。

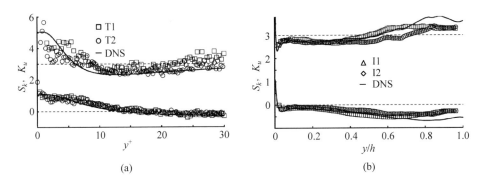

图 7.15 偏态系数和峰度系数

(a) 高分辨率系统所得 S_k 和 K_u;(b) PIV 所得全流场 S_k 和 K_u

附录A 主要符号对照表

名　词	符　号
流向（纵向）	x，X
垂向	y，Y
横向（展向）	z，Z
瞬时速度	U，V，W
平均速度	$\overline{U}$，$\overline{V}$，$\overline{W}$
脉动速度	u，v，w
压强	p
紊动强度	u_{rms}，v_{rms}，w_{rms}
雷诺应力	$-\overline{uv}$
涡量	ω
旋转强度	λ_{ci}
偏态系数	S
峰态系数	K
相关系数	R
能谱	E
源密度	Ns
粒子图像密度	N_I
片光厚度	Δz_{o}
粒子图像的直径	d_{τ}
成像放大倍率	Mo
脉冲持续时间/曝光时间	δt
脉冲间隔/拍摄间隔	Δt
粒子密度	ρ_{p}
粒子直径	d_{p}
波长	λ
束腰	ω_{o}
瑞利长度	Ra_{o}
远场发散角	θ_{o}
光圈数	$F^{\#}$
焦距	f

参 考 文 献

ABE H, KAWAMURA H, MATSUO Y, 2001. Direct numerical simulation of a fully developed turbulent channel flow with respect to the Reynolds number dependence [J]. Journal of fluids engineering-transactions of the asme, 123(2): 382-393.

ADRIAN R J, 1997. Dynamic ranges of velocity and spatial resolution of particle image velocimetry [J]. Measurement Science and Technology, 8(12): 1393-1398.

ADRIAN R J, 1984. Scattering particle characteristics and their effect on pulsed laser measurements of fluid flow: speckle velocimetry vs particle image velocimetry [J]. Applied Optics, 23(11): 1690-1691.

ADRIAN R J, 1991. Particle-imaging techniques for experimental fluid mechanics [J]. Annual Review of Fluid Mechanics, 23: 261-304.

ADRIAN R J, 2005. Twenty years of particle image velocimetry [J]. Experiments in Fluids, 39(2): 159-169.

ADRIAN R J, 2007. Hairpin vortex organization in wall turbulence [J]. Physics of Fluids, 19(4): 041301.

ADRIAN R J, CHRISTENSEN K T, LIU Z-C, 2000a. Analysis and interpretation of instantaneous turbulent velocity fields [J]. Experiments in Fluids, 29(3): 275-290.

ADRIAN R J, MEINHART C D, TOMKINS C D, 2000b. Vortex organization in the outer region of the turbulent boundary layer [J]. Journal of Fluid Mechanics, 422: 1-54.

ADRIAN R J, WESTERWEEL J, 2010. Particle image velocimetry [M]. Cambridge University Press.

AHUJA K K, MENDOZA J, 1995. Effects of cavity dimensions, boundary layer, and temperature on cavity noise with emphasis on benchmark data to validate computational aeroacoustic codes. Unknown [J].

ASTARITA T, 2006. Analysis of interpolation schemes for image deformation methods in PIV: effect of noise on the accuracy and spatial resolution [J]. Experiments in Fluids, 40(6): 977-987.

ASTARITA T, CARDONE G, 2005. Analysis of interpolation schemes for image deformation methods in PIV [J]. Experiments in Fluids, 38(2): 233-243.

BALAKUMAR B J, ADRIAN R J, 2007. Large-and very-large-scale motions in channel and boundary-layer flows [J]. Philosophical Transactions of the Royal Society A-Mathematical, Physical and Engineering Sciences, 365(1852): 665-681.

BARKER D B, FOURNEY M E, 1977. Measuring fluid velocities with speckle patterns [J]. Optics letters, 1: 135-137.

BARNHART D H, ADRIAN R J, PAPEN G C, 1994. Phase-conjugate holographic system for high-resolution particle-image velocimetry [J]. Applied Optics, 33(30): 7159-7170.

BERNARD P S, WALLACE J M, YAVUZKURT S, 2003. Turbulent Flow: Analysis, Measurement, and Prediction [J]. Applied Mechanics Reviews, 56: B83.

BRUCKER C, 1996. 3-D scanning-particle-image-velocimetry: technique and application to a spherical cap wake flow [J]. Applied scientific research, 56(2-3): 157-179.

CARLIER J, STANISLAS M, 2005. Experimental study of eddy structures in a turbulent boundary layer using particle image velocimetry [J]. Journal of Fluid Mechanics, 535: 143-188.

CHAKRABORTY P, BALACHANDAR S, ADRIAN R J, 2005. On the relationships between local vortex identification schemes[J]. Journal of Fluid Mechanics, 535: 189-214.

CHANSON H, TREVETHAN M, AOKI S I, 2008. Acoustic Doppler Velocimetry (ADV) In Small Estuary: Field Experience And Signal Post-Processing[J]. Flow Measurement and Instrumentation, 19(5): 307-313.

CHONG M, PERRY A, CANTWELL B, 1990. A general classification of three-dimensional flow fields [J]. Physics of Fluids, 2: 408-420.

CRAWFORD C H, KARNIADAKIS G E, 1997. Reynolds stress analysis of EMHD-controlled wall turbulence. Part I[J]. Streamwise forcing. Physics of Fluids, 9(3): 788-806.

CZARSKE J 2000. Laser Doppler velocity profile sensor using a chromatic coding[J]. Measurement Science & Technology, 12: 52-57(56).

DEL ALAMO J C, JIMENEZ J, ZANDONADE P, et al. ,2004. Scaling of the energy spectra of turbulent channels[J]. Journal of Fluid Mechanics, 500: 135-144.

DI SANTE A, THEUNISSEN R, VAN DEN BRAEMBUSSCHE R A, 2008. A new facility for time-resolved PIV measurements in rotating channels[J]. Experiments in Fluids, 44(2): 179-188.

DOMBROSKI D E, CRIMALDI J P, 2007. The accuracy of acoustic Doppler velocimetry measurements in turbulent boundary layer flows over a smooth bed[J]. Limnology & Oceanography Methods, 5: 23-33.

DURST F, STEVENSON W H, 1979. Influence of Gaussian beam properties on laser Doppler signals[J]. Applied Optics, 18(4): 516-524.

ELOY C, DIZ, EGRAVE L E, et al. ,1999. Three-dimensional instability of Burgers and Lamb Oseen vortices in a strain field[J]. Journal of Fluid Mechanics, 378: 145-166.

ELSINGA G, SCARANO F, WIENEKE B, et al. ,2006. Tomographic particle image velocimetry[J]. Experiments in Fluids, 41(6): 933-947.

ELSINGA G E, 2008. Tomographic particle image velocimetry and its application to turbulent boundary layers [D]. Delft: Technische Unirersiteit Delft.

FALCO R, 1977. Coherent motions in the outer region of turbulent boundary layers[J]. Physics of Fluids, 20: S124.

FOREMAN J W, GEORGE E W, LEWIS R D, 1965. ERRATA: Measurement of Localized Flow Velocities in Gases with a Laser Doppler Flowmeter[J]. Applied Physics Letters, 7: 228.

FOUCAUT J M, STANISLAS M, 2002. Some considerations on the accuracy and frequency response of some derivative filters applied to PIV vector fields[J]. Measurement Science & Technology, 13.

GANAPATHISUBRAMANI B, LONGMIRE E K, MARUSIC I, 2003. Characteristics of vortex packets in turbulent boundary layers[J]. Journal of Fluid Mechanics, 478: 35-46.

GANAPATHISUBRAMANI B, LONGMIRE E K, MARUSIC I, 2006. Experimental investigation of vortex properties in a turbulent boundary layer[J]. Physics of Fluids, 18(5): 055105.

GANAPATHISUBRAMANI B, LONGMIRE E K, MARUSIC I, et al. ,2005. Dual-plane PIV technique to determine the complete velocity gradient tensor in a turbulent boundary layer[J]. Experiments in Fluids, 39(2): 222-231.

GHAEMI S, SCARANO F, 2010. TECHNICAL DESIGN NOTE Multi-pass light amplification for tomographic particle image velocimetry applications[J]. Measurement Science & Technology, 21: 127002-127006(127005).

GOODMAN J W, GUSTAFSON S C, 1996. Introduction to Fourier Optics: Second Edition[J]. Optical Engineering, 28: 595-599.

GRACE S M, DEWAR W G, WROBLEWSKI D E, 2004. Experimental investigation of the flow characteristics within a shallow wall cavity for both laminar and turbulent upstream boundary layers

〔J〕. Experiments in Fluids, 36(5): 791-804.

GRANT I, PAN X, 1995. An investigation of the performance of multilayer, neural networks applied to the analysis of PIV images〔J〕. Experiments in Fluids, 19(3): 159-166.

GRAY C, GREATED C, MCCLUSKEY D, et al., 1991. An analysis of the scanning beam PIV illumination system〔J〕. Measurement Science and Technology, 2: 717.

GUALA M, HOMMEMA S E, ADRIAN R J, 2006. Large-scale and very-large-scale motions in turbulent pipe flow〔J〕. Journal of Fluid Mechanics, 554: 521-542.

HAIGERMOSER C, 2009. Application of an acoustic analogy to PIV data from rectangular cavity flows〔J〕. Experiments in Fluids, 47(1): 145-157.

HAIN R, K HLER C, 2007. Fundamentals of multiframe particle image velocimetry (PIV) 〔J〕. Experiments in Fluids, 42(4): 575-587.

HAIN R, K HLER C J, MICHAELIS D, 2008. Tomographic and time resolved PIV measurements on a finite cylinder mounted on a flat plate〔J〕. Experiments in Fluids, 45(4): 715-724.

HAIN R, K HLER C J, TROPEA C, 2007. Comparison of CCD, CMOS and intensified cameras. Experiments in Fluids 〔J〕, 42(3): 403-411.

HAMBLETON W T, HUTCHINS N, MARUSIC I, 2006. Simultaneous orthogonal-plane particle image velocimetry measurements in a turbulent boundary layer〔J〕. Journal of Fluid Mechanics, 560: 53-64.

HART D P, 2000. PIV error correction. Exp Fluids〔J〕. Experiments in Fluids, 29: 13-22.

HEAD M, BANDYOPADHYAY P, 1981. New aspects of turbulent boundary-layer structure〔J〕. J. Fluid Mech, 107: 297-338.

HERPIN S, STANISLAS M, SORIA J, 2010. The organization of near-wall turbulence: a comparison between boundary layer SPIV data and channel flow DNS data〔J〕. Journal of Turbulence, 11(47): 1-30.

HINSCH K D, 1995. 3-dimensional particle velocimetry〔J〕. Measurement Science and Technology, 6(6): 742-753.

HINSCH K D, 2002. Holographic particle image velocimetry〔J〕. Measurement Science and Technology, 13(7): R61-R72.

HOLMAN J P, 2011. Heat transfer〔J〕. McGraw-Hill Higher Education, 46: 121-130.

HONOR D, LECORDIER B, SUSSET A, et al., 2000. Time-resolved particle image velocimetry in confined bluff-body burner flames〔J〕. Experiments in Fluids, 29: S248-S254.

HORI T, SAKAKIBARA J, 2004. High-speed scanning stereoscopic PIV for 3D vorticity measurement in liquids〔J〕. Measurement Science and Technology, 15(6): 1067-1078.

HOYAS S, JIMNEZ J, 2006. Scaling of the velocity fluctuations in turbulent channels up to Re-tau 2003 〔J〕. Physics of Fluids, 18(1): 011702.

HUANG H T, FIEDLER H E, WANG J J, 1993a. Limitation and improvement of PIV. I-Limitation of conventional techniques due to deformation of particle image patterns〔J〕. Experiments in Fluids, 15(3): 168-174.

HUANG H T, FIEDLER H E, WANG J J, 1993b. Limitation and improvement of PIV. II: Particle image distortion, a novel technique〔J〕. Experiments in Fluids, 15(4-5): 263-273.

HUNT J, WRAY A, MOIN P, 1988. Eddies, streams, and convergence zones in turbulent flows 〔C〕, City. 193-208.

HUTCHINS N, HAMBLETON W, MARUSIC I, 2005. Inclined cross-stream stereo particle image velocimetry measurements in turbulent boundary layers〔J〕. Journal of Fluid Mechanics, 541: 21-54.

JAMBUNATHAN K, JU X Y, DOBBINS B N, et al., 1995. An improved cross correlation technique for particle image velocimetry〔J〕. Measurement Science and Technology, 6(5): 507-514.

JAW S Y, CHEN J H, WU P C,2009. Measurement of pressure distribution from PIV experiments[J]. Journal of visualization, 12(1): 27-35.

JEONG J, HUSSAIN F,1995. On the identification of a vortex[J]. Journal of Fluid Mechanics, 285: 69-94.

JIMENEZ J,2013. Near-wall turbulence[J]. Physics of Fluids, 25(10): 101302.

K HLER C J, KOMPENHANS J,2000. Fundamentals of multiple plane stereo particle image velocimetry [J]. Experiments in Fluids, 29: S70-S77.

KANG W, SUNG H J,2009. Large-scale structures of turbulent flows over an open cavity[J]. Journal of Fluids & Structures, 25(8): 1318-1333.

KAT R D, OUDHEUSDEN B W V, 2011. Instantaneous planar pressure determination from PIV in turbulent flow[J]. Experiments in Fluids, 52: 1089-1106.

KATZ J, SHENG J,2010. Applications of holography in fluid mechanics and particle dynamics[J]. Annual Review of Fluid Mechanics, 42: 531-555.

KEANE R D, ADRIAN R J,1990. Optimization of particle image velocimeters. I. Double pulsed systems [J]. Measurement Science and Technology, 1: 1202-1215.

KEANE R D, ADRIAN R J, 1992. Theory of cross-correlation analysis of PIV images[J]. Applied scientific research, 49: 191-215.

KIM B J, SUNG H J,2006. A further assessment of interpolation schemes for window deformation in PIV [J]. Experiments in Fluids, 41(3): 499-511.

KIM J, MOIN P, MOSER R,1987. Turbulence statistics in fully developed channel flow at low Reynolds number[J]. Journal of Fluid Mechanics, 177: 133-166.

KLEWICKI J,1989. Velocity-vorticity correlations related to the gradients of the Reynolds stresses in parallel turbulent wall flows[J]. Physics of Fluids A: Fluid Dynamics, 1: 1285.

KLINE S, REYNOLDS W, SCHRAUB F, et al. ,1967. The structure of turbulent boundary layers[J]. Journal of Fluid Mechanics, 30: 741-773.

KOMORI S, NAGAOSA R, MURAKAMI Y,1993a. Turbulence structure and mass transfer across a sheared air-water interface in wind-driven turbulence[J]. Journal of Fluid Mechanics, 249: 161-183.

KOMORI S, NAGAOSA R, MURAKAMI Y, et al. , 1993b. Direct numerical simulation of three-dimensional open-channel flow with zero-shear gas-liquid interface[J]. Physics of Fluids A: Fluid Dynamics(1989—1993), 5(1): 115-125.

LAI W T, BJORKQUIST D C, ABBOTT M P, et al. ,1998. Video systems for PIV recording[J]. Measurement Science and Technology, 9(3): 297-308.

LANDRETH C C, ADRIAN R J,1990. Impingement of a low Reynolds number turbulent circular jet onto a flat plate at normal incidence[J]. Experiments in Fluids, 9: 74-84.

LAWSON N J, WU J,1997. Three-dimensional particle image velocimetry: experimental error analysis of a digital angular stereoscopic system[J]. Measurement Science & Technology, 8(12): 1455-1464.

LIN J C, ROCKWELL D,1994. Cinematographic system for high-image-density particle image velocimetry [J]. Experiments in Fluids, 17(1-2): 110-118.

LIN J C, ROCKWELL D, 2002. Organized Oscillations of Initially-Turbulent Flow Past a Cavity[J]. AIAA journal, 39: 1139-1151.

LIU X F, KATZ J, 2006. Instantaneous pressure and material acceleration measurements using a four-exposure PIV system[J]. Experiments in Fluids, 41(2): 227-240.

LOHRMANN A, CABRERA R, KRAUS N C,1995. Acoustic-Doppler Velocimeter(ADV) for laboratory use [C],City: 351-365.

LOURENCO L, KROTHAPALLI A,1995. On the Accuracy of Velocity and Vorticity Measurements with

PIV[J]. Experiments in Fluids, 18(6): 421-428.

LOURENCO L M, GOGINENI S P, LASALLE R T, 1994. On-line particle-image velocimeter: an integrated approach[J]. Applied Optics, 33(13): 2465-2470.

LUFF J D, DROUILLARD T, ROMPAGE A M, et al. ,1999. Experimental uncertainties associated with particle image velocimetry(PIV) based vorticity algorithms[J]. Experiments in Fluids, 26(1-2): 36-54.

MACIEL Y, ROBITAILLE M, RAHGOZAR S, 2012. A method for characterizing cross-sections of vortices in turbulent flows[J]. International journal of heat and fluid flow,37: 177-188.

MANOVSKI P, GIACOBELLO M, SORIA J,2007. Particle Image Velocimetry Measurements over an Aerodynamically Open Two-Dimensional Cavity [C],City: 677-683.

MARUSIC I, ADRIAN R J,2013. The Eddies and Scales of Wall Turbulence [M] //P. A. DAVIDSON, Y. KANEDA, K. R. SREENIVASAN, Ten Chapters in Turbulence. Cambridge University Press; New York.

MAXEY M R, RILEY J J,1983. Equation of motion for a small rigid sphere in a nonuniform flow[J]. Physics of Fluids, 26: 883-889.

MEI R,1996. Velocity fidelity of flow tracer particles[J]. Experiments in Fluids, 22(1): 1-13.

MENG H, PAN G, PU Y, et al. ,2004. Holographic particle image velocimetry: from film to digital recording[J]. Measurement Science and Technology, 15(4): 673-685.

MORRILL-WINTER C, KLEWICKI J,2013. Influences of boundary layer scale separation on the vorticity transport contribution to turbulent inertia[J]. Physics of Fluids, 25(1): 015108.

NAGAOSA R,1999. Direct numerical simulation of vortex structures and turbulent scalar transfer across a free surface in a fully developed turbulence[J]. Physics of Fluids, 11(6): 1581-1595.

NEZU I, NAKAGAWA H,1993. Turbulence in Open-Channel Flows [M]. A. A. Balkema; Rotterdam.

NEZU I, RODI W, 1986. Open-Channel Flow Measurements with a Laser Doppler Anemometer[J]. Journal of hydraulic engineering, 112: 335-355.

NOGUEIRA J, LECUONA A, RODRIGUEZ P A,1999. Local field correction PIV: on the increase of accuracy of digital PIV systems[J]. Experiments in Fluids, 27(2): 107-116.

NOGUEIRA J, LECUONA A, RODRIGUEZ P,2001. Local field correction PIV, implemented by means of simple algorithms, and multigrid versions[J]. Measurement Science and Technology, 12: 1911.

OAKLEY T R, LOTH E, ADRIAN R J,1996. Cinematic particle image velocimetry of high-Reynolds-number turbulent free shear layer[J]. AIAA journal, 34(2): 299-308.

OHTSU N, 1979. A Threshold Selection Method from Gray-Level Histograms [J]. Systems Man & Cybernetics IEEE Transactions on, 9: 62-66.

OKAMOTO K, NISHIO S, SAGA T, et al. ,2000. Standard images for particle-image velocimetry[J]. Measurement Science and Technology, 11(6): 685-691.

OLSEN M G, ADRIAN R J, 2000. Out-of-focus effects on particle image visibility and correlation in microscopic particle image velocimetry[J]. Experiments in Fluids, 29: S166-S174.

OTSU N,1975. A threshold selection method from gray-level histograms[J]. Automatica, 11: 23-27.

ÖZSOY E, RAMBAUD P, STITOU A, et al. ,2005. Vortex characteristics in laminar cavity flow at very low Mach number[J]. Experiments in Fluids, 38(2): 133-145.

PIROZZOLI S, BERNARDINI M, GRASSO F,2008. Characterization of coherent vortical structures in a supersonic turbulent boundary layer[J]. Journal of Fluid Mechanics, 613: 205-231.

PIROZZOLI S, BERNARDINI M, GRASSO F, 2010. On the dynamical relevance of coherent vortical structures in turbulent boundary layers[J]. Journal of Fluid Mechanics, 648: 325-349.

POELMA C, OOMS G, 2006. Particle-Turbulence Interaction in a Homogeneous, Isotropic Turbulent

Suspension[J]. Applied Mechanics Reviews, 59(1-6): 78-90.

POPE S B, 2000. Turbulent flows [M]. Cambridge university press.

PRASAD A, ADRIAN R, LANDRETH C, et al. ,1992. Effect of resolution on the speed and accuracy of particle image velocimetry interrogation[J]. Experiments in Fluids, 13: 105-116.

PRASAD A K, 2000. Particle image velocimetry[J]. Current Science, 79(1): 51-60.

PRASAD A K, JENSEN K, 1995. Scheimpflug stereocamera for particle image velocimetry in liquid flows [J]. Applied Optics, 34(30): 7092-7099.

PRIYADARSHANA P J A, KLEWICKI J C, TREAT S, et al. ,2007. Statistical structure of turbulent-boundary-layer velocity-vorticity products at high and low Reynolds numbers[J]. Journal of Fluid Mechanics, 570: 307-346.

RAFFEL D I M, WILLERT C E, KOMPENHANS J,1996. Particle image velocimetry[J]. Lecture series, 23: 247-269.

RAFFEL D I M, WILLERT C E, KOMPENHANS J,1998. Post-processing of PIV data [M]. Springer Berlin Heidelberg.

RAFFEL M, KOMPENHANS J,1995. Theoretical and experimental aspects of image-shifting by means of a rotating mirror system for particle image velocimetry[J]. Measurement Science & Technology,6(6): 795-808.

ROBINSON S K,1991. Coherent motions in the turbulent boundary layer[J]. Annual Review of Fluid Mechanics, 23: 601-639.

ROCKWELL D, MAGNESS C, TOWFIGHI J, et al. , 1993. High image-density particle image velocimetry using laser scanning techniques[J]. Experiments in Fluids, 14(3): 181-192.

ROUSSINOVA V, BISWAS N, BALACHANDAR R,2008. Revisiting turbulence in smooth uniform open channel flow[J]. Journal of Hydraulic Research, 46(1): 36-48.

SAARENRINNE P, PIIRTO M, ELORANTA H, 2001. Experiences of turbulence measurement with PIV* [J]. Measurement Science & Technology, 12(11): 1904-1910.

SADDOUGHI S G, VEERAVALLI S V, 1994. Local isotropy in turbulent boundary layers at high Reynolds number[J]. Journal of Fluid Mechanics, 268: 333-372.

SANJOU M, AKIMOTO T, OKAMOTO T,2012. Three-dimensional turbulence structure of rectangular side-cavity zone in open-channel streams[J]. International Journal of River Basin Management, 10: 1-33.

SAROHIA V,1976. Experimental investigation of oscillations in flows over shallow cavities[J]. AIAA journal, 15: 984-991.

SCARANO F, 2002. Iterative image deformation methods in PIV [J]. Measurement Science and Technology, 13(1): R1-R19.

SCARANO F,2013. Tomographic PIV: principles and practice[J]. Measurement Science and Technology, 24(1): 012001.

SCARANO F, POELMA C,2009. Three-dimensional vorticity patterns of cylinder wakes[J]. Experiments in Fluids, 47(1): 69-83.

SCARANO F, RIETHMULLER M L,1999. Iterative multigrid approach in PIV image processing with discrete window offset[J]. Experiments in Fluids, 26(6): 513-523.

SCARANO F, RIETHMULLER M, 2000. Advances in iterative multigrid PIV image processing [J]. Experiments in Fluids, 29: 51-60.

SCHLATTER P, Örlü R,2010. Assessment of direct numerical simulation data of turbulent boundary layers[J]. Journal of Fluid Mechanics, 659: 116-126.

SCHRIJER F F J, SCARANO F,2008. Effect of predictor-corrector filtering on the stability and spatial resolution of iterative PIV interrogation[J]. Experiments in Fluids，45(5)：927-941.

SHAH M K，AGELINCHAAB M，TACHIE M F，2008. Influence of PIV interrogation area on turbulent statistics up to 4th order moments in smooth and rough wall turbulent flows[J]. Experimental Thermal & Fluid Science，32(3)：725-747.

SOLOFF S M，ADRIAN R J，LIU Z C，1997. Distortion compensation for generalized stereoscopic particle image velocimetry[J]. Measurement Science and Technology，8(12)：1441-1454.

SPEDDING G R，RIGNOT E J M，1993. Performance analysis and application of grid interpolation techniques for fluid flows[J]. Experiments in Fluids，15(6)：417-430.

STANISLAS M，OKAMOTO K，K HLER C J，et al.，2005. Main results of the second international PIV challenge[J]. Experiments in Fluids，39(2)：170-191.

STANISLAS M，OKAMOTO K，K HLER C J，et al.，2008. Main results of the third international PIV challenge[J]. Experiments in Fluids，45(1)：27-71.

TANAKA M，KIDA S，1993. Characterization of vortex tubes and sheets[J]. Physics of Fluids A：Fluid Dynamics，5(9)：2079-2082.

UIJTTEWAAL W S J，LEHMANN D，MAZIJK A V，2001. Exchange Processes between a River and Its Groyne Fields：Model Experiments[J]. Journal of hydraulic engineering，127(11)：928-936.

UPATNIEKS A，DRISCOLL J F，CECCIO S L，2002a. Cinema particle imaging velocimetry time history of the propagation velocity of the base of a lifted turbulent jet flame[J]. Proceedings of the Combustion Institute，29：1897-1903.

UPATNIEKS A，LABERTEAUX K，CECCIO S L，2002b. A kilohertz frame rate cinemagraphic PIV system for laboratory-scale turbulent and unsteady flows[J]. Experiments in Fluids，32(1)：87-98.

VOGEL A，LAUTERBORN W，1988. Time resolved particle image velocimetry[J]. Optics and Lasers in Engineering，9：277-294.

WALLACE J M，2009. Twenty years of experimental and direct numerical simulation access to the velocity gradient tensor：What have we learned about turbulence[J]. Physics of Fluids (1994-present)，21：021301.

WEI T，FIFE P，KLEWICKI J，et al.，2005. Properties of the mean momentum balance in turbulent boundary layer，pipe and channel flows[J]. Journal of Fluid Mechanics，522：303-327.

WERELEY S T，GUI L，2003. A correlation-based central difference image correction(CDIC) method and application in a four-roll mill flow PIV measurement[J]. Experiments in Fluids，34(1)：42-51.

WESTERWEEL J，1993. Digital particle image velocimetry[J]. Delft University：17-18.

WESTERWEEL J，1994. Efficient detection of spurious vectors in particle image velocimetry data[J]. Experiments in Fluids，16(3-4)：236-247.

WESTERWEEL J，1997. Fundamentals of digital particle image velocimetry[J]. Measurement Science and Technology，8(12)：1379-1392.

WESTERWEEL J，DRAAD A A，HOEVEN J G T V D，et al.，1996. Measurement of fully-developed turbulent pipe flow with digital particle image velocimetry[J]. Experiments in Fluids，20(3)：165-177.

WESTERWEEL J，ELSINGA G E，ADRIAN R J，2013. Particle image velocimetry for complex and turbulent flows[J]. Annual Review of Fluid Mechanics，45：409-436.

WESTERWEEL J，SCARANO F，2005. Universal outlier detection for PIV data[J]. Experiments in Fluids，39(6)：1096-1100.

WESTERWEEL J，VAN OORD J，2000. Stereoscopic PIV measurement in a turbulent boundary layer [M] //M. STANISLAS，J. KOMPENHANS，J. WESTERWEEL，Particle image velocimetry：progress towards industrial application. Kluwer Academic Publishers；Dordrecht：459-478.

WILLERT C，1997. Stereoscopic digital particle image velocimetry for application in wind tunnel flows[J].

Measurement Science and Technology，8(12)：1465-1479.

WILLERT C，GHARIB M，1991. Digital particle image velocimetry[J]. Experiments in Fluids，10：181-193.

WILLIAMS T C，HARGRAVE G K，HALLIWELL N A，2003. The development of high-speed particle image velocimetry(20 kHz) for large eddy simulation code refinement in bluff body flows[J]. Experiments in Fluids，35(1)：85-91.

WU Y，CHRISTENSEN K T，2006. Population trends of spanwise vortices in wall turbulence[J]. Journal of Fluid Mechanics，568：55-76.

YEH Y，CUMMINS H Z，1964. Localized fluid flow measurements with an He-Ne laser spectrometer[J]. Applied Physics Letters，4：176-178.

ZHONG Q，LI D X，CHEN Q G，et al.，2012. Evaluation of the shading method for reducing image blooming in the piv measurement of open channel flows[J]. Journal of Hydrodynamics，Ser. B，24(2)：184-192.

ZHOU J，ADRIAN R J，BALACHANDAR S，et al.，1999. Mechanisms for generating coherent packets of hairpin vortices in channel flow[J]. Journal of Fluid Mechanics，387：353-396.

陈槐,李丹勋,陈启刚,等. 2013a.明渠恒定均匀流实验中尾门的影响范围[J].实验流体力学,27(4)：12-16.

陈槐,钟强,王兴奎,等. 2013b.不同雷诺数下空腔流的流动特性[J].四川大学学报（工程科学版）,A2：14-19.

陈启刚,李丹勋,钟强,等. 2011.粒子拖尾长度对高频 DPIV 测量误差的影响[J].实验流体力学,25(6)：77-81.

陈启刚,李丹勋,钟强,等,2013.基于模式匹配法的明渠紊流涡结构分析[J].水科学进展,24(1)：95-102.

冈萨雷斯,2013.数字图像处理的 MATLAB 实现[M].北京：清华大学出版社.

高琪,王洪平,2013. PIV 速度场环矢量的本征正交分解处理技术[J].实验力学,28(2)：199-206.

韩敬华,冯国英,杨李茗,等,2008.激光诱导介质击穿中的脉冲截断问题[J].光学学报,28(8)：1547-1551.

金上海,陈刚,许联锋,等,2005.基于小波多尺度分析的 PIV 互相关算法研究[J].水动力学研究与进展,20(3)：373-380.

李丹勋,曲兆松,禹明忠,等,2012.粒子示踪测速技术原理与应用[M].北京：科学出版社.

李天琦,2013. CMOS 图像传感器像素光敏器件研究[M].哈尔滨：哈尔滨工程大学.

连祺祥,2006.紊流边界层拟序结构的实验研究[J].力学进展,36(3)：373-388.

彭润玲,陈家璧,2008.激光原理及应用[M].2 版.北京：电子工业出版社.

钱元凯,2003.现代照相机的原理与使用[M].杭州：浙江摄影出版社.

申功炘,张永刚,曹晓光,等. 2007.数字全息粒子图像测速技术(DHPIV)研究进展[J].力学进展,37(4)：563-574.

沈熊,2004.激光多普勒测速技术及应用——清华大学学术专著[M].北京：清华大学出版社.

石东新,傅新宇,张远,2010. CMOS 与 CCD 性能及高清应用比较[J].通信技术,43(12)：174-176.

石顺祥,2000.光电子技术及其应用[M].成都：电子科技大学出版社.

王龙,李丹勋,王兴奎,2008.高帧频明渠紊流粒子图像测速系统的研制与应用[J].水利学报,39(7)：781-787.

王兴奎,邵学军,李丹勋,2002.河流动力学基础[M].北京：水利水电出版社.

王雪艳,2011.基于米氏散射理论的粒度测试算法研究[M].西安：西安工业大学.

韦青燕,张天宏,2012.高超声速热线/热膜风速仪研究综述及分析[J].测试技术学报,26(2)：142-149.

魏润杰,申功炘,2002. DPIV 系统研制及其应用[C],City：88-92.

夏震寰,1992.现代水力学[M].北京：高等教育出版社.

肖洋,唐洪武,毛野,等,2002.新型声学多普勒流速仪及其应用[J].河海大学学报（自然科学版）,30(3)：

15-18.

许春晓,张崔,2006.紊流理论与模拟[M].北京:清华大学出版社.

许联锋,陈刚,李建中,等,2003.粒子图像测速技术研究进展[J].力学进展,33(4):533-540.

阎吉祥,2006.激光原理技术及应用[M].北京:北京理工大学出版社.

由长福,祁海鹰,徐旭常,2002.Basset力研究进展与应用分析[J].应用力学学报,19(2):31-33.

余俊,万津津,施鎏鎏,等.2009.基于连续式激光光源的TR-PIV测试技术[J].上海交通大学学报,43(8):1254-1257.

张伟,葛耀君,杨詠昕,2007.粒子图像测速技术互相关算法研究进展[J].力学进展,37(3):443-452.

章梓雄,1998.粘性流体力学[M].北京:清华大学出版社.

郑星亮,程洁,魏任之,1997.数字信号处理中的窗效应及窗函数的应用原则[J].北京联合大学学报(自然科学版),11(2):35-39.

钟强,陈启刚,王兴奎,等,2013.提高PIV片光源质量的研究[J].实验力学,28(6):692-698.

钟强,李丹勋,陈启刚,等,2012.明渠紊流中的主要相干结构模式[J].清华大学学报(自然科学版),52(6):730-737.

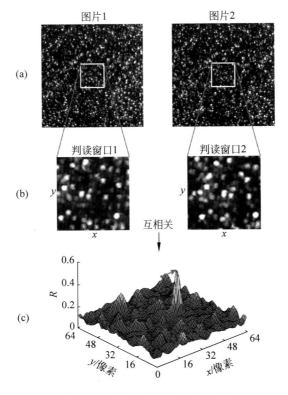

图 4.13　PIV 互相关算法基本原理

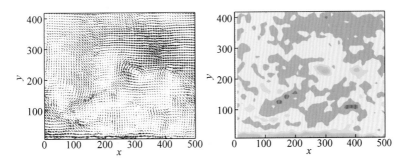

图 5.1　PIV 实测的瞬态流场及其涡量云图

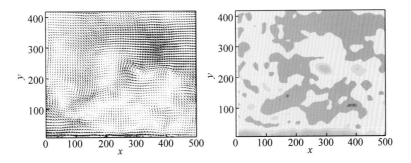

图 5.2　经高斯滤波后的流场及涡量云图

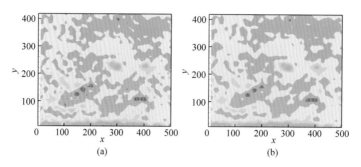

图 5.4 流场滤波前不同涡量计算方法的结果对比

（a）2 阶中心差分格式；（b）环量格式

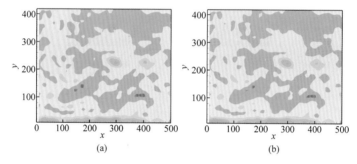

图 5.5 流场滤波后不同涡量计算方法的结果对比

（a）2 阶中心差分格式；（b）环量格式

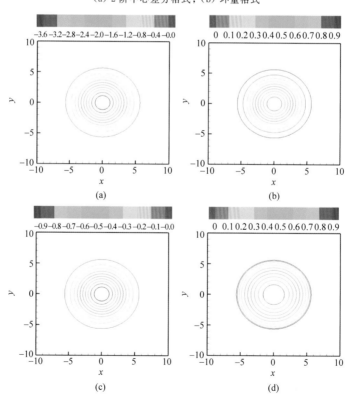

图 5.10 四种涡识别变量在 Oseen 涡流场中的分布

（a）Δ 分布图；（b）Q 分布图；（c）λ_2 分布图；（d）λ_{ci} 分布图

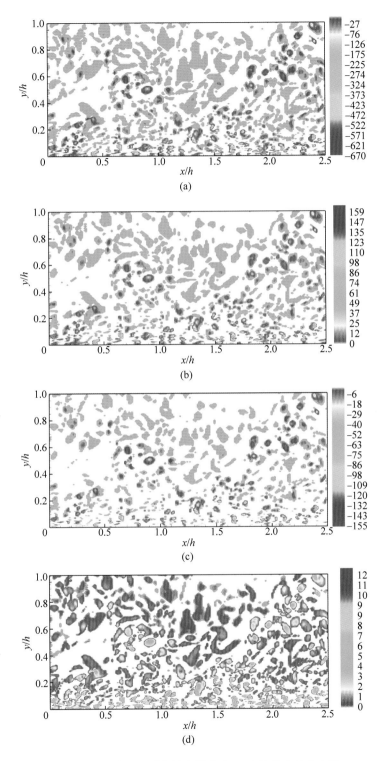

图 5.11　四种涡识别变量在槽道流 DNS 流场中的分布图

(a) Δ 分布图；(b) Q 分布图；(c) λ_2 分布图；(d) λ_{ci} 分布图

图 6.2　利用基于 CCD 相机的高频 PIV 系统测量方腔流

图 6.3　利用基于 CMOS 相机的高频 PIV 系统测量明渠均匀流

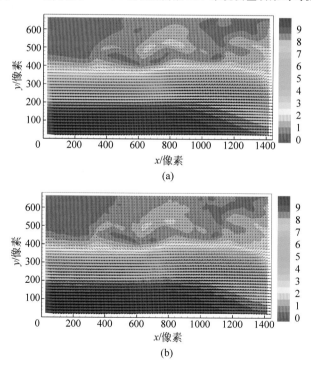

(a)

(b)

图 6.6　计算流场与参考流场对比图

（a）参考流场；（b）计算流场

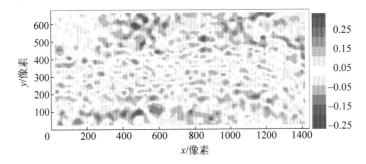

图 6.8　u 分量计算误差分布图

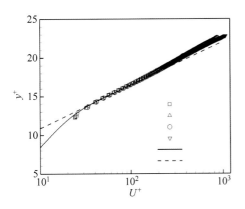

图 6.14　明渠紊流和槽道流平均流速分布

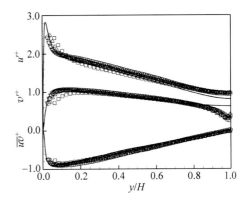

图 6.15　紊动强度及雷诺应力分布

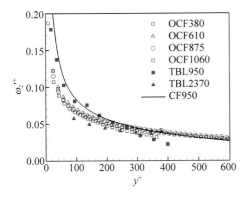

图 6.16　横向涡量的均方差沿垂向分布

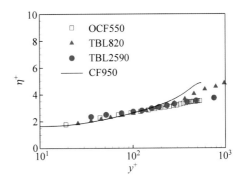

图 6.17　明渠紊流中 Kolmogorov 尺度沿
高度的分布

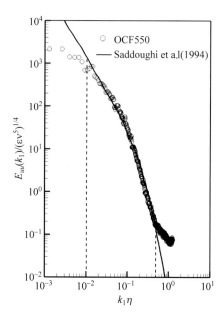

图 6.18　明渠紊流对数区的能谱分布

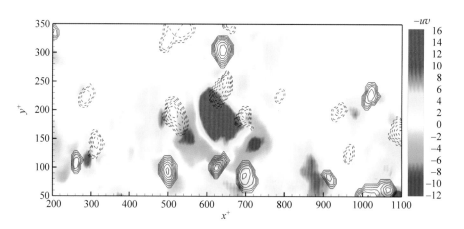

图 6.26　组次 OCF380 典型流场中横向涡与 $-uv$ 场之间的空间分布关系

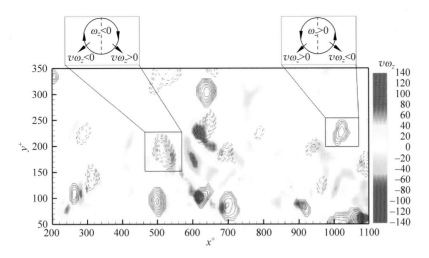

图 6.32　组次 OCF380 典型流场中横向涡与 $v\omega_z$ 场之间的空间分布关系

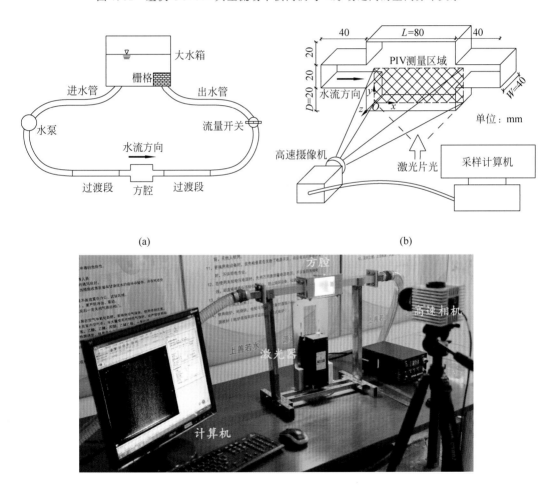

(a)　　　　　　　　　　　　　　　　　　　(b)

图 6.34　自循环式方腔槽道流动测量系统

(a) 自循环式方腔槽道水流系统；(b) 高频 PIV 系统；(c) 系统实物图

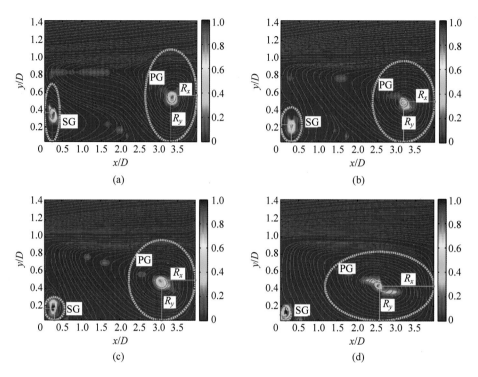

图 6.38　旋转强度场(彩色云图)及大尺度环流(流线)

(a) $Re=240$；(b) $Re=610$；(c) $Re=1\,070$；(d) $Re=4\,190$

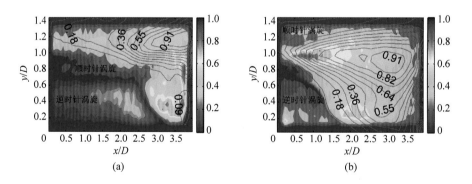

图 6.43　涡旋密度与雷诺应力在空间分布位置的比较

(a) $Re=240$；(b) $Re=4\,190$